F. J. Illhardt

Medizinische Ethik

Ein Arbeitsbuch

Unter Mitarbeit von H.-G. Koch

Springer-Verlag
Berlin Heidelberg New York Tokyo
1985

Dr. Franz Josef Illhardt
Albert-Ludwigs-Universität
Institut für Geschichte der Medizin
Stefan-Meier-Straße 26
7800 Freiburg i. Br.

Hans-Georg Koch
Wissenschaftlicher Referent für Recht und Medizin
Max-Planck-Institut für ausländisches und internationales
Strafrecht, Günterstalstraße 73
7800 Freiburg i. Br.

CIP-Kurztitelaufnahme der Deutschen Bibliothek
Illhardt, Franz Josef: Medizinische Ethik: e. Arbeitsbuch/F. J. Illhardt. Unter Mitarb. von H.-G. Koch. – Berlin ; Heidelberg ; New York ; Tokyo : Springer, 1985
ISBN-13: 978-3-540-13683-5 e-ISBN-13: 978-3-642-82339-8
DOI: 10.1007/ 978-3-642-82339-8

Satz: Daten- und Lichtsatz-Service, Würzburg,

2119/3140-543210

Inhaltsverzeichnis

Einleitung

Dieses Arbeitsbuch zur medizinischen Ethik ist entstanden auf dem Hintergrund der langjährigen Bemühungen von Prof. Dr. med. E. Seidler, die Forschungen zur medizinischen Ethik an seinem Institut für Geschichte der Medizin an der Universität Freiburg zu intensivieren und auch zu einem festen Bestandteil der Lehre werden zu lassen. 1979 bis 1983 hat die Deutsche Forschungsgemeinschaft Sachmittel zur Durchführung eines Projekts bewilligt; dadurch wurde es möglich, verschiedene Bereiche der medizinischen Ethik intensiver zu erforschen und sie in den Arbeitskreisen innerhalb und außerhalb der medizinischen Fakultät zu diskutieren. Daraus entstand der Plan, den Lernenden der medizinischen Heilberufe eine Art Basiscurriculum für die Arbeit an medizinisch-ethischen Fragen während der Ausbildung zur Verfügung zu stellen.

Erfahrungen mit Forschung und Vermittlung medizinischer Ethik lagen bereits aus einigen europäischen Ländern vor. Wegweisend waren v.a. die Publikationen und Aktivitäten des bisher einzigen Lehrstuhlinhabers für medizinische Ethik, Prof. Dr. P. Sporken in Maastricht (Niederlande). Wichtig war auch die intensive Beschäftigung mit diesem Gegenstand, die aus den bioethischen Zentren der USA, wie dem Hastings Center of Bioethics, Hastings-on-Hudson, und dem Kennedy Institute of Bioethics, Washington, D.C., bekannt geworden waren. Kontakte und Erfahrungsaustausch besonders mit dem Kennedy Institute festigten die Überzeugung, daß auch bei uns die medizinische Ethik ein wichtiges Element in der Aus-, Fort- und Weiterbildung medizinischer und pflegerischer Berufe werden muß.

Für die Erarbeitung dieses Buches war es zunächst notwendig, Daten zur Situation des ethischen Unterrichts an medizinischen Fakultäten und Schulen der Krankenpflege zu erhalten. Auf diese Weise konnte in Erfahrung gebracht werden, was dort als wichtige Themen in der Aus-, Fort- und Weiterbildung erkannt wurde und wie solche Themen vermittelt werden. Übersicht über diese Erfahrungen geben die Veröffentlichungen von Brand u. Seidler (1978) sowie Illhardt u. Seidler (1980). In einer zweiten Phase wurde in zahlreichen Arten von Unterrichtsveranstaltungen praktisch erprobt, auf welche Bedingungen eine konkrete Vermittlung medizinethischer Themen trifft: Skepsis und Interesse. Offenheit für Probleme, kritische Anfrage an Argumente und Verhaltensregelungen oder Suchen nach Lösungsangeboten, wie ethische Probleme praktisch angegangen werden können. In diese Erprobungsphase sind auch die Erfahrungen des Autors mit Klinikseelsorge wie mit Aus-, Fort- und Weiterbildung von Sozial- und Heilberufen einbezogen. Als vorläufiges Ergebnis dieser Beschäftigung mit medizinischer Ethik sollen nunmehr die gewonnenen Erfahrungen weitergegeben werden, da zweifellos die Nachfrage nach ethischer Reflexion im medizinischen und pflegerischen Unterricht im Wachsen begriffen ist.

Das vorliegende Arbeitsbuch will der persönlichen Beschäftigung von Betroffenen wie auch dem didaktischen Einsatz beim Unterricht in den verschiedenen Bereichen von Medizin und Pflege dienen. Ziel der Vorgaben dieses Arbeitsbuches ist es, diejenigen, die in der medizinischen Praxis stehen, für die Frage zu *sensibilisieren*, wie sie das, was sie tun müssen, verantworten können. Sensibilisierung erfordert *Orientierung*, die für die Planung und Durchführung des Handelns nötig ist. Jede Orientierung muß sich *rechtfertigen* vor denen, die an diesem Handeln aktiv oder passiv beteiligt sind. Für den Prozeß von Sensibilisierung, Orientierung und Rechtfertigung sind vorgegebene Verhaltensrezepte ungeeignet. Darum versucht dieses Arbeitsbuch, Informationen, Argumentationen und Denkanstöße anzubieten, die der einzelne braucht, um selber die Qualität seines Handelns besser einschätzen und planen zu können.

27 Problem- und Themenbereiche der Medizin werden auf ethische Aspekte hin befragt. Was medizinisch „gut" bzw. „richtig" und was ethisch „gut" bzw. „richtig" ist, sind verschiedene Frageebenen: die eine ist technisch und strategisch, die andere hinterfragt das Ziel und die Begründung des Handelns. Beide Ebenen sind jedoch untrennbar miteinander verbunden; denn was medizinisch „gut" ist, muß auch für den Menschen „gut" sein. In die komplexen Zusammenhänge von technisch-strategischen und ethischen Problemen in der Medizin will das vorliegende Arbeitsbuch Übersicht bringen. Der Leser soll Zusammenhänge dieser Art *wahrnehmen* und für die Notwendigkeit einer ethischen Antwort *sensibel* werden; ihm sollen Diskussionsansätze und Lösungsangebote vorgestellt werden, die er dann selbständig verarbeiten muß – verarbeiten im Sinne von *Stellung beziehen* und *in seine konkrete Handlungssituation übersetzen.* Ethik kann auch im Problemfeld der Medizin keine norma-

tive Verhaltens- oder Pflichtenlehre sein; sie trägt in jedem Einzelfall auf neue Weise Herausforderungscharakter. Daher will dieses Buch einen Beitrag leisten zum Anspruch an den Lernenden, im Rahmen seiner Ausbildung „lernfähig, erfahrungsfähig und gewissensfähig" (E. Seidler) zu werden.

Die 27 Problembereiche werden 4 Themengruppen zugeordnet: den Bereichen von *Lebensbeginn*, *Lebenskrisen*, *Lebensende* und medizinischer *Forschung*. Im einzelnen wird die Zuordnung problematisch sein; so kann z. B. der Problembereich „Suizid" zum Bereich der Lebenskrise wie auch zum Bereich des Lebensendes gezählt werden. Auch kann man den Schwangerschaftsabbruch als Problem des Lebensbeginns wie des Lebensendes betrachten. Eine Zuordnung hat jedoch v. a. die Funktion, die einzelnen Probleme in einen Zusammenhang von Problemen zu stellen, und nicht, sie auf bestimmte Aspekte hin zu verkürzen oder zu fixieren. Darum sind im Text Markierungen (←) vorgesehen, die auf verwandte Situationen und Begründungen verweisen. Darüber hinaus steht ein *Stichwortverzeichnis* zur Verfügung, in dem zentrale Gesichtspunkte genannt sind, die in verschiedenen Problembereichen eine Rolle spielen.

Am Ende eines jeden Themas sind weiterführende *Arbeitsmaterialien* angeführt, die zunächst *allgemeine Literatur* zum dargestellten Problem nennen. Bei der Auswahl dieser Literatur waren folgende Gesichtspunkte maßgebend: 1. Zugänglichkeit der Literatur, 2. Vorzug von Monographien vor Einzelarbeiten (wenn dennoch solche genannt sind, dann wurden leicht zugängliche Zeitschriften ausgewählt) und 3. vornehmlich neuere Literatur (nur in wichtigen Fällen wurde Literatur aus der Zeit vor 1970 herangezogen). Englischsprachige Titel wurden in die Literaturauswahl aufgenommen, weil die medizinische Ethik v. a. in den USA, dort als „bioethics" bezeichnet, eine längere Tradition hat und differenzierter behandelt wird als hierzulande. Damit die Literaturangaben einen überschaubaren Umfang behielten, wurde auf den Nachweis verarbeiteter oder zitierter Literatur immer dann verzichtet, wenn die entsprechenden Titel zur Einführung in die ethische Problematik des Themas nur geringe Bedeutung haben. Viele Zitate und übernommene Gedankengänge wurden daher nur mit dem Verweis auf den Namen des Autors versehen.

Auf die Literaturauswahl folgt bei den meisten Stichwörtern in knapper Form eine *Einführung in die rechtliche Problematik* mit relevanter Literatur, gelegentlich mit Verweisen auf Gesetzestexte die im Anhang des Buches abgedruckt sind. Eine Skizze der Rechtslage, abgehoben von der ethischen Reflexion, ist deswegen nötig, weil eine ethische Betrachtungsweise sich von einer juristischen Betrachtungsweise unterscheidet. Dieser Unterschied kann hier nur kurz angedeutet werden: Recht formuliert die Auffassung einer Gesellschaft, manchmal die Auffassung einer Staatengemeinschaft über das, was in diesen Gesellschaften als konsensfähige oder praktisch durchsetzbare Vorschrift anerkannt ist. Eine Ausnahme sind Konstitutionen, Menschenrechtserklärungen und ähnliche allgemeine Texte. Ethik ist dagegen eine Sache der praktischen Vernunft, die grundsätzlich nicht an nationale Grenzen gebunden, sondern universal ist, und zudem nicht Durchsetzung von Normen in die Wege leitet, sondern Begründung und Plausibilität von Normen herstellen will. Damit dieser Unterschied nicht verwischt wird, werden juristische Gesichtspunkte eigens behandelt. Selbstverständlich kann und soll keine auch nur annähernd erschöpfende Auskunft über die Rechtslage gegeben werden. Ziel der rechtlichen Einführungstexte ist v. a., den Leser für die Betrachtungsweise der Fragestellungen durch das Recht zu sensibilisieren und ihn anzuregen, sich anhand der angegebenen Literatur – es wurden Quellen bevorzugt berücksichtigt, die für heilberuflich Tätige verständlich und zugänglich erscheinen – näher mit der Materie zu beschäftigen und die rechtliche wie medizinethische Sicht des Problems einander gegenüberzustellen.

Das vorliegende Arbeitsbuch schließt mit einem *Anhang*, in dem einige wichtige Gesetzestexte und eine Anzahl offizieller Stellungnahmen von nationalen und internationalen Fachgremien aus dem Umkreis der Medizin abgedruckt sind. Die offiziellen Stellungnahmen (Deklarationen, Resolutionen, Erklärungen usw.) sind thematisch einem bestimmten Problembereich zugeordnet. Trotzdem ist es sinnvoll, jeweils verwandte Themen und die in ihrem Zusammenhang angegebenen offiziellen Texte zu berücksichtigen.

An erster Stelle habe ich Herrn Prof. Dr. Seidler dafür zu danken, daß er das Zustandekommen dieses Buches angeregt und intensiv begleitet hat: durch entscheidende Ideen bei der Konzeptualisierung, durch das Einbringen vieler klinisch-praktischer Gesichtspunkte und durch die Beratung in allen Phasen dieser Arbeit, besonders durch seine kompetente Schlußredaktion.

Die ergänzenden Texte und Literaturhinweise zur Rechtslage, die den meisten thematischen Stichwörtern im Rahmen der Arbeitsmaterialien beigegeben sind, verdanke ich Herrn H.-G. Koch, wissenschaftlicher Referent für Recht und Medizin am Max-Planck-Institut für ausländisches und internationales Strafrecht in Freiburg. Ihm bin ich auch für die vielfache Beratung während der Erstellung des

Manuskripts verbunden. Meinem Kollegen, Herrn Dr. W. Effelsberg, MPH, sei gedankt für wertvolle Hilfe bei der Auswahl und Übersetzung einiger englischsprachiger offizieller Stellungnahmen, die in den Anhang aufgenommen wurden. Dank gilt auch meinen übrigen Kollegen am Institut für Geschichte der Medizin, Frau Dr. B. Kuhlo, Herrn Dr. J. Neumann und Herrn Prof. Dr. Dr. H. Schott, die in Gesprächen Ideen und Anregungen beigesteuert haben. Für ihre sachkundige Durchsicht und geduldige Anfertigung der verschiedenen Manuskriptstufen bin ich meiner Frau zu tiefem Dank verpflichtet.

Literatur

Brand, U., Seidler, E.: (1978) Medizinische Ethik in der Ausbildung des Arztes. Eine Umfrage an den Hochschulen der Bundesrepublik, Österreichs und der Schweiz. Ärzteblatt BW 33:362–371

Illhardt, F. J., Seidler, E.: (1980) Kann man medizinische Ethik lehren und lernen? Eine Umfrage im Bereich der Krankenpflegeberufe. Beilage zu Heft 9: Bundesausschuß der Arbeisgemeinschaften der Unterrichtsschwestern und Unterrichtspfleger der Länder, 2. Folge, Dtsch Krankenpflegezeitschr 33:25–31

Teil 1

Medizinische Ethik als Reflexion und Erfahrung

Wer an die medizinische Ethik herangeht, hat zwei theoretische Grundfragen zu klären, bevor er sich mit den einzelnen klinisch relevanten Problembereichen befaßt. Die erste Frage zielt darauf, woher die medizinische Ethik stammt. Gemeint ist diese Frage nicht im Sinne der historischen Suche nach den frühesten Zeugnissen der medizinischen Ethik, sondern als Frage nach ihrem Platz im Aufgabenbereich der Medizin. Es ist wichtig zu erkennen, ob medizinische Ethik etwas ist, das irgendwann dem medizinischen Helfer von außen, z. B. von Theologen, Philosophen und Juristen, übergestülpt wurde, oder ob sie etwas ist, das den Praktiker bewußt oder unbewußt betrifft, wenn er handelt oder über sein Handeln nachdenkt. Medizinische Ethik soll als letzteres verstanden werden: als Reflexion über die „guten" und „schlechten" Erfahrungen des Helfers. Diese Reflexion ist Teil seiner Antwort bzw. Verantwortung auf seine Herausforderung. Fachleute aus den Bereichen der Geisteswissenschaften können eine Reflexion über die Erfahrungen des Helfens unterstützen, diese aber keineswegs durch Theorie ersetzen.

Die andere Grundfrage betrifft die Brauchbarkeit der medizinischen Ethik. Wenn sich der Helfer intensiv mit ihr beschäftigt, hat er auch ein Recht zu wissen, was er von dieser Beschäftigung erwarten kann, d.h. in welcher Weise und in welchem Ausmaß das, was medizinische Ethik zu „sagen" hat, seine konkrete Praxis fördert.

Beide Grundprobleme der medizinischen Ethik sollen im folgenden behandelt werden, bevor im 2. Teil des Arbeitsbuches die einzelnen klinisch relevanten Themen angegangen werden.

Ursprung der medizinischen Ethik in der Situation des Helfens

Erfahrung ist eine besondere Art, sich von der Wirklichkeit betreffen zu lassen. Im Unterschied zu diskursivem Denken, d.h. Überlegen, und projektivem Denken, d.h. Planen, „hat Erfahrung ihren Grund im *unmittelbaren* Widerfahrnis von objektiv Gegebenem, das seine Gegenwart unwiderstehlich bezeugt" (Biemer). Jemand, der „erfahren" genannt wird, weiß, worum es bei seinem Verhalten und Handeln geht: warum er etwas tut oder nicht tut, was die Konsequenzen sind, wohin sein Handeln führt und mit welchen Schwierigkeiten er zu rechnen hat. Mit anderen Worten: er kennt die *Begründung* seines Handelns, die *Wichtigkeit* der Folgen, die *Zielsetzung* und die *Praktikabilität* dessen, was zu tun ist. Deswegen ist sich der Erfahrene auch sicherer als der Unerfahrene, daß es gut ist, was er tut und wie er es tut. Das ethische Urteil und das Urteil der Erfahrung liegen demnach nahe beieinander. Darum sind medizinethische Probleme nicht primär von außen als mahnende Inpflichtnahme durch juristische oder philosophisch-theologische Vorgaben in die Medizin hineingetragen. Medizinische Ethik liegt – reflektiert oder unreflektiert – in der Situation des Helfens selber begründet.

Medizinische Ethik entsteht unmittelbar in der „Primärsituation von Not und Hilfe"; diese beschreibt Seidler (1978) folgendermaßen: „Ein Mensch kommt in psychischer, physischer oder sozialer Not, in Schmerz und Unwissenheit zu einem anderen, der Hilfe verspricht. Er begibt sich in freiwillige Abhängigkeit, bietet seinen höchsten persönlichen und sozialen Wert – Leben und Gesundheit –, seinen Körper und seine Affektivität dar und gibt damit einen Vorschuß an Vertrauen in die Situation hinein, die respektiert werden will." Die Situation des medizinischen Helfers kann also nicht als rein technische Situation beschrieben werden, sie ist von ihrem Ursprung her eine von Werten strukturierte Situation: Der Helfer muß mit der ihm dargebotenen Hilflosigkeit des Patienten in menschenwürdiger Weise umgehen. Der Patient seinerseits muß darauf vertrauen dürfen, daß man z.B. versucht, sein Leben zu erhalten, daß man seinen Willen respektiert und sein Wohl voranstellt, daß man mit den zutreffenden Maßnahmen mehr nützt als schadet, daß man seine persönliche Würde achtet und letztlich sein Vertrauen durch eigene Vertrauenswürdigkeit rechtfertigt. Die Situation der Medizin ist darum durch Gegenseitigkeit gekennzeichnet, die Helfen erst sinnvoll und möglich macht.

Ethik ist also für die Medizin nichts Hinzukommendes, sondern Anspruch der Herausforderung durch den kranken Menschen. Von Aristoteles stammt die Unterscheidung menschlichen Tuns als ein Handeln, das auf die Herstellung von Objekten gerichtet ist (poiesis), oder aber als ein Handeln, das nicht vom Herstellen, sondern aus der Kommunikation der Beteiligten seine Qualität empfängt (praxis). Danach besteht das Handeln der Medizin in kommunikativem Handeln, seine Besonderheit liegt darin, daß es sich mit dem Antwortschema von Not und Hilfe am einsichtigsten beschreiben läßt.

Das zeigt sich in den frühen Zeugnissen der medizinischen Ethik. Bereits diese sind nichts Neues, ohne das die Medizin in der Zeit vor ihrer Formulierung ausgekommen wäre. Sie sprechen vielmehr das aus, was offenbar immer schon in der Situation des medizinischen Helfens selbstverständlich und gültig war. Bekanntestes Beispiel ist der sog. hippokratische Eid aus dem 3. Jahrhundert v. Chr. Historisch-kritische Erforschung des Textes legt die Annahme nahe, daß er zwar im Raum pythagoreischer Sekten entstanden ist, aber trotzdem ein ärztliches Ethos formuliert, das eine lange Tradition begründet hat. Noch auf seiner Grundlage wurde 1948 das Genfer Ärztegelöbnis proklamiert. Die beiden Texte lauten:

Der Eid des Hippokrates

Ich schwöre bei Apollon, dem Arzt, und Asklepios und Hygieia und Panakeia und allen Göttern und Göttinnen, die ich zu Zeugen anrufe, daß ich diesen Eid und diese Niederschrift nach bestem Wissen und Können erfüllen werde.

Ich werde den, der mich diese Kunst gelehrt hat, gleich meinen Eltern ehren und ihm Anteil an meinem Leben geben und, wenn er in Schulden geraten sollte, ihn unterstützen und seine Söhne meinen Brüdern gleichhalten und sie diese Kunst lehren, falls sie den Wunsch haben sollten, sie zu erlernen, und zwar ohne jede Vergütung und schriftliche Verschreibung, und an Vorschriften, am Vortrag und aller sonstigen Belehrung werde ich meine Söhne und die meines Lehrers teilnehmen lassen, wie auch die mit mir eingeschriebenen Jünger der Kunst, die durch den ärztlichen Eid gebunden sind, aber niemanden sonst.

Und ich werde die Grundsätze der Lebensweise nach bestem Wissen und Können zum Heil der Kranken anwenden, dagegen nie zu ihrem Verderben und Schaden. Ich werde auch niemandem eine Arznei geben, die den Tod herbeiführt, auch nicht, wenn ich darum gebeten werde, auch nie einen Rat in dieser Richtung erteilen. Ich werde auch keiner Frau ein Mittel zur Vernichtung keimenden Lebens geben.

Ich werde mein Leben und meine Kunst stets lauter und rein bewahren. Ich werde auch nicht Steinleidende operieren und Männern, die solche Praktiken ausüben, aus dem Wege gehen.

In welche Häuser ich auch gehe, die werde ich nur zum Heil der Kranken betreten, unter Meidung jedes wissentlichen Unrechts und Verderbens und insbesondere jeder geschlechtlichen Handlung gegenüber weiblichen Personen wie auch gegenüber Männern, Freien und Sklaven.

Was ich in meiner Praxis sehe oder höre oder außerhalb dieser im Verkehr mit Menschen erfahre, was niemals anderen Menschen mitgeteilt werden darf, darüber werde ich schweigen, in der Überzeugung, daß man solche Dinge streng geheimhalten muß.

Wenn ich nun diesen Eid treu halte und nicht entweihe, dann möge ich von meinem Leben und meiner Kunst Segen haben, bei allen Menschen zu jeder Zeit hochgeachtet; wenn ich ihn aber verletze und eidbrüchig werde, dann möge mich das Gegenteil hiervon treffen.

Das Genfer Ärztegelöbnis

Im Zeitpunkt meines Eintritts in den ärztlichen Beruf verpflichte ich mich feierlich, mein Leben dem Dienste der Menschheit zu weihen. Ich werde meinen Lehrern die schuldige Achtung und Dankbarkeit wahren.

Ich werde meinen Beruf gewissenhaft und würdig ausüben.

Die Gesundheit meines Patienten wird meine erste Sorge sein.

Ich werde das Geheimnis dessen, der sich mir anvertraut, wahren.

Mit allen mir zur Verfügung stehenden Mitteln werde ich die Ehre und die stolzen Überlieferungen des Ärzteberufes aufrechterhalten.

Meine Kollegen sollen meine Brüder sein.

Ich werde es nicht zulassen, daß sich religiöse, nationale, rassische Partei- oder Klassen-Gesichtspunkte zwischen meine Pflicht und meine Patienten drängen.

Ich werde das menschliche Leben von der Empfängnis an bedingungslos achten.

Selbst Drohungen werden mich nicht dazu bringen, meine ärztlichen Kenntnisse entgegen den Pflichten der Menschheit anzuwenden.

Ich gelobe dies feierlich, frei und auf meine Ehre.

(Beide Texte wurden übernommen aus Seidler (1979), S. 78f.)

Wichtig am Text des Genfer Ärztegelöbnisses ist, daß seine wesentlichen Aussagen nicht verneint werden können, ohne daß die Herausforderung der Hilfe durch die Hilflosigkeit des Patienten nicht ebenso verneint würde, d.h. Medizin könnte dann nicht länger Medizin bzw. eine Institution sein, an die Menschen sich freiwillig mit ihrem Hilfegesuch wenden können. Medizin kann darum nur als ethisch und kommunikativ verfaßte Medizin verstanden werden. Elementare Konstanten dieser Verfassung sind:

- Das Wohl des Kranken voranstellen
- Das Leben erhalten
- Dem Kranken nicht schaden
- Die Würde des Menschen achten
- Vertrauenswürdig sein

(Seidler 1979).

Diese 5 Konstanten sind keine Ableitungen aus Grundwerten und Grundprinzipien wie Freiheit, Gerechtigkeit und Gleichheit aller Menschen. Von solchen Ableitungen ließen sich beliebig viele herstellen. Sie sind vielmehr in der *Erfahrung mit kranken Menschen und Situationen des Krankseins* entstanden; ihre Richtigkeit wurde immer wieder erfahren und in der langen Tradition ärztlicher Selbstverpflichtungen niedergelegt. Darin liegt ihre Evidenz. Man muß also davon ausgehen, daß jede der 5 elementaren Konstanten auf ärztlich-pflegerische Grundsituationen zielt.

Medizinische Ethik hat nach all dem ihren Ursprung in der Situation des Helfens; sie zeigt, daß Medizin nicht allein ein therapeutisches Handeln *am* Menschen ist, sondern ein Handeln *zwischen* Menschen; denn Medizin ist „die Antworthaltung auf den Ruf seines Mitmenschen, der verfangen in seine Notlage, sei es stumm, sei es ausdrücklich bittend, zur Beseitigung dieser Not aufruft" (v. Gebsattel 1944). So gesehen ist Medizin Anspruch und Programm, sie ist nicht schon dadurch gegeben, daß ein Handeln mit dem bestimmten Instrumentarium medizinischer Standards oder aufgrund einer bestimmten beruflichen Qualifikation ausgeführt wird.

Im Not-Hilfe-Schema steht die medizinische Ethik auch als wissenschaftlicher Versuch, für den einzelnen Eingriff die Übereinstimmung von Wirklichkeit und Anspruch nachzuweisen bzw. zu fordern. Eine ethische „Checkliste" (von Troschke 1983) reicht für den Nachweis bzw. die Forderung von Übereinstimmung nicht aus. Vielmehr muß Ethik Rechenschaft darüber geben, woher ihre Kriterien und Maßstäbe stammen, mit denen sie den Nachweis führen bzw. die Forderung begründen will, ob die Kriterien und Maßstäbe ausreichen und inwieweit sie vernünftig und verbindlich sind für die Menschen, die vom Handeln der Medizin betroffen sind.

Anspruch der medizinischen Ethik

Für die Bedeutung der Ethik im Bereich der angewandten Wissenschaften hat es im Laufe der letzten Jahre einen bedeutsamen Klimawechsel gegeben. Gerade in der Medizin mußte man erleben, wie sehr der viel beschworene *Fortschritt* auch *Schatten* hat. Wenn z. B. ein neues Medikament auf den Markt kommt, richten sich hohe Erwartungen auf die verbesserten thrapeutischen Möglichkeiten, aber es irritiert die Erfahrung, daß vielfach unerwünschte Wirkungen, oft „Nebenwirkungen" genannt, um der therapeutischen Brauchbarkeit des Medikaments willen in Kauf genommen werden müssen. Wenn neue Techniken in der Bekämpfung schwerster Krankheiten der Medizin einen weiteren Triumph über Leid und Tod bringen, muß sie zugleich einsehen, daß der Gewinn an Leben zusätzliche bedrückende Fragen aufwirft: etwa wozu „die gewonnenen Jahre" (Imhof 1981) gut sind, wenn man sie nicht sinnvoll leben kann, in ihnen keinen Wert, keine Qualität und nur ein Aufschieben des Endes sehen kann? Die Selbstverständlichkeit, mit der Leben akzeptiert wurde, gleichgültig wie beschädigt es ist, war früher sicher größer, aber nie unwidersprochen.

In der Medizin, die zweifellos eine humane, weil für das – wie auch immer verstandene – Wohl des Menschen arbeitende Institution ist, wird tendenziell Inhumanität entdeckt. Grund dafür ist, daß sie immer mehr von ihrer Kompetenz für den ganzen Menschen aufgibt bzw. angesichts der Informationsfülle an Einzeldaten aufgeben muß. Dieser *Kompetenzverlust* resultiert v. a. aus der *Spezialisierung* der medizinischen Berufe. Diese ist einerseits Konzentration auf bestimmte Verfahren und Bereiche der Heilung, andererseits ist sie aber das mehr oder weniger bewußte Wegschieben des Bedürfnisses kranker Menschen nach Klarheit darüber, was sie mit ihrem kranken, wieder gesundeten oder nur zum Teil wieder hergestellten Leben anfangen sollen. Das ist eine Feststellung, kein Vorwurf. Denn wer oder was sagt der Medizin verbindlich, was eigentlich zu ihrer Aufgabe und Verpflichtung gehört bzw. nicht gehört?

Der Verdacht wird geäußert, daß der Mensch ein „*Orientierungswaise*" (Lübbe 1982) ist, also ein Wesen, dem niemand sagt, was es tun „soll", das vielmehr selber zu bestimmen hat, was es tun „will" bzw. für gut hält zu tun. Der Mensch trägt darum auch selber die Verantwortung für die Konsequenzen seiner Entscheidungen, und er muß selber dafür sorgen, daß die Entscheidungen, die immer wieder von ihm verlangt werden, sich nicht gegenseitig widersprechen. Wenn man diese Situationsbeschreibung bejaht, bejaht man zugleich auch die Notwendigkeit einer Ethik, die eben das will: sittliche Beurteilung der Konsequenzen, die eine Handlung hat oder voraussichtlich haben wird, und Sicherung der Konsistenz von Entscheidungen bzw. deren Maximen.

In früheren Zeiten, v. a. im Mittelalter und in der frühen Neuzeit, hatten Theologie und Philosophie weithin akzeptiert, daß in letzter Instanz die Natur und/oder Gott den Menschen auf das hinweisen, was er tun soll. Besonders in der Aufklärung des 18. Jahrhunderts setzte sich das Bewußtsein durch, daß das Natürliche das Vernünftige, also das ethische Naturgesetz Vernunftgesetz sei. Aber das Orientierungsproblem war damit nur verschoben und wurde dann wieder aktuell, wenn es Differenzen darüber gab, was denn in einem konkreten Fall

„natürlich“ und mithin „vernünftig“ sei. Lange Zeit war die Kirche die wichtigste Institution, die in solchen ethischen Streitigkeiten verbindliche Handlungsanweisungen erließ. Die Orientierungslosigkeit des Menschen wurde jedoch um so augenfälliger, je deutlicher sich der Mensch dazu durchrang, autonom zu sein, selbst seine Vernunft zu gebrauchen und sich diesen Vernunftgebrauch von nichts und niemandem streitig machen zu lassen. Seine Orientierungslosigkeit verschärfte sich, weil er „Außenhalt“ (Gehlen 1973) durch moralische Institutionen abzulehnen begann.

Die *Instinktgesichertheit* des Tieres ist immer eine Garantie dafür, daß es sich meist artentsprechend optimal verhält. Natürliche Gesetze legen das Tier auf seine Welt fest, ersparen ihm Reflexion und damit unökonomische und gefährliche Dilemmata. Fremd ist dem Tier auch das Gefühl der Schuld bei einer falschen oder schlechten Wahl und die Freude, die sich bei einer richtigen und guten Wahl einstellt. Denn Wahl im eigentlichen Sinne kennt das Tier nicht, weil es die Freiheit nicht hat, so oder anders zu handeln bzw. zu handeln oder die Handlung zu unterlassen. Dem Menschen ist „*Weltoffenheit*“ (Scheler 1947) gegeben; sie kann ihm zum Verhängnis werden, wenn er die Tatsache, daß ihm instinktive Festgelegtheit und Orientierung fehlen, nicht durch seine Vernunft ausgleicht. Der Mensch braucht Ethik, weil er von ihr Orientierung erwarten kann. Was aber ist Ethik?

Provisorische Moral

Das Ausmaß der Orientierung ist entweder eine Gültigkeit, die für alle denkbaren Situationen feststeht, oder eine relative Gültigkeit, die sich mit der Situation verändert, in der gehandelt werden muß. Die Unterscheidung von deontologischer (am „Muß“ orientierter) und teleologischer (an Ziel, Zweck und Konsequenz orientierter) Moralbegründung läßt sich dahingehend verstehen, daß man „deontologisch“ solche Regeln nennt, die sich formulieren lassen als „Du mußt immer...“ (z. B. die Wahrheit sagen) oder „Du darfst niemals...“ (z. B. morden). „Teleologisch“ nennt man Regeln, die etwas ge- oder verbieten „unter der Bedingung, daß...“ (z. B. bestimmte Folgen eintreten oder vermieden werden). Ob Ethik nach der einen oder anderen Weise begründet werden muß, ist eher eine grundsätzliche Frage. Das jeweilige Problem bezieht sich aber konkret darauf, in welchem Umfang eine Handlungsregel gilt und ob sie in einer anderen Situation anders lauten müßte. Für den, der handeln muß, ist klar, daß es etwas Beständiges – z. B. Subjekt(e), Objekt(e), Beteiligte, Ergebnis(se), Konstellationen einer Handlung usw. – gibt. Beständiges erst macht Situationen vergleichbar, sonst gäbe es keine Erfahrung. Viel ausschlaggebender ist aber für den Praktiker, daß jede Situation außer dem Beständigen auch *wechselnde Anforderungen* an ihn stellt und von ihm verlangt, das Einmalige und Unvergleichliche aller wichtigen Momente in ihr wahrzunehmen. Sonst genügte eine Liste optimaler Problemlösungen, mit denen er alle Schwierigkeiten bewältigen könnte.

Es hängt jeweils von einer Zeit ab, für wie gültig eine Handlungsregel angesehen wird. Wenn die Möglichkeiten der Medizin begrenzt sind, kann das, was der Arzt tun soll, auch nur in diesem begrenzten Rahmen liegen. Heute wachsen die

Möglichkeiten der Medizin an, und die Gewißheit über das, was man tun soll, geht in den unzähligen Möglichkeiten und Alternativen unter. Orientierung wird dadurch immer schwieriger.

Unbehagen an dieser Art von Medizin wird innerhalb und außerhalb des Faches laut. Gefahndet wird nach den *Grenzen der Medizin*, weil nicht alles machbar sei, weil der Mensch und seine Selbstverantwortung das innere Gesetz der Medizin bleiben müsse, weil die ständig sich selbst multiplizierenden Kreise der Forschung undurchschaubar seien und eigenen Sachgesetzen gehorchten und weil das medizinisch Mögliche noch nicht das für den Menschen Gute sein könne. Aber die Frage nach dem, was für den Menschen gut ist, ist für den Arzt und die anderen therapeutischen Helfer des Patienten mindestens genauso wichtig wie die Frage, was medizinisch möglich ist.

Wenn man das als fundamentale Struktur der modernen Handlungssituation betrachtet, würde das vereinfacht bedeuten: Der Arzt muß handeln, obwohl das, was er jetzt im Augenblick des Handelns als Ausgangsbestand vorfindet, ein unfertiger und unzureichender Bestand an Handlungsgewißheit ist. Zudem ist die Gestalt einer künftigen Medizin nur in Umrissen, gleichsam nur im Bauplan bekannt. Den Therapeuten zu raten, sie sollten auf altbewährte Regeln zurückgreifen, würde soviel bedeuten, wie ihnen zu raten, aus dem Hier und Heute geistig auszuwandern in die „gute alte Zeit".

Am Beginn der Neuzeit war die Ungewißheit über das, was man als zuverlässiges theoretisches und praktisches Wissen ansehen konnte, ebenso problematisch wie heute. René Descartes (1596–1650) verglich diese Situation mit der Situation eines Menschen, der sein baufälliges Haus abreißen und ein neues bauen muß (Descartes 1960). Für die Zwischenzeit braucht er eine Wohnung, in der er sich einrichten kann, bis er seine endgültige Behausung bezieht. Solange das neue Haus und damit der neue Lebenskreis nicht fertig gebaut ist, kann man darin nicht die erforderliche Sicherheit des Daseins erlangen.

Das Bild des Wohnens deutet zurück auf den metaphorischen Ursprung des Wortes „Ethos". Im Ethos sind die Lebens- und Handlungsregeln gebündelt, mit denen die Ge-wohn-heiten am Wohnsitz und Wohnort identifiziert wurden. Weder das, was war, noch das, was sein wird, gibt uns dabei die Lebensregeln, sondern Regeln für die Zwischenzeit sind verlangt: „*Moral auf Zeit* (morale par provision)" nennt Descartes dieses Regelsystem der Zwischenzeit. Solche Regeln müssen *praktikabel*, *annähernd* (*nicht absolut*) *gut* und *realistisch* sein, wer sie befolgt, muß entschlossen, illusionsfrei und bereit sein, sie ständig zu *korrigieren* und *neuen Bedingungen anzupassen*.

Was Descartes hier beschreibt, ist eine Ethik, deren Ausmaß bescheiden sein will. Mehr kann man auch heute nicht erwarten, weil wir in einer Zeit leben, die ihr altes Haus aufgeben mußte und ihr neues noch nicht fertig hat. In den verschiedenen Themen der medizinischen Ethik ist diese Unsicherheit über endgültige Lösungen deutlich zu spüren. Unser Bild von Mensch und Welt entspricht nicht mehr dem, aus dem unsere religiösen und philosophischen Handlungsregeln stammen, ein neues Welt- und Menschenbild ist erst im Entstehen und keinesfalls fertig. Die Medizin, die heute praktiziert werden muß, ist noch nicht das, was sich alle Beteiligten (Arzt, Patient, Gesellschaft) erhoffen.

Ethik als Kontrasterfahrung

Das Fehlen moralischer Regeln zu erleben, kann dazu führen, daß es in dieser Welt – die Welt der Medizin ist hier keine Ausnahme – unwohnlich und unheimlich wird. Die Beliebigkeit, Unverbindlichkeit und Ungesichertheit der Lebensumstände seiner Zeit zwangen den englischen Philosophen Thomas Hobbes (1588–1679), die wichtige politische und ethische Frage zu stellen, worin die Zuverlässigkeit menschlichen Verhaltens gegründet werden könne und wie sich die verschiedenen Interessen und Impulse der Menschen aufeinander abstimmen und regeln ließen (Hobbes 1966). Da den Menschen das absolute Recht auf ihre Interessen nicht abgesprochen werden könne, sei ein „*Krieg aller gegen alle*" gewissermaßen Naturzustand. Allerdings muß das Interesse aller, in diesem Krieg zu überleben, vernünftigerweise zu einem vertraglichen Zustand führen, in dem einerseits die Durchsetzung bestimmter Interessen geschützt, andererseits die Durchsetzung anderer Interessen verhindert werden kann, die den sozialen Zusammenhalt gefährden. Für Hobbes und nach wie vor ihm für viele Vertragstheoretiker verbarg dieses Nützlichkeitskalkül neue Möglichkeiten, das Zusammenleben von Menschen in einer Zeit zu sichern, in der frühere Verbindlichkeiten sich aufzulösen schienen. Hobbes schrieb seiner Idee eine Verbindlichkeit zu, die man üblicherweise nur Gesetzen zuschreibt, die rechtskräftig erlassen sind oder – was damals weithin noch akzeptiert wurde – aus göttlicher Autorität stammen, als wäre der Vertrag bereits „im Wort Gottes verkündigt, der rechtmäßig allen Dingen befiehlt".

In der Philosophiegeschichte bleibt strittig, ob diese Idee der vertraglichen Sicherung eine im Vollsinn moralische Idee ist, die gilt, weil sie für alle Menschen in uneingeschränkter Gegenseitigkeit gilt. Man muß wohl annehmen, daß sie eine vormoralische Idee ist, die nicht universal, sondern nur mit der strategischen Nützlichkeit zur Erreichung bestimmter Ziele begründet wird. Was dieses jeweilige Ziel wert ist, bleibt als zentrale moralische Frage dabei ausgespart. Aber selbst wenn man die Idee Hobbes' vormoralisch nennen muß, bleibt sie doch ein gutes Beispiel für die *Entwicklung der ethischen Erfahrung* schlechthin. Wenn es nicht möglich ist, von irgendwelchen als sicher geltenden Normen auszugehen, wie sie etwa aus religiösen Überzeugungen erwachsen, dann bleibt nur die *Erfahrung des „so geht es nicht"*. Wer jedoch weiß, daß es so nicht weitergeht, weiß oder ahnt möglicherweise, wie es gehen könnte oder sollte.

Auch für die Medizin sind entsprechende Probleme zu lösen. Wieviele widerstreitende Interessen sich in ihr zu Wort melden, braucht nur angedeutet zu werden. Da sind zunächst der kranke Mensch, der Hilfe braucht, und der Arzt, der Hilfe anbietet. Es ist denkbar, daß die beiden sich über die Art der Hilfe einigen können; die Situation wird jedoch dadurch erschwert, daß die verschiedensten Institutionen ihre Übereinkunft beeinflussen wollen und müssen; Kostenträger, Forchungsinstitutionen, Standesorganisationen, industrielle Verbände, politische Gremien usw. Sie drängen auf Einhaltung ökonomischer Grundsätze und fordern zugleich optimale Versorgung, wollen Sicherheit des Patienten und zugleich Fortschritt und Risikobereitschaft für Neuentwicklungen, fordern das vorausschauende Wissen des Arztes und zugleich den Respekt vor dem Willen des (meist unwissenden) Patienten, reklamieren fachliche Kompetenz und Spezialisierung des Arztes, die einerseits den Patienten dient, andererseits sie ausliefert an eine Vielzahl von Teilkompetenzen. In dieser multivalenten Situation steht das ursprüngliche Verhältnis eines Menschen, der krank ist, zu einem anderen, der ihm helfen will, in der Gefahr, aufgelöst zu werden. Die verschiedenen Interessen sind nicht mehr durchsetzbar, ohne daß auf die Durchsetzung bestimmter Interessen verzichtet wird. In solchen Situationen übernimmt Ethik die Funktion, wichtige Forderungen an menschliches Handeln zu stellen und immer wieder darauf hinzuweisen – Forderungen, die sich aus den Prinzipien von *Humanität*, *Selbstbestimmung* und *Verantwortung* ergeben.

Humanität

Vorstellungen darüber, was Humanität ist, gibt es in religiösen wie in atheistischen Systemen. Bemerkenswert ist nicht nur die Vielzahl an Inhalten, sondern v. a. ihre Konvergenz, ihr kleinster gemeinsamer Nenner. Humanität kennzeichnet das, was *alle* Menschen ohne Ausnahme angeht. Humanität kann nur dann als solche ausgesagt werden, wenn die Konsequenz einer Haltung, einer Institution oder eines Menschen keinem der Belange eines anderen Menschen, einer anderen Institution oder Haltung widerspricht. Es gibt in der Philosophie die Tendenz, daß Allaussagen, wie sie bei der Beschreibung der Humanität gehäuft vorkommen, unüberprüfbare und daher irgendwie sinnlose Aussagen sind. Gegen diese Tendenz muß Widerspruch eingelegt werden. Ein Grundbedürfnis des Menschen ist das Bedürfnis nach Sinn. Sinn wird darin gefunden, daß einzelne Ereignisse und Handlungen in einen Gesamtzusammenhang aller Ereignisse und Handlungen hineinpassen. In dieser Hinsicht sind Aussagen, die Bezeichnungen wie „alles", „nichts", „kein" u. a. benutzen, durchaus „sinnvoll" und notwendig. Humanität kann – wie oben gesagt – nur in dem gesehen werden, was menschlichen Belangen nicht widerspricht. Was zu den menschlichen Belangen zählt, muß in freier vernünftiger Vereinbarung bestimmt werden, zu der jeder Mensch zugelassen werden muß, der die Voraussetzung zu vernünftiger Argumentation mitbringt. Vernünftige Argumentation ist keine Sache der Intelligenz, sondern sie besteht so lange, wie in einer Auseinandersetzung nichts anderes den Ausschlag gibt als das bessere Argument. Das Eigenartige an dem, was Humanität bedeutet, ist ihre Undefinierbarkeit. Man kann nur sagen, was Humanität nicht ist.

Ein wichtiger Punkt in der Entwicklung zum Vertragssystem unter Menschen und Völkern, an dessen Ausarbeitung Hobbes maßgeblichen Anteil hatte, ist die *Charta der Menschenrechte*. Auch diese Charta sagt nicht, was Humanität ist, sie nennt vielmehr Elemente, die als Bestandteile von Humanität aufzufassen sind. In diesen Bestandteilen werden grundlegende Erfahrungen formuliert, hinter die ein geordnetes und faires Zusammenleben von Menschen nicht zurückfallen darf. Die „Allgemeine Erklärung der Menschenrechte" wurde von der Generalversammlung der UNO am 10. Dezember 1948 verkündet, zu einer Zeit also, da alle Welt nach der Brutalität zweier Weltkriege die fundamentale Kontrasterfahrung gemacht hatte, daß „es so nicht geht" und der eingeschlagene Weg dem Erfordernis der Humanität widerspricht. Wo Anerkennung der Würde des Menschen und seiner Rechte auf Freiheit, Gerechtigkeit, gleiche Behandlung, Leben, Frieden und Sicherheit mißachtet werden, reklamieren Wissen und Ahnung des Menschen von dem, was Humanität ist, Änderung und Regulierung unmenschlicher Zustände. *Menschenrechte sind in diesem Sinn Abwehrrechte.*

Die gleiche Kontrasterfahrung, die zur Formulierung der Menschenrechte führt, ermöglichte im Bereich von Naturwissenschaft und Medizin 1947 die Formulierung des „Nürnberger Code“, in dem die wichtigsten Regeln über die Experimente an Menschen zusammengefaßt sind. Notwendig wurde dieses Regelwerk, da die Medizin unter dem Naziregime sich an Humanexperimenten beteiligt hatte, die jedes Maß an Humanität vermissen ließen. Das Fehlen der Humanität zeigte sich in der Zweifelhaftigkeit der Zielsetzungen und in der bedenkenlosen Unverhältnismäßigkeit, mit der Gesundheit und Leben der Probanden, zumeist als „minderwertig“ bzw. „Untermenschen“ qualifizierter KZ-Häftlinge, aufs Spiel gesetzt wurden. Ein Beobachter der Nürnberger Prozesse, die einen mahnenden Schlußstrich unter diese Zeit setzen wollten, war A. Mitscherlich; die von ihm und F. Mielke edierten Prozeßakten tragen den Titel „Medizin ohne Menschlichkeit“ (Mitscherlich u. Mielke 1960).

Auch mit den Nürnberger Dokumenten wurde nicht ein für allemal gesagt, was Humanität für die Medizin bedeutet. Die Gesellschaft und v.a. die Standesorganisationen von Medizin und Krankenpflege haben immer wieder Deklarationen, Resolutionen und revidierte Fassungen dieser Dokumente verabschiedet, die zu beschreiben versuchten, ob das, was man tut bzw. tun muß, „geht“ oder „nicht geht“. Solche Dokumente sind nicht daran zu messen, ob ihre Aussagen zur Humanität philosophisch und theologisch stimmen, sondern daran, ob ihr Ethos wirklich die Kontrasterfahrung des „so geht es nicht“ widerspiegelt und in angemessene Grundsätze umsetzt. Daß die Themen dieser Dokumente vom Problem der Zwangsernährung bis zum Einsatz von Computern in der Medizin reichen, belegt nur, daß Ethik als Kontrasterfahrung nicht nur für Ausnahmesituationen notwendig ist. Ihre orientierende Funktion kommt immer, auch in primär unverdächtigen Situationen zum Tragen.

Selbstbestimmung

Selbstbestimmung gehört zur *Freiheit* des Menschen. Daß ihm nur das angerechnet werden kann, was er in Freiheit, also mit vollem Wissen und ohne Zwang tut, war für philosophische und theologische Ethik immer selbstverständlich. Gerade die Aufklärungsphilosophie hat dem noch einen wesentlichen Punkt hinzugefügt. Wenn der Mensch wirklich frei handeln soll, darf er nicht unter dem Gesetz einer fremden Macht, die nicht er selber ist, stehen. Fremde Mächte können Gott, Natur, Staat, Gewohnheit, Affekte usw. sein. Der Mensch ist nur frei, wenn er sich selber Gesetzgeber ist. Das klingt für den religiös denkenden Menschen zu Unrecht wie der Versuch einer Entmachtung Gottes. Denn alte religiöse Traditionen, etwa die der Paulusbriefe in der Bibel, sprechen von einer Gleichheit des göttlichen Gesetzes und einem Gesetz, das im Menschen wohnt, sei es als *natürlich angeborenes Wissen um das Gute* oder als eine *im Glauben fundierte Selbständigkeit* des Handelns.

Man kann davon ausgehen, daß es in Theologie und Philosophie die Bejahung menschlicher Selbstbestimmung gibt. Es ist daher nur folgerichtig, daß es eine Verwandtschaft der wichtigsten *Selbstbestimmungsformeln*, des kategorischen Imperativs von Immanuel Kant (1724–1804) und der goldenen Regel der Bibel gibt.

Die Grundformel des kategorischen Imperativs bei Kant (1965) lautet:

> „... handle nur nach derjenigen Maxime, durch die du zugleich wollen kannst, daß sie ein allgemeines Gesetz werde".

Die goldene Regel nach Matthäus 7, 12 (vgl. auch Lukas 6, 31) lautet:

> „Alles nun, was ihr wollt, daß euch die Leute tun, das sollt auch ihr ihnen tun ...".

Kant selbst hat den Verdacht einer Identität zwischen beiden Regeln zu widerlegen gesucht, der amerikanische Moralphilosoph P. Singer (1975) dagegen hat die „goldene Regel" in den Rang einer Zentralformel für die Ethik angehoben. Wichtig ist auf jeden Fall, daß Selbstbestimmung nur wenig mit dem trotzigen „Laßt mich! Ich bin selber groß!" zu tun hat. Selbstbestimmung ist frei von äußeren Gesetzen, aber *gebunden an den inneren Zwang der Selbstverpflichtung*.

Selbstbestimmung scheint beim ersten Hinsehen eine eindeutige, praktikable Formel der Ethik zu sein, aber sie erweist sich dann doch als ähnlich kompliziert wie die Formel der Humanität. Auch in der Selbstbestimmungsforderung zeigt sich die Kontrasterfahrung des „so geht es nicht", mit der die verschiedenen massiven und subtilen Formen von Zwang abgewertet werden sollen. Die Basis der Selbstbestimmung ist nach den klassischen Ausführungen Kants die Unmöglichkeit, daß der Mensch als Objekt für den Menschen gedacht werden kann. Er ist niemals nur Zweck für etwas oder jemanden, sondern immer auch der, der Zwecke setzt und Zweck an sich ist. Eine Unterform des kategorischen Imperativs, von Kant ebenfalls formuliert, lautet: „Handle so, daß du die Menschen sowohl in deiner Person, als in der Person eines jeden anderen jederzeit zugleich als Zweck, niemals bloß als Mittel brauchst." Handeln, das Selbstbestimmung ausschließt, liegt damit unter der Würde des Menschen.

Man muß zu erkennen versuchen, warum ein Handeln, das an seiner Oberfläche als ethisch unverdächtig erscheint, weit von einem Handeln entfernt sein kann, das selbstbestimmt und mithin menschenwürdig ist. Drei Denksysteme sollen hier als Modelle einer solchen Analyse angeführt werden. Alle drei Modelle schärfen das Verständnis dessen, was Selbstbestimmung im Handeln bedeuten soll.

Modell A: Die Gefahr gesellschaftlicher Entfremdung

Ein neuzeitliches Modell des Einspruchs gegen Verzweckung und unwürdige Behandlung des Menschen ist die Philosophie von K. Marx (1818–1883). Seine Philosophie, die ganz und gar nicht als Ethik verstanden wird, hat ihren Brennpunkt in der Forderung, „alle Verhältnisse umzuwerfen, in denen der Mensch ein erniedrigtes, ein geknechtetes, ein verlassenes, ein verächtliches Wesen ist" (Marx 1968). Die Entdeckung der verschiedenen Formen der Entfremdung des Menschen von sich selber in seinen ökonomischen und gesellschaftlichen Beziehungen und Rollen kann aber als eine Lesart der ethischen Grunderfahrung verstanden werden, daß „es nicht geht", wenn der Mensch in seinen Herrschafts- und Wirtschaftssystemen unter Druck gesetzt wird. Die Betroffenheit darüber, daß dieser Druck aber trotz aller Beteuerungen der Freiheit ausgeübt wird, führt zur Forderung, die unterdrückenden Verhältnisse zu revolutionieren. Springender Punkt dabei ist das Ziel: die Rehabilitation der Selbstbestimmung. Die Revolution ist dabei nur Mittel zum Zweck. Eine gewaltfreie Lesart des Imperativs von Marx heißt darum: „Wenn der Mensch das höchste Wesen für den Menschen ist bzw. sein soll, dann laßt ihn eben *das* sein" (Ebeling 1982).

Modell B: Die Gefahr des Selbstverlusts
Auf anderen Denkbahnen, aber aus ähnlicher Betroffenheit darüber, daß die idealistische Philosophie damals so unberührt war von den Belangen und Bedingungen des einzelnen konkreten Menschen, bekannte sich der dänische Philosoph und Theologe Kierkegaard (1813–1855) zur Selbstbestimmung des Menschen. In den Existenzformen von Angst und Verzweiflung, die er in seiner eigenen Biographie ständig erfuhr, sah er die große Gefahr, daß der Mensch untergeht. Aber in der Tiefe der angstvollen und verzweifelten Existenz, da wo Angst und Verzweiflung nicht größer sein könnten, findet er die Möglichkeit eigener Bestimmung. In seiner Situation erlebt er, daß er alles Unwesentliche und alle Wichtigkeiten des bürgerlichen Lebens abstreifen kann: alles, was für ihn ästhetisch-kulturelle Bedeutung hat und was ihm an lust-, geist- und wertvollen Lebensinhalten angeboten wird. Übrig bleibt: er selbst. Kierkegaard (1956) definiert das Selbst als etwas, das sich zu sich selbst verhält. Also etwas, das existiert, ist nicht schon ein Selbst. Das ist es erst dann, wenn es weiß, daß es existiert, und aus diesem Wissen Konsquenzen zieht. Ebenso ist es mit dem Menschen. „Der Mensch ist eine Synthese von Unendlichkeit und Endlichkeit, von Zeitlichem und Ewigem, von Freiheit und Notwendigkeit, kurz eine Synthese... So betrachtet, ist der Mensch noch kein Selbst". Ob der Mensch er selbst sein bzw. werden kann oder nicht, ist kein mengentheoretisches Problem. Danach wäre es nur wichtig, ob er sich als Teilmenge M_1 von anderen Teilmengen M_{1-n} unterscheiden läßt. In einer solchen Betrachtung wäre der Unterschied zwischen Mensch und Ding unwesentlich, weil beides nur Teilmengen sind. Für die existentielle Betrachtung Kierkegaards ist das anders. Der Mensch muß wissen, daß er existiert, und daraus die Konsequenz ziehen, von allem Anderen, von Menschen und Dingen, unterscheidbar, wirklich ein Einzelner zu sein. Nur dieser Weg, der Angst und Verzweiflung kostet, macht Selbstbestimmung möglich.

Modell C: Die Gefahr unbewußter Zwänge
Ein drittes Modell der Selbstbestimmung stammt von S. Freud (1856–1939). Grundgegebenheit des menschlichen Lebens ist der Konflikt: Was der Mensch will, stößt auf Widerstände in der realen Außenwelt (Umstände, Mitmenschen usw.), in der eigenen psychischen und physischen Ausstattung (Triebe, Anlagen, Fähigkeiten usw.) und in den Erwartungen und Idealvorstellungen, die ein Mensch aus seiner Umwelt übernimmt (Über-ich, Ideal-Ich, Gewissen, Moral usw.). Konflikte fordern vom Menschen, seinen Umgang mit sich und der Welt den jeweiligen inneren und äußeren Voraussetzungen so anzupassen, daß er diesem Umgang möglichst großen Lustgewinn entnehmen kann. Lustgewinn ist selten direkt, meist nur unter der Bedingung einer Konfliktlösung möglich. Der oft zu beobachtende „Vorgang: Konflikt, Verdrängung, Ersetzung unter Kompromißbildung kehrt bei allen psychoneurotischen Symptomen wieder". Das Krankmachende dieses Vorgangs liegt darin, daß der Konflikt zwischen dem, was der Mensch will, und dem, was er kann bzw. darf, immer auf Kosten realer Glücksmöglichkeiten gelöst wird. Psychoanalyse will dem Menschen helfen, über das Ausmaß an Glück in seinem Leben selber zu bestimmen und es nicht von unbewußten Zwängen entscheiden zu lassen. Der Mensch muß die Zwänge, die ihn daran hindern, durchschauen und die Energie, die er bisher zur Verdrängung inkompatibler Vorstellungen, Wünsche und Realitätsanteile abzweigte, zur realistischen und freien Wahl ihm angemessener Ziele entbinden.

Die genannten drei Modelle der Selbstbestimmung sind auf dem Hintergrund ihrer Zeit zu verstehen als Protest gegen eine Gesellschaft, welche die Freiheit bedroht: die sozioökonomische Ausbeutung, die bürgerliche Saturiertheit und die rigide Moral des 19. Jahrhunderts, durch die der Mensch in hochgesteckte Ziele von Kultur und Zivilisation eingespannt wurde. Auch für das Selbstverständnis in der Medizin sind die drei Modelle in unterschiedlicher Deutlichkeit wichtig geworden. Denn ihr zentraler Problemkreis ist der Umgang mit dem kranken Menschen, dessen Würde und Selbstbetimmung in der Situation des Krankseins gewahrt werden muß.

Gerade für den Kranken wird die *Wahrung seines Rechts auf Selbstbestimmung* zum zentralen Problem. Mit gutem Grund muß überlegt werden, ob der Kranke physisch (Durchsetzungskraft, Belastbarkeit usw.), psychisch (Behinderung durch Schmerzen, Abhängigkeit usw.) und geistig (Unverständnis der eigenen Situation, Bewußtseinstrübungen usw.) zur Selbstbestimmung fähig ist. Besondere Schwierigkeiten, die Fähigkeit des Patienten zur Selbstbestimmung festzustellen, treten in Situationen wie Bewußtlosigkeit auf, bei der Behandlung von Kindern, geistig Behinderten, Strafgefangenen u. a., denen aufgrund ihrer besonderen Lage Selbstbestimmung nur in Grenzen möglich sein kann.

Wo die *Grenze der Selbstbestimmung* liegt, kann niemals nur allgemein gesagt werden. Sie ist darum ein bleibendes Problem konkreter Praxis. Aber ein bedeutender Schritt in der ethischen Sensibilität der Gesellschaft und der Medizin war getan, als man das Recht des Patienten auf Selbstbestimmung grundsätzlich anerkannte und es abwog gegenüber dem Recht anderer, etwa dem Recht der Gesellschaft, der behandelnden Institution oder des Arztes. Schon die Behauptung, daß der Patient ein Recht auf die freie Entscheidung hat, welche medizinische Maßnahme bei ihm ergriffen werden soll, ist mehr als ein trivialer Satz. In diesem Satz steckt die Erfahrung, daß rein medizinisch gesicherte *Wenn-dann-Entscheidungen* die Freiheit des Menschen mißachten können. Wenn-dann-Entscheidungen kennen nur eine Regel: „Wenn" jemand diese oder jene Krankheit hat, „dann" muß dieses oder jenes getan werden. In diesem Fall wäre der Mensch in der Gefahr, Objekt sachlicher Entscheidungsabläufe zu sein, und er wäre in ähnlicher Weise davon betroffen wie von anderen sachlichen Entscheidungsabläufen, wie sie aus der Architektur, der Politik, der Rechtsprechung, der Wirtschaft usw. bekannt sind. Der Mensch muß die Freiheit haben, in die Entscheidungen einzugreifen, indem er etwas anderes tut oder das, was ihm die Entscheidung nahelegt, unterläßt. Genau das wollen die verschiedenen Erklärungen und Resolutionen über die Rechte des Patienten sicherstellen, sei es in der Situation des Humanexperiments, sei es bei der stationären oder ambulanten Versorgung durch medizinische Institutionen. Ihre Forderungen werden konkretisiert, wenn diese Erklärungen und Resolutionen dem kranken Kind, kranken Gefangenen, Behinderten usw. gelten.

Das Recht auf Selbstbestimmung ist überall zu achten, wo medizinisch gehandelt wird. Es gibt *keine Ausnahme*. Selbst da, wo ein Patient nicht ansprechbar ist, dürfen der Arzt und die anderen therapeutischen Helfer nur in seinem Sinne handeln, oder sie handeln ungerechtfertigt. Dieses Problem deutete V. v. Weizsäcker bereits 1947 an, als er beklagte, daß die medizinische Ethik sich nur ungenügend darauf eingelassen habe, dem Patienten die volle Freiheit der Mitentscheidung einzuräumen. Das Problem, was „gutes" Handeln sein könne, werde meist mittels einer Wert- und Güterlehre gelöst, nicht aber im Sinne einer „Gegenseitigkeit" (v. Weizsäcker 1950). Gegenseitigkeit billigt dem Patienten ein gleiches Maß an Entscheidungsfreiheit zu, wie sie für Arzt und Gesellschaft gefordert war.

Schlüsselwort einer Medizin, die das Recht auf Selbstbestimmung wahrt, ist der „*informed consent*", aus dem Englischen nur unzureichend wörtlich zu übersetzen als: aufgeklärte (informierte) Einwilligung. „Grundlage der Lehre vom *informed consent* ist das Selbstbestimmungsrecht der Menschen... Der Patient

– und nicht der Arzt – soll bestimmten, was mit dem Körper des Patienten zu geschehen hat“ (Linzbach 1980). In der medizinischen Praxis taucht jedoch oft das Problem auf, daß Menschen behandelt werden müssen, die zum *informed consent* nicht in der Lage sind wie kleine Kinder, geistig Behinderte oder bewußtlose Patienten. Ihre Einwilligung muß dann ersetzt werden durch den sog. „*mutmaßlichen Willen*“ des Patienten bzw. durch die Einwilligung eines mit der Vertretung des Patienten beauftragten Vormunds, d.h. der Eltern oder einer gesetzlich dazu bevollmächtigten Person. In Analogie zum *informed consent* wird diese in Vertretung gegebene Einwilligung „*proxy consent*“ genannt. Der *proxy consent* macht keine Abstriche vom grundsätzlichen Recht des Menschen auf Selbstbestimmung, sondern fordert, daß jeder Vertreter des Patienten in dessen und nicht aus eigenem Willen entscheidet. Das Erfordernis an Aufklärung und Information kann für eine Entscheidung, die in Vertretung getroffen wird, nicht geringer sein, als es für den Patienten wäre, wenn er die Entscheidung selber treffen könnte.

Was *informed consent* und *proxy consent* alles beinhalten können, wie die Information zu gestalten ist, wo die Grenzen der Zustimmungsfähigkeit liegen und wie man sich an diesen Grenzen als Helfer verhält, sind Fragen, die mit wachsender Sensibilität für das Recht auf Selbstbestimmung zunehmend umfangreichere und präzisere Probleme stellen. Die Bedingung des *informed consent* und *proxy consent* sind inzwischen feststehende Größen, weil alle Handlungen als unzulässig zurückgewiesen werden, die das Recht auf Selbstbestimmung mißachten.

Verantwortung

Der Mensch will nicht irgendwie handeln, sondern nur so, wie er es verantworten kann. Es gibt also eine Instanz, vor der man sich verantworten muß, eine solche Instanz ist etwa das eigene Ich oder das Gewissen, wenn man sagt, daß man nichts tun könne, was man „vor sich selber“ nicht verantworten kann. Instanzen der Verantwortung können ebenso andere Menschen sein, die Gesellschaft oder Gott. Wichtig ist in jedem Fall, daß der Mensch nicht einfach handelt, wie etwa ein Tier etwas instinktiv tut, sondern daß er, indem er handelt, sich zu etwas verhält: zu sich selbst, zu anderen Menschen, zu Gott. Daß Gott eine Verantwortungsinstanz ist, wird heute von vielen nicht mehr akzeptiert, weil die Existenz Gottes keineswegs mehr selbstverständliche Grundannahme der Menschen ist. Als sicher kann jedoch gelten, daß der handelnde Mensch in einem Verhältnis zu sich und anderen steht, das ihn zu einem bestimmten Handeln herausfordert und gewissermaßen einen Anspruch an ihn erhebt. Es ist zwar leicht, diesen Anspruch zu überhören und zu mißdeuten, aber in jedem solcher Fälle weiß der Mensch, daß „es so nicht geht“, weil dann grundsätzlich die Gegenseitigkeit und Verbindlichkeit richtigen Handelns auf dem Spiel steht.

Verantwortung hat zur Voraussetzung, daß es die Freiheit, *so oder anders zu handeln*, gibt und daß jedes Handeln in Freiheit das Risiko auf sich nimmt, diesen Rahmen der Gegenseitigkeit zu verlassen. Heute kommt zu dieser riskanten Handlungsfreiheit eine Handlungssituation hinzu, die immer undurchschaubarer wird. Die „Reichweite menschlichen Handelns und daher menschlicher Verantwortung“ (Jonas 1979) ist unermeßlich geworden, d. h. *Handelnkönnen* und *Handelnsollen* sind soweit auseinandergetrieben, daß die Brücken zwischen Können und Sollen, die für eine Ethik früherer Zeit wichtig waren, eingestürzt sind. Was blieb, ist das *„ethische Vakuum“* (Jonas 1979). Diese Beschreibung gilt auch für die Medizin. Die meisten Fragen der gegenwärtigen medizinischen Herausforderungen, sind Fragen, die in dieses ethische Vakuum hineingestellt sind. Probleme der Genetik, der Intensivmedizin, der Chirurgie usw. stellen sich erst heute, wo auf der einen Seite die Möglichkeiten der medizinischen Technik utopisch groß geworden sind. Auf der anderen Seite steht die Frage, wie sinnvoll das noch sei und ob man wirklich tun solle, was man könne. Von vielen wird dies als unbedeutsame Spekulation abgetan, wie man seit langem alles, was als Metaphysik – wörtlich: als jenseits der Physik liegend – erkannt wird, als bedeutungslos abtut. Das Gespür für die Notwendigkeit von Verantwortung ist jedoch zumindest geblieben, auch wenn es immer schwerer wird, die beiden Eckpunkte der Verantwortung in einem Überlegungsgang zu sehen: die Möglichkeiten des Handelns und die Möglichkeit, die Güte (Wünschbarkeit) seiner Konsequenzen zu beurteilen.

Kennzeichen von Verantwortung ist, daß sie nicht immer mit konkreten Werten und Normen gefüllt werden kann. Drei Modelle können dies veranschaulichen.

Modell A: Verantwortung als Prinzip der Eltern-Kind-Beziehung
In diesem von H. Jonas ausgestalteten Modell zeigt das *hilflose kleine Kind* eine archetypische Evidenz ... für das Wesen der Verantwortung“ (Jonas 1979). Seine Besonderheit liegt darin, daß es zum einen voll und ganz Mensch ist, zum anderen aber totale Hilflosigkeit offenbart und so die Verantwortung der Erwachsenen, insbesondere seiner Eltern einfordert. Ihr Vorsprung besteht darin, daß sie oft deutlicher als das Kind selber wissen, was für das Kind „gut“ ist: gut in doppelter Hinsicht als nützlich und zumutbar. Die Verantwortung der Eltern besteht darin, aus den Möglichkeiten auszuwählen und „für“ das Kind das zu tun, was es nicht selber tun kann. Wer fragt, wie die Eltern ihre Verantwortung begründen, stößt immer auf die Selbstverständlichkeit, daß man doch nicht anders könne, als Verantwortung für das Kind zu übernehmen; sonst ginge es doch zugrunde. Dieses Modell geht davon aus, daß es einen gibt, der etwas nicht kann, und einen anderen, der das sehr wohl kann. Jede Verantwortung ergibt sich aus der Natur dieses zwischenmenschlichen Gefälles.

Modell B: Verantwortung als Gegenseitigkeit
Nach diesem Modell wird die Verantwortung nicht aus der ursprünglichen Herausforderung des Starken durch das Schwache erklärt, sondern aus dem – zumindest auf lange Sicht – *Austausch von Interessen in voller Gegenseitigkeit*. Verantwortung wird in diesem Modell am Beispiel einer Arbeitsgruppe erläutert. Jedes Mitglied dieser Gruppe hat Stärken und Schwächen, deren Ausgleich der Gesamtgruppe nützt. So gesehen ist keiner von vornherein der Stärkere, der allein die Verantwortung zu tragen hätte wie im Eltern-Kind-Modell. Darüber hinaus weiß jeder, daß auch der andere seinen Teil zur Gesamtverantwortung nicht erbringen muß, wenn er selber seinen Teil nicht erbringt. Dieses Modell geht von der prinzipiellen Gleichheit aller Teilnehmer aus, wobei die Fairneß eines jeden für alle nützlich ist. Denn jeder ist auf jeden angewiesen. Zugleich ist diese gegenseitige Abhängigkeit auch die Vorausstzung dafür, daß die Zusage eines jeden, seine Verantwortung zu tragen, verbindlich und gegenseitig abgesichert ist.

Modell C: Verantwortung als Antwort
Verwandt mit dem ersten Modell ist diese letzte Erklärung der Verantwortung. Sie geht davon aus, daß die Welt von Gott bzw. einem absoluten Sein (Vernunft, Geist usw.) ins Dasein gerufen ist. Dasein ist also Gerufensein. An jedes Ding und Lebewesen ist dieser ursprüngliche Ruf

ergangen, daß es da sein soll. Der Mensch findet somit in allen Konstellationen, in denen er handelt, den Ruf an die Dinge und Lebewesen vor, daß sie da sein sollen. Alles Seiende, d.h. Dinge und Lebewesen, haben den spezifischen Ruf, dazusein, sich zu entwickeln und Beziehung zu anderen Seienden zu haben. Dieser spezifische Ruf muß vernommen werden. Und doch ist allem gemeinsam, daß es überhaupt gerufenes Sein ist. Alles, was existiert, ist somit angesprochen und hat einen Anspruch. Der verbindet alles, d.h., er ist verbindlich. Verantwortung ist die *Antwort der Menschen auf den Anspruchscharakter der Dinge und Lebewesen.*

Für alle drei Modelle gilt, daß Einwände gegen sie zu erheben sind. Das bedeutet, keines dieser Modelle kann allein bestehen. Besonders deutlich wird das, wenn man konkret überlegt, was diese Verantwortungsmodelle für medizinisches Handeln bedeuten. Sie berühren nicht einfach eine theoretische Ebene, sondern legen sehr konkret fest, welches Handeln des Arztes verantwortlich genannt werden kann. Verantwortung hat den *Charakter des „Handelns für“* jemanden (Modell A), sie gebietet, eine ganz bestimmte Pflicht für den anderen zu erfüllen. Solche Verantwortung liegt etwa in der von Juristen sog. Garantenstellung, also einer Position, in der ein Arzt oder ein anderer therapeutischer Helfer verantwortlich für angemessene Hilfe zeichnet. Weitere Elemente der Verantwortung sind dann etwa speziell die Hilfeleistungspflicht, Sorgfaltspflicht, Schweigepflicht oder Aufklärungspflicht. Sie umreißen den Geltungsbereich der Verantwortung.

Verantwortung hat aber auch den *Charakter der Gegenseitigkeit*, weil jeder, auch der Arzt, letztlich nur insoweit Verantwortung trägt, als auch der andere bzw. die anderen Menschen für ihn Verantwortung tragen (Modell B). Die Berufung des Arztes auf seine Verantwortung darf nicht die Selbstverantwortung des Patienten einschränken. Denn einmal würde das die gegenseitige Verbindlichkeit der Verantwortung ungültig machen, die alle Menschen miteinander tragen. Zum anderen wäre das erste Modell der Verantwortung, das analog zur Eltern-Kind-Beziehung konstruiert ist, überzogen. Dieses Modell müßte ja ganz konkret dazu herhalten, den Arzt in die Elternrolle zu drängen und den Patienten in die Kindrolle. Wie alle Vergleiche hinkt auch der Vergleich zwischen Eltern-Kind- und Arzt-Patient-Beziehung, sobald man den Bereich des unbestreitbaren Gefälles von Wissen und Autorität zwischen Arzt und Patient verläßt. Die Selbstbestimmung des Patienten ist das stärkste Indiz dafür. Hinzu kommt, daß der tatsächliche oder potentielle Patient in anderen Bereichen des gesellschaftlichen Lebens jemand ist, auf den die medizinischen Helfer ihrerseits angewiesen sind. Überlegungen zur Verantwortung können an diesem Tatbestand nicht vorbeisehen.

Schließlich ist Verantwortung etwas, das man auch als eine in der Natur der Sache liegende Herausforderung betrachten kann (Modell C). Der Arzt bekommt diese Herausforderung zu spüren, wenn er im Kranksein eines Menschen den Ruf nach Hilfe wahrnimmt, der gerade ihm gilt, weil er in besonderem Maße helfen kann. Sein Helfen-Können und das Sich-nicht-selber-helfen-Können des Patienten sind nicht einfach Tatsachen, sondern *natürlicher Zusammenhang aller Dinge und Lebewesen von Angesprochensein und Anspruch.* Modelle A und C berühren sich hier, und beide Modelle brauchen die Begründung der Gegenseitigkeit, wie sie im Modell B vorgetragen wird.

Durchsetzung von Ethik

Bei der Frage, was man von der medizinischen Ethik erwarten könne, hat sich bisher im Rahmen der philosophischen Reflexion folgendes Ergebnis herausgestellt: von der Ethik läßt sich Orientierung erwarten, die 1. nur provisorisch, nie endgültig ist und 2. mit den drei Zentralbegriffen der Humanität, der Selbstbestimmung und der Verantwortung vorliegendes Verhalten reflektiert und dabei feststellt, daß „es so nicht geht". Heute ist es schwieriger denn je, Handlungswissen und Verantwortungswissen so zur Deckung zu bringen, daß man positiv und konkret angeben könnte, welche der vielen Handlungsmöglichkeiten „gut" und „richtig" genannt werden können. Bezeichnenderweise ist alle Welt sich im großen und ganzen darüber einig, daß etwa die Rüstungsspirale, die Ausbeutung der Bodenschätze oder die Optimierung der modernen Medizintechnik – um Beispiele aus verschiedenen Lebensbereichen zu nehmen – gefährlich sind und darum neu geregelt werden müssen. Aber welcher Rüstungsstand dann zahlenmäßig der richtige ist, welcher Grad der Nutzung von natürlichen Ressourcen für heutige und künftige Generationen zumutbar und welche Stufe der medizinischen Technik gut und wünschenswert ist, dies ist erfahrungsgemäß Gegenstand von Dauerkonflikten oder von Verträgen, die nie zustandekommen oder aus lauter Ausnahmen bestehen.

Bei der Reflexion solcher politischer Entscheidungsprozeduren lassen sich in Anlehnung an die Philosophen Lübbe (1980) und Apel 3 Stufen auf dem Weg der Ethik zur Praxis unterscheiden:

1. Verfahren der Normbegründung,
2. Verfahren der Norm-in-Kraft-Setzung und
3. Verfahren der Normdurchsetzung.

Auf der 1. Stufe wird überlegt, worin die *Wahrheit und Gültigkeit der konkreten ethischen Aussage* besteht. Diese Begründungsarbeit führt zu *Plausibilitäten* und zur *Überzeugung* unter den Beteiligten, daß die ethische Aussage gut oder zumindest hilfreich ist. Das soll als 2. Stufe bezeichnet werden. Erst jetzt kann die Überlegung beginnen, wie das Erkannte *durchzusetzen* ist, welche Bestrafungen und Belohnungen eingeführt werden, wie man die Normen bekannt macht, für wen sie gelten, wer sie überwacht usw. Es ist sinnvoll, diese 3 Stufen zu unterscheiden, v.a. weil damit auch klar wird, was Sache der Ethik ist und was nicht. Sache der Ethik ist unzweifelhaft die 1. Stufe: die Begründung der Empfehlungen und Forderungen für das Handeln. Zur Sache der Ethik gehört sicher nicht die 3. Stufe: die Durchsetzung dessen, was auf der 1. Stufe begründet und auf der 2. Stufe als plausibel anerkannt wurde. Durchsetzung kann eigentlich nur in der Zusammenarbeit von allen Beteiligten geschehen, also in Zusammenarbeit von Vertretern aus Medizin, Pflege und anderen therapeutischen Diensten, von Vertretern der Patienten, der relevanten Einzelwissenschaften, der Wirtschaft bzw. Verwaltung und der Politik. Durchsetzung der Ethik darf dabei nicht eine Frage der Macht, d.h. der Beteiligten werden, die am stärkeren Hebel sitzen. Durchsetzung der Ethik muß an das stärkere Argument gebunden bleiben. Das erfordert die Bereitschaft aller, sachlich zu sein und bei allen gemeinsamen Verhandlungen, auch bei evtl. notwendigen Kompromissen, vernünftig und pragmatisch zu bleiben.

Unklar ist, ob die 2. Stufe Sache der Ethik ist, wenn es um die Überzeugung aller Beteiligten geht, daß es richtig wäre, Erkenntnisse der 1. Stufe in Handlungen umzusetzen. In theologischen Ethiken wird für diesen Vorgang, mit dem für das richtige und gute Handeln gleichsam geworben wird, der Ausdruck „*Paränese*" verwandt. Dem griechischen Fremdwort „Paränese" liegen Tätigkeiten, d.h. Formen des moralischen Redens zugrunde wie *Raten*, *Ermuntern*, *Ermahnen* und *Warnen*. Wer rät, ermuntert, ermahnt und warnt, der versucht, den Betroffenen plausibel zu machen und sie einzuladen, in der Weise zu handeln, wie man es im Sinne des Glaubens, der Überzeugung oder der Weltanschauung vorher begründet hat. Erst danach, wenn die ethischen Normen von der Kraft sozialer Anerkennung getragen sind, stellt sich die letzte Frage, nämlich die, wie man mit denen verfährt, die darauf nicht hören. Ähnlich ist es in der medizinischen Ethik. Die wachsende Sensibilität für die Frage nach dem richtigen Handeln steht notwendigerweise in *Spannung zur juristisch-politischen Durchsetzung* dessen, was als richtig erkannt wurde. Es ist sicher sinnvoll, das als richtig Erkannte in Regeln, Gesetze und Arbeitsorganisation umzusetzen. Aber die Begründung der Wahrheit und Gültigkeit von ethischer Gewißheit ebenso durchzusetzen, wäre totalitär und unvernünftig. Begründungs- und Durchsetzungsverfahren wären dann nicht mehr aufeinander angewiesen. Beide würden willkürlich, hätten nichts mehr zu tun mit offener Meinungsbildung. Vernunft wäre dann eine Frage der Macht bzw. Durchsetzung, Ethik würde reduziert auf Disziplin. Ein solcher Fehler muß für den Bereich der medizinischen Ethik vermieden werden. Ihre Sache ist schwer und kontrovers genug; sie würde an den Problemen der Durchsetzung eher zerbrechen.

Grundthemen der medizinischen Ethik

Wenn man sich vor Augen hält, daß eine medizinische Ethik von der unmittelbaren Betroffenheit durch den Hilferuf des kranken Menschen ausgeht, ergibt sich daraus wie von selbst eine Gliederung der einzelnen Themen- und Problembereiche. Eine sinnvolle Gliederung hat da anzusetzen, wo der Helfer steht und zur Hilfe herausgefordert ist: in den Situationen von *Lebensbeginn*, *Lebenskrisen* und *Lebensende;* hinzu treten grundsätzliche Probleme der wissenschaftlichen *Forschung*, wenn sie am Menschen geschieht.

Zentral für die Hilfe in der Situation des *Lebensbeginns* ist die Frage, ob das Leben für den Helfer etwas prinzipiell Unantastbares darstellt oder ob es unter bestimmten Umständen verfügbar ist. Hierher gehört in besonderer Weise das seit der Antike bis heute diskutierte und nach wie vor ungelöste Problem, wann man überhaupt von Leben sprechen bzw. woran man seinen Beginn erkennen kann. Im Streit um diese Frage, der sich v.a. am Problem des Schwangerschaftsabbruchs entfachte, wurden im Laufe der Geschichte theologische, philosophische und biologische Lösungen angeboten, die alle in sich ihre Berechtigung haben, von denen jedoch keine eine Handhabe bietet, im Bereich der medizinischen Ethik ausschließlich verpflichtend oder praktikabel zu sein. Das Einzige, was als sicher gelten kann, ist die Tatsache, daß die Verschmelzung der männlichen mit der weiblichen Kernsubstanz, nachdem der Kern der Samenzelle in das reife Ei eingedrungen ist, ein unwiederholbares Geschehen darstellt; ob bereits das oder erst die Einnistung im mütterlichen Körper Leben bedeutet, wird nach wie vor diskutiert. Ungeachtet dessen ist der Helfer dort, wo Leben entsteht oder entstehen kann, zum Handeln und Sich-Verhalten herausgefordert, wenn das beginnende Leben nicht erwünscht ist, wenn Mißbildungen zu befürchten sind, wenn es sich ohne Hilfe der Medizin nicht gesund entfalten kann oder wenn es gegen bestehende biologische Schranken wie Unfruchtbarkeit, Krankheit der Eltern usw. erst gar nicht entstehen kann. Die Möglichkeiten der Medizin in diesen Bereichen sind im Wachsen begriffen, die Erwartung der Menschen an die Medizin macht ein *Ausweichen vor diesen Problemen und vor einer jeweils konkreten Entscheidung* unmöglich. Der einzelne Helfer muß sein Handeln im Bereich des Lebensbeginns vor sich selbst und vor allen Betroffenen verantworten können, d.h. er muß die Konsequenzen seines Handelns bewerten, seine Tragweite abschätzen und seine Vernünftigkeit erkennen.

Medizinisches Handeln in *Lebenskrisen* umfaßt zunächst die herkömmliche Rolle von Medizin und Pflege, in der Situation des Krankseins tätig zu werden. Die geläufigen Ausdrücke „Krankheit" und „heilen" als Beschreibung des Gegenstands und der Tätigkeit sind unzureichend: „Krankheit" gibt nur einen sachlichen Aspekt des Krankseins wieder, das über den objektiven Befund hinaus auch die *Erfahrung von Hinfälligkeit und Hilflosigkeit*, also die *„Primärerfahrung des Nicht-mehr-Könnens"* (Seidler 1978) beinhaltet. Bereits im Prozeß des Krankwerdens ist die Balance der regulativen Kräfte im Menschen in eine Krise geraten, die sich gleichermaßen in den lebensbedrohenden Krankheiten wie in den psychischen und sozialen Ausnahmesituationen von der Behinderung bis zur Naturkatastrophe manifestiert. Forderungen an Medizin und Pflege sind demnach nicht nur Einhaltung der Kunstregeln (lex artis), sondern auch die Berücksichtigung, daß die Existenz des kranken Menschen in seiner Krise grundsätzlich auf dem Spiel steht. Medizinisches Handeln muß daher der Bedeutung der Krisensituation gerecht werden.

Die Problematik medizinischen Handelns am *Lebensende* ist durch die zahlreichen Diskussionen über Behandlungsabbruch und Sterbehilfe zu einem herausragenden Thema geworden. Während die Rolle von Medizin und Pflege zu einem großen Teil im Kampf gegen Krankheit und Tod gesehen wird, stellt sich immer deutlicher die Frage, ob Sterben und Tod nicht jeder Behandlung auch *Grenzen* setzen: Grenzen, die Handeln nicht mehr *sinnvoll* erscheinen lassen, die in der *„Natürlichkeit"* des Sterbens bestehen, der *Verpflichtung* zum Handeln Schranken auferlegen und wegen der *Würde* des sterbenden Menschen bzw. wegen seines Rechtes auf ein würdiges Sterben unüberschreitbar werden. Der medizinische Helfer darf nicht „da das Geschehen... verlassen, wo er ‚nichts mehr machen' kann, sondern er ist verpflichtet, seinen sterbenden Patienten bis zu dessen Tod und seine Angehörigen darüber hinaus zu begleiten" (Seidler).

Forschung ist notwendig, damit das Angebot medizinischer Hilfe besser und effektiver wird. So einleuchtend dieser Grundsatz ist, so schwerwiegend ist die Problematik, die sich in den einzelnen Bereichen der medizinischen Forschung stellt. Ein neues Verfahren in Diagnose, Therapie, Vor- oder Nachsorge bringt Unsicherheiten für den Patienten mit sich, die ihm zugemutet werden müssen, wenn eine Neu- oder Weiterentwicklung des Verfahrens notwendig ist. Hier beginnt das ethische Problem, ob Forschung am Menschen ihren *therapeutischen Nutzen* nachweisen kann und vor wem sich das Ausmaß der Forschung rechtfertigen muß: vor den Belangen der wissenschaftlichen Forschung oder vor dem kranken Menschen, der jetzt oder später die Ergebnisse der Forschung braucht. Die Medizin steht im Dilemma, daß sie einerseits die Forschung unterstützen muß, um die Wirksamkeit ihres Handelns zu fördern, und daß sie andererseits dem einzelnen Patienten verpflichtet ist, ihm die bestmögliche Hilfe zukommen zu lassen, über die sie zur Zeit verfügt. Die Gefahr scheint auf, daß aus der Hilfe *Manipulation* wird: die Freiheit des Patienten bzw. der Versuchsperson kann dem Ziel der Forschung untergeordnet werden; Erkenntnisgewinn dient möglicherweise nicht mehr zuerst dem aktuellen oder möglichen Kranken, er kann zum Selbstzweck werden oder aus wirtschaftlichen, forschungsstrategischen u.a. Interessen heraus angestrebt werden; die Abwägung von Risiken der Forschung und von Nutzen für den kranken Menschen kann in Richtung einer einseitigen Parteinahme der Helfer für den zu erwartenden wissenschaftlichen Fortschritt verschoben werden. Medizinische Ethik soll nicht die Forschung behindern, sondern muß die Belange des Menschlichen wie den *Schutz der menschlichen Würde*, das *Recht auf Selbstbestimmung* oder das *Recht aller Menschen auf eine wirksame medizinische Versorgung* integrieren und die Verletzung eines dieser Belange möglichst ausschließen.

Literatur

Descartes R (1960) Von der Methode des richtigen Vernunftgebrauchs und der wissenschaftlichen Forschung (1637). Meiner, Hamburg (Phil. Bibliothek, Bd 26a)

Ebeling H (1982) Freiheit – Gleichheit – Sterblichkeit. Philosophie nach Heidegger. Reclam, Stuttgart

Freud S (1952) Über Deckerinnerungen (1899). Gesammelte Werke, Bd 1. Imago, London, S 529–554

Gebsattel VE von (1944) Not und Hilfe. Alsatia, Kolmar

Gehlen A (1973) Moral und Hypermoral. Athenäum, Frankfurt

Hobbes T (1966) Leviathan. Oder Stoff, Form und Gewalt eines bürgerlichen und kirchlichen Staates. Luchterhand, Darmstadt Neuwied

Illhardt FJ (1983) Ethik und Kommunikation in der Medizin. Zum Begründungsproblem klinischer Entscheidungen. Med Mensch Ges 8:234–240

Imhof AE (1981) Die gewonnenen Jahre. Von der Zunahme unserer Lebensspanne seit 300 Jahren oder von der Notwendigkeit einer neuen Einstellung zu Leben und Sterben. Beck, München

Jonas H (1979) Das Prinzip Verantwortung. Versuch einer Ethik für die technologische Zivilisation. Insel, Frankfurt

Kant I (1965) Grundlegung zur Metaphysik der Sitten (1785). Meiner, Hamburg (Phil. Bibliothek, Bd 41)

Kierkegaard S (1956) Die Krankheit zum Tode (1849). In: Diem H, Rest W (Hrsg) Kierkegaard S Philosophisch-theologische Schriften (Die Krankheit zum Tode u.a. Schriften). Hegener, Köln Olten, S 31–177

Linzbach M (1980) Informed Consent. Die Aufklärungspflicht des Arztes im amerikanischen und im deutschen Recht. Lang, Frankfurt

Lübbe H (1980) Philosophie nach der Aufklärung. Von der Notwendigkeit pragmatischer Vernunft. Econ, Düsseldorf

Lübbe H (1982) „Orientierungswaise". Zur Karriere eines Themas. In: Lübbe H (Hrsg) Der Mensch als Orientierungswaise. Ein interdisziplinärer Erkundungsgang. Alber, Freiburg München, S 7–29

Marx K (1968) Zur Kritik der Hegelschen Rechtsphilosophie (1843/44). In: Landshut S (Hrsg) K. Marx: Die Frühschriften. Kröner, Stuttgart, S 207–224

Mitscherlich A, Mielke F (Hrsg) (1960) Medizin ohne Menschlichkeit. Dokumente des Nürnberger Ärzteprozesses. Fischer, Frankfurt

Scheler M (1947) Die Stellung des Menschen im Kosmos. Nymphenburger Verlagshandlung, München

Seidler E (1978) Primärerfahrungen von Not und Hilfe. In: Schipperges H, Seidler E, Unschuld P (Hrsg) Krankheit, Heilkunst, Heilung. Alber, Freiburg München

Seidler E (1979) Ethik. In: Seidler E (Hrsg) Wörterbuch medizinischer Grundbegriffe. Herder, Freiburg Basel Wien

Singer MG (1975) Verallgemeinerung in der Ethik. Zur Logik moralischen Argumentierens. Suhrkamp, Frankfurt

Troschke J von, Schmidt H (Hrsg) (1983) Ärztliche Entscheidungskonflikte. Falldiskussionen aus rechtlicher, ethischer und medizinischer Sicht. Enke, Stuttgart

Weizsäcker V von (1950) Über das Wesen des Arzttums (1947). In: Weizsäcker V von (Hrsg) Diesseits und jenseits der Medizin, 2. Aufl, Koehler, Stuttgart, S 192–201

Teil 2

Einzelthemen der medizinischen Ethik

Medizinische Ethik bedeutet Reflexion der Erfahrung, die der Helfer in seiner Herausforderung durch die Not seiner Mitmenschen macht. Als die 4 Grundthemen dieser Erfahrung sind *Lebensbeginn*, *Lebenskrisen*, *Lebensende* und *Forschung* herausgestellt worden. In diese 4 Bereiche werden die folgenden Themen und Probleme der medizinischen Ethik gegliedert, damit auch durch diese Gliederung ihre Nähe zur Praxis deutlich wird. Behandelt werden in dieser Weise 27 Problembereiche, wodurch Anstöße zur denkenden und fühlenden Auseinandersetzung des Helfers mit seiner Situation und mit deren Bedeutung gegeben werden sollen. Durch eine ethische Betrachtung klinisch-praktischer Probleme soll die Sensibilität für gutes und schlechtes Handeln, für leitende Orientierungen und gültige Argumentationen geweckt werden.

Lebensbeginn

Zu den Problemen des Lebensbeginns gehören folgende Schwerpunkte:

- Geburtenkontrolle,
- Sterilisation,
- Insemination,
- genetische Beratung – pränatale Diagnostik,
- Schwangerschaftsabbruch,
- Perinatologie.

Der Problembereich „Lebensbeginn" kennzeichnet eine Phase klinischen Handelns, in der die Medizin ihre Herausforderung erkennt, bei der Weitergabe und Entstehung von Leben einzugreifen. Die Formulierung „Lebensbeginn" beinhaltet auch den Widerspruch, daß beim Schwangerschaftsabbruch oder bei der Geburtenkontrolle nicht Leben „beginnt", sondern endet oder verhindert wird. Doch allen genannten Problembereichen ist die Frage gemeinsam, wie der Arzt und seine Mitarbeiter insbesondere aus Pflege und Geburtshilfe mit diesem beginnenden Leben umgehen. Verschiedene Arten sind denkbar, mit dem beginnenden Leben umzugehen: Bewahren, Beenden, Befürworten, Verhindern, Ablehnen usw. Diese Fragen des Umgangs betreffen aber nicht nur den Arzt und seine Mitarbeiter, sondern genauso auch die Eltern und die Gesellschaft.

Umgang mit dem beginnenden Leben heißt nie „Nichts-tun-Dürfen", also Fatalismus, sondern bedeutet, daß wir in unaufhebbarer Verantwortung verhindern müssen, daß Leben beliebig zur Disposition und in Verwertungszusammenhänge gestellt wird. Jeder Eingriff, der „natürliche", d.h. vorgegebene Lebensprozesse verändert oder beendet, bedarf einer besonderen Legitimation. Sie muß in dem Nachweis bestehen, daß die geplante Art des Handelns „besser" ist als jede andere Möglichkeit oder Unterlassung des Handelns. Ob und wie diese Legitimation gelingen kann, soll in den folgenden Themen dargestellt werden.

Geburtenkontrolle

Geburtenkontrolle erfordert Überlegungen und Handlungen, die von der *Empfängnisverhütung* bzw. *-regelung* bis zur *Familienplanung* reichen. Auf diesem Handlungsfeld lassen sich drei Problemkreise unterscheiden:

- Entflechtung von Sexualität und Fruchtbarkeit,
- Verantwortung für Familie und Elternschaft,
- Wahl der Verhütungsmethode.

Besonders an diesem Problemaufriß ist, daß kein Problem sich losgelöst vom anderen darstellen läßt. Über das Mittel der Antikonzeption kann nicht vernünftig entschieden werden, wenn nicht zugleich auch über Bedeutung und Sinn von Sexualität und Fruchtbarkeit einerseits wie über Ziel und Kultur von Familie und Partnerschaft andererseits mitentschieden und reflektiert wird. Das eine ohne das andere zu bedenken, etwa zu überlegen, ob die „Pille" zu nehmen sittlich erlaubt sei, führt dazu, daß diese methodische Entscheidung von den anderen Entscheidungen über Partnerschaft, Sexualität und Elternschaft losgekoppelt wird. Die personale Struktur der menschlichen Sexualität wird dadurch verkannt. Trotz dieser Gefahr sollen die drei Problemkreise im einzelnen näher betrachtet werden:

Entflechtung von Sexualität und Fruchtbarkeit

Während in alten ethischen (vor allem theologischen) Traditionen feststand, daß Sexualität ihrer Natur nach der *Erzeugung von Nachkommenschaft* dient, hat sich heute die Überzeugung durchgesetzt, daß Sexualität *Ausdruck der liebenden Person im partnerschaftlichen Geben und Nehmen* ist. Geburtenkontrolle ist daher nichts Widernatürliches oder Bedenkliches, sondern sie ist eher ein Gebot der personalen Entscheidung *für* die Liebe und erst in zweiter oder dritter Linie Entscheidung *gegen* die Fruchtbarkeit. Die Erfahrung mit der Geburtenkontrolle hat klargemacht, daß Sexualität und Fruchtbarkeit eigene Funktionen und eigenen Wert haben und darum auch gesonderte Bereiche für Entscheidung und Verantwortung sind. Medizinische *Beratung* muß eine Überzeugung und Stellungnahme des bzw. der Klienten/Patienten zu solchen Wertkomplexen vorbereiten.

Vor allem das theologisch-ethische Argument, daß Sexualität und Fruchtbarkeit zusammengehören wie das Mittel (Sexualität) zum Ziel (Fruchtbarkeit), wurde 1968 bekräftigt durch die Enzyklika „Humanae vitae" von Papst Paul VI. Weil die Zuordnung von Sexualität und Fruchtbarkeit als göttliche und natürliche Einrichtung festliege, so die Enzyklika, müßten alle Mittel der Geburtenkontrolle (außer den Zeitwahl- und Temperaturmethoden) als widernatürlich abgelehnt werden. Diese Argumentation wurde von vielen heftig kritisiert, weil sie eine Art von natürlicher Ordnung voraussetze, die keineswegs mehr einsichtig ist. Beachtenswert an dieser Diskussion sind jene Stimmen, die vor einer Degeneration der Sexualität zum Konsumartikel warnten, weil durch die Kontrolle der Fruchtbarkeit Sexualität nicht mehr Teil personaler Liebe, sondern frei verfügbare Lustquelle werde. So gesehen stellt sich als wichtige Grundfrage heraus: Ist es gut, durch eine *Technik der Geburtenkontrolle* eine natürliche *Verwirklichung des Menschen* und des Menschlichen zu unterlaufen? Die Angst vieler Menschen vor einer unbedenklichen Entflechtung von Sexualität und Fruchtbarkeit, aber auch vor einer Instrumentalisierung von Sexualität muß gehört werden.

Verantwortung für Familie und Elternschaft

Kontrazeption geht davon aus, daß ein Kind erhebliche Auswirkungen auf die eigene Person und die bestehende Partnerschaft hat. Solche Auswirkungen können darin gesehen werden, daß Kinder für die eigene Freiheit (wirtschaftliche und berufliche Situation, Ungebundenheit usw.) und die eigene Entwicklung (Selbstfindung, Reifung, Gesundheit usw.) Nachteile bringen können. Daß die Partner für diese eigene Freiheit und Entwicklung Verantwortung übernehmen, zeigen sie durch eine vernünftige Abwägung und Entscheidung für die Kontrazeption. Ebenso wie Belastung kann durch ein Kind auch Förderung der eigenen Freiheit und Entwicklung eingeleitet werden. Die Methoden der Kontrazeption, abgesehen von der Sterilisation, halten diese Möglichkeit der Verantwortung offen.

Das Kind als Belastung und/oder Förderung zu sehen, widerspricht leicht der unbedingten Verpflichtung, den Menschen immer nur als Ziel, nie als Mittel für die eigene Befriedigung zu sehen. Deshalb muß Geburtenkontrolle davon ausgehen, daß in den Kindern nicht einfach (erwünschte oder unerwünschte) Nebenwirkungen der Sexualität gesehen werden. Sie haben als Menschen zu gelten, die ein Recht haben auf die volle Zuwendung und Akzeptanz ihrer Eltern. Ein Kind zu bekommen, ohne sich über die eigene Bereitschaft zu Akzeptanz und Zuwendung Rechenschaft abzulegen, könnte bedeuten, daß diesem Kind seine psychosozialen Entwicklungschancen vorenthalten werden, daß hier eine Deprivation und Entfremdung des Menschen vorbereitet wird. Die Möglichkeiten der Geburtenkontrolle sind insofern eine Voraussetzung unter anderen für *verantwortete Elternschaft*. Medizinische Beratung und Therapie bei Problemen von Empfängnisverhütung und Sexualität hat diesen Aspekt der Verantwortung für sich selbst und andere miteinzubeziehen.

Ein besonderes Problem stellt die Empfängnisverhütung – ähnlich wie die Sterilisation – bei Behinderten (← Behinderung, ← Sterilisation) dar. Auf dem skizzierten Hintergrund läßt sich unschwer die Bedeutung der Sexualität auch für den behinderten Menschen erkennen, wobei eine vernünftige Empfängnisverhütung unnötige Belastungen vermeiden helfen soll. Die ethischen Bedenken beziehen sich dabei v.a. darauf, daß Behinderte vielfach die Ebenen der Verantwortung kognitiv, emotional und pragmatisch nicht realisieren können. Konkret heißt das: die zuständigen Helfer müssen hier oft ohne oder gegen die Einsicht und die freiwillige Zustimmung der Behinderten im Sinne der Schwangerschaftsverhütung tätig werden. Verhütung von Sexualität erscheint dabei als das größere Übel. Die Entscheidungsvertreter müssen sich also nicht nur bewußt sein, daß sie über die ihnen anvertrauten Personen befinden, sondern auch, daß sie eine ausschließlich an deren Interessen orientierte und damit eine *uneigennützige Entscheidung* zu fällen haben.

Wahl der Methode

Folgende Methoden der Antikonzeption lassen sich unterscheiden:

Passagere Methoden

Dazu gehören: Coitus interruptus, Coitus reservatus, Kalendermethode, Basaltemperaturkurvenmessung, spermizide Cremes, Sprays, Ovula bzw. Zäpfchen, Portiokappe, Diaphragma, Intrauterinpessar, Kondom, Ovulationshemmer, 3-Monats-Spritze, Minipille, gestagenhaltige Pessare, postkoitale Kontrazeption (← Schwangerschaftsabbruch)

Chirurgische Methoden (← Sterilisation)

Dazu gehören: Operationen an den Tuben, Hysterektomie, Vasektomie, Kastration (Röntgenkastration)

Die Wahl der Methoden hängt ab von den Zielen, für die sich die Frau bzw. sie und ihr Partner entschieden haben. Motive zur Wahl einer Verhütungsmethode können sein, ob sich das Paar für eine zwischenzeitliche oder endgültige Verhütung entschieden hat, ob es sich sicher oder nur zögernd vor einer Schwangerschaft schützen will, ob es sich eine bestimmte Form der Partnerschaft, die Bewahrung der eigenen Gesundheit oder andere Ziele vorgenommen hat usw. Je nach der individuellen Motivlage müssen Wirkweise, Zuverlässigkeit, Sicherheit, Nebenwirkungsfreiheit, Gegenanzeigen, die physische, psychische und soziale Situation bedacht werden. Solche Überlegungen führen immer auch zu einer *Bewertung der Ziele*, die sich eine Frau bzw. ein Paar gesetzt hat. Eine derartige Bewertung im Rahmen des medizinischen Handelns kann nur in einer Beratung erarbeitet werden, die unbedingt auf die Individualität ihrer Voraussetzungen und Bedingungen vertraut.

Die Wahl der Methode geht über den Rahmen der Selbstgestaltung einer Partnerschaft hinaus, wenn die Methode nicht einfach Befruchtung verhindert, sondern befruchtete Eizellen vernichtet oder abtreibt. Solche Methoden sind v. a. die Abtreibung, wahrscheinlich die Verwendung von Spiralen oder die sog. „Morning-after-Pill". Antikonzeption gerät in die Nähe einer Vernichtung von Leben, da sie – wenn auch vor der Nidation als dem Beginn „individuierten" Lebens, nicht des Lebens überhaupt – befruchtete Eizellen vernichtet und ihre Weiterentwicklung verhindert. Solche Methoden können nur als Notlösung, nicht als übliche Methode der Geburtenkontrolle akzeptiert werden. Ihre Problematik berührt in einem vorjuristischen Sinne das, was beim Problem der (←) Abtreibung gesagt wird.

Arbeitsmaterialien

Literatur

Christoph K (1975) Medizin und Empfängnisverhütung. Ein Beitrag zur Analyse des Selbstverständnisses westdeutscher Ärzte. Beiträge zur Sexualforschung, Bd 55. Enke, Stuttgart

Cyran W (1981) Verantwortete Elterschaft. Kritische Anmerkung zur Enzyklika „Humanae vitae". Knecht, Frankfurt

Guttmacher AF (1969) Die Praxis der Geburtenkontrolle. Müller, Zürich Stuttgart Wien
Noonan JT (1969) Empfängnisverhütung. Geschichte ihrer Beurteilung in der katholischen Theologie und im kanonischen Recht. Grünewald, Mainz

Zur Rechtslage

Empfängnisverhütende Maßnahmen unterliegen in der Bundesrepublik keinem gesetzlichen Verbot. Allerdings besteht für die „Pille" Rezeptpflicht. Auch die sog. „Pille danach" ist rechtlich erlaubt, da ihre Wirkung vor Abschluß der Einnistung des befruchteten Eies in die Gebärmutter eintritt (vgl. § 219 d Strafgesetzbuch).

Literatur zur Rechtslage s. unter Sterilisation und Schwangerschaftsabbruch

Öffentliche Stellungnahme

Stellungnahme zur Familienplanung. Weltärztebund (1967/1969/1983)

Siehe Anhang, S. 179.

Sterilisation

Eine Sterilisation kann als medizinisch indizierter Eingriff ausgeführt werden etwa zur Verhinderung einer für die Frau lebensgefährlichen Schwangerschaft im Krankheitsfalle oder zur Behandlung von tumorösen Prozessen im Bereich der Genitalorgane. Ihre weitverbreitete Bedeutung und auch die ethische Anfrage an die Sterilisation ist jedoch verknüpft mit der *operativen Unfruchtbarmachung zum Zweck der Empfängnisverhütung*. Beim Mann besteht die Sterilisation (im Unterschied zur Kastration) in der bilateralen Durchtrennung, Verlegung oder Koagulation der Samenleiter bzw. ihrer getrennten Enden. Bei der Frau sind die Möglichkeiten und Methoden der Sterilisation zahlreicher und aufwendiger.

Gebräuchlich sind dabei die Tubenunterbindung (Tubenligatur), für die eine Laparotomie durchgeführt werden muß, und das Verschmoren eines Tubenabschnitts (Tubenokklusion) durch Elektrokoagulation. Für diesen Eingriff genügt eine Laparoskopie in Kurznarkose. Bei einigen Methoden der Sterilisation des Mannes und der Frau wird eine Rückgängigmachung versucht, wobei i. allg. wenig Hoffnung auf Erfolg besteht. Keiner der Eingriffe bei Frau und Mann ist frei von intraoperativen Risiken und Fehlschlägen. Äußerst selten tritt eine Schwangerschaft trotz des sterilisierenden Eingriffs ein; zu denken wäre z. B. an Fälle von Bauchhöhlenschwangerschaft, Operationsversagen oder spontaner Reanastomosierung. Die Sterilisation ist damit die wirksamste Verhinderung einer Empfängnis.

Wichtige Faktoren für eine gelingende psychische Verarbeitung einer freiwilligen Sterilisation sind die Qualität der Beratung, die Zustimmung beider Partner zur Operation, Freiheit von jeder Art von *Zwang* zum Eingriff, die *Stabilität* der Psyche der Patienten und ihrer *partnerschaftlichen Beziehung*.

Der Einspruch der katholischen Kirche gegen die freiwillige Sterilisation hat die ethische Problematik verschärft. Er stellt die Frage, ob wegen ihrer Irreversibilität und Änderung der gesamten Verfassung der betroffenen Personen und ihrer Partnerbeziehung eine Sterilisation überhaupt zulässig ist, es sei denn als letzte und einzige Möglichkeit, eine lebensgefährliche Schwangerschaft zu verhindern. Im Gegenzug zu dieser restriktiven Regelung wird auf das Recht und die Möglichkeit hingewiesen, durch die Sterilisation eine endgültige Entscheidung zur eigenen Fruchtbarkeit zu fällen. Bei dieser offenen Regelung wird deutlich, daß sie nicht über die grundsätzliche ethische Zulässigkeit der Sterilisation nachdenkt, sondern den Gewinn an Freiheit, Verantwortung und Glück durch die Sterilisation gegen ihre Nachteile aufrechnet. Eine Entscheidung für die restriktive oder die offene Regelung wird erschwert durch die grundsätzlich andere Wertung, die sie jeweils Bereichen wie Sexualität, Freiheit, Partnerschaft, Selbstbestimmung usw. zumessen. Worin beide Positionen hinsichtlich einer praktischen Lösung jedoch übereinkommen könnten, ist die strenge Beachtung von Kriterien, die eine Sterilisation als sinnvoll erscheinen lassen: absolute *Freiwilligkeit, Risikoarmut* des Eingriffs, *psychisch-affektive Stabilität* des Patienten, *Unzulänglichkeit bzw. Unzumutbarkeit kontrazeptioneller Alternativen*, möglichst *vollständige Aufklärung* über die Folgen und Nebenwirkungen des Eingriffs.

Sterilisation, die *vom Staat verordnet* wird, widerspricht der Freiheit und Selbstverantwortung des Menschen, ob sie nun wie z. Z. in Indien mit der Notlage eines erheblichen Bevölkerungsüberschusses begründet wird oder wie im Hitlerdeutschland durch den Schutz der angeblichen Erbgesundheit (Gesetze vom 14.7.1933 und 26.6.1935). Die Motive des staatlichen Eingriffs sind sicher unterschiedlich zu bewerten, aber die Anmaßung des Staates, daß Menschen über Menschen Gewalt (← Gewalt und Medizin) ausüben, ist in beiden Fällen gleich und ebenso unannehmbar.

Wer eine restriktive Regelung, wie sie etwa von der katholischen Kirche vertreten wird, nicht akzeptiert, wird trotzdem nicht umhinkönnen, vor einer *Bagatellisierung* der Sterilisation zu warnen. Mehr als alle anderen Methoden der Antikonzeption verändert dieser Eingriff – v.a. bei jungen Patienten – das *Selbstkonzept der Person.* Auch die freie Zustimmung, die eine Frau oder ein Mann jetzt geben, ist nicht etwas Unveränderbares. Bei manchem sterilisierten *Mann* wird nach einer gewissen Zeit ein Bewußtseinswandel registriert. Die Zustimmung von einst wird zurückgenommen, die Unzufriedenheit darüber wird dadurch verstärkt, daß die Sterilisierung nicht rückgängig zu machen ist. Beklagt wird damit zunächst der Verlust einer Fähigkeit (Potentia generandi), die landläufig als wichtige männliche Funktion eingeschätzt wird. Aber abgesehen von der Frage, ob sich darin nicht eine allzu unreflektierte Darstellung von Männlichkeit spiegelt, ist doch bereits der Verlust an *elementaren Verwirklichungsmöglichkeiten* des Mannes angekündigt. Das Problem der Ethik ist aber nicht, wie sinnvoll gängige Männlichkeits- oder Fraulichkeitsideale sind, sondern wie gut Menschen mit dem normativen Gehalt dieser Ideale leben können. Ähnlich läßt sich das Problem bei *Frauen* darlegen, bei denen gelegentlich der Verlust der Gebärfähigkeit den Verlust an Möglichkeiten der Selbstverwirklichung bewußt macht. Sicher läßt sich die traditionelle Vorstellung nicht halten, nach der als Wesen der Frau gilt, Mutter zu sein. Aber die biologische Möglichkeit, Mutter zu sein, durch freie

Wahl oder Ablehnung zu Chance und Risiko des eigenen Menschseins machen zu können, bleibt wohl ein entscheidendes Datum im Leben jeder Frau. Der Akt der Sterilisation greift in diese Wahl- und Entscheidungsmöglichkeit ein.

Gerade für den Zusammenhang sog. verstümmelnder Eingriffe (z. B. Kastration) wurde oft das (Totalitäts-) Prinzip zitiert, niemals in die körperliche und seelische Integrität (Totalität = Ganzheit) einzugreifen. Diese Regel kann heute wohl nicht mehr als Gesetz der Natur angesehen werden, eher als eine Grenze, die man nicht nach Belieben, sondern nur nach gründlicher Abwägung überschreiten sollte. Wenn *körperliche und seelische Ganzheit* als Orientierungslinie auch für die Sterilisation gelten, muß das nach zwei Seiten hin ausgeweitet werden: zu einer *sozialen und zu einer geschichtlichen Integrität.* Ganzheit ist nicht nur ein individuelles Ziel, sondern auch ein soziales. Wenn diese soziale Integrität, etwa die einer Ehe, auf dem Spiel steht und nur durch den sterilisierenden Eingriff gewahrt werden kann, muß diese Entscheidung als zulässig gelten. Bei dieser Bewertung ist vorausgesetzt, daß die Betroffenen wissen, wie sehr sie auch weiterhin an ihrer sozialen und individuellen Integrität arbeiten müssen. Ein Recht der Menschen auf entsprechende Hilfestellung bei solchen Schwierigkeiten braucht nicht mehr eigens formuliert werden.

Die zweite Seite der ausgeweiteten Ganzheit der Person betrifft die Geschichte des einzelnen Menschen. Nicht nur der psychische Status zu der Zeit der Indikationstellung ist maßgebend, sondern die ganze Zeit des Menschen, in der er sein Menschsein gestalten und entscheiden will, also seine *ganze Lebensgeschichte.* Das soll nicht bedeuten, daß medizinische Eingriffe mit langfristigen und irreversiblen Konsequenzen grundsätzlich unstatthaft seien. Es muß vielmehr gesehen werden, daß Eingriffe von solcher Reichweite nur dann zulässig sind, wenn sie selbst samt ihren gewünschten und unerwünschten Auswirkungen und Eventualitäten gewußt und bejaht werden. Jeder medizinische Akt, der wie die Sterilisation in die Geschichte des Menschen einschneidet, steht – ethisch gesehen – unter dem Vorbehalt, daß er nur dann zu billigen ist, wenn die weitere Geschichte des Menschen glücken kann.

Die Forderung der Ganzheit stößt bei der *Sterilisation geistig* (←) *Behinderter* auf besondere Probleme. Ihre Sterilisierung wird oft gewünscht, weil andere Formen der Empfängnisverhütung zu unsicher sind, während aber die Sexualität für ihre persönliche und soziale Integrität wie auch für das Glücken ihrer Lebensgeschichte wichtig ist. Wenn eine Sterilisation auf diese Weise medizinisch und pädagogisch indiziert ist, kann sie nicht als unzulässig betrachtet werden. Problematisch ist eine Sterilisation aber, die als bequemer Ausweg gewählt wird, wenn geistig Behinderte noch minderjährig sind, aber ihre Führung und Beratung schwierig wird; wenn sie den erklärten Wunsch haben, eine Familie zu gründen, aber sich gegen alle Bedenken ihrer Erzieher und ihres Vormunds verschließen; oder wenn das Klima einer Gesellschaft sich derartig verschlechtert, daß sie ihre „Minusvarianten“ möglichst verstecken will, um von ihnen nicht betroffen zu werden. Der behandelnde Arzt kommt um eine *Abwägung des einzelnen Falls* und seiner Motive nicht herum. Wichtig ist für ihn, daß er möglichst jede Verletzung der Freiheit und Selbstverantwortung eines Menschen, auch eines geistig behinderten Menschen, vermeidet. Daß er eine solide und ethisch gerechtfertigte Indikationsstellung nur zusammen mit dem geistig Behinderten, seinem

Vormund und seinen Erziehern/Pflegern treffen kann, ist eine klare Konsequenz aus der Betonung der Freiheit.

Arbeitsmaterialien

Literatur

Eser A, Hirsch HA (Hrsg) (1980) Sterilisation und Schwangerschaftsabbruch. Eine Orientierungshilfe zu medizinischen, psychologischen und rechtlichen Fragen. Medizin und Recht, Bd 10. Enke, Stuttgart

Macklin R, Gaylin W (eds) (1981) Mental retardation and sterilization. Plenum, New York

Newman SH, Klein ZE (eds) (1978) Behavioral-social aspects of contraceptive sterilization. Lexington Books D. C. Heath, Massachusetts Toronto

Peterson P (Hrsg) (1981) Sterilisation. Beratung – Operation – Recht. Ein Leitfaden für die Praxis. Thieme, Stuttgart New York

Zur Rechtslage

Eine spezielle gesetzliche Regelung zu Fragen der Sterilisation besteht in der Bundesrepublik derzeit nicht; das Vorhaben, diese Materie strafrechtlich zusammen mit der Reform des § 218 Strafgesetzbuch zu regeln, ließ sich nicht verwirklichen. Wie so oft im medizinrechtlichen Bereich oblag es der Rechtssprechung, die Zulässigkeitsgrenzen zu bestimmen. Der Bundesgerichtshof hat in einer 1964 ergangenen Grundsatzentscheidung festgestellt, daß die freiwillige, d. h. von einer rechtswirksamen Einwilligung getragene und unter Beachtung der ärztlichen Kunstregeln durchgeführte Sterilisation nicht gegen das Strafgesetzbuch verstößt. Strafrechtlich kommt es daher nicht darauf an, ob eine der in den meisten ärztlichen Berufsordnungen genannten Indikationen vorliegt. Auch ein Einverständnis des (Ehe-)Partners verlangt das Recht nicht. Freilich wird man dort, wo hinter dem Sterilisationswunsch keine lebensplanerische Ernsthaftigkeit zu erkennen ist, an der Wirksamkeit der vom Patienten erteilten Einwilligung zweifeln müssen.

Wie bei jedem ärztlichen Eingriff ist der Arzt auch bei der Durchführung einer Sterilisation zu kunstgerechtem Vorgehen verpflichtet. Führt das kunstfehlerbedingte Fehlschlagen eines Sterilisationseingriffs zur Geburt eines aus Gründen der Familienplanung unerwünschten Kindes, so kann die daraus den Eltern erwachsende Unterhaltsbelastung zu Schadensersatzansprüchen von beträchtlicher Höhe gegen den Operateur führen.

Vgl. zur Problematik

Bundesgerichtshof (1965) Urteil vom 27.10.1964. Neue Jurist Wochenschr 18:355–357

Eser A, Hirsch HA (Hrsg) (1980) Sterilisation und Schwangerschaftsabbruch. Eine Orientierungshilfe zu medizinischen, psychologischen u. rechtlichen Fragen. Medizin u. Recht, Bd 10. Enke, Stuttgart

Eser A, Koch H-G (1984) Aktuelle Probleme der Sterilisation. Medizinrecht 2:6–13

Öffentliche Stellungnahme

Medizinisch-ethische Richtlinien zur Sterilisation. Schweizerische Akademie der medizinischen Wissenschaften (1981)

Siehe Anhang, S. 179.

Insemination

Künstliche Befruchtung als Ersatz für die natürliche Zeugung ist ein übliches Verfahren in der Tierzucht. Sie wird auch bei Menschen angewandt als homologe Insemination (Samen vom Ehemann der Frau) oder als heterologe Insemination (Samen von einem anderen Spender). Drei Gruppen von Indikationen werden unterschieden: 1. Impotenz des Mannes, 2. Erb- und Familienkrankheiten und 3. Unfähigkeit zur Empfängnis bei der Frau. Für die ersten beiden Indikationen kommt oft nur die heterologe Insemination in Frage, da der Ehemann der Frau nur bedingt Samenspender sein kann; denn er ist entweder biologisch dazu nicht in der Lage oder es besteht die Gefahr, daß er mit seinem Samen Erbkrankheiten weitergeben würde. Anders liegt der Fall, wenn der Ehemann aufgrund psychischer Impotenz auf dem üblichen Weg kein Kind zeugen kann, wohl auf dem Weg der homologen Insemination, deren Hauptindikationen u. a. die männliche Hypospadie oder stärkere Grade von Oligospermie sind.

Zum Problemkreis der Insemination wird auch die *extrakorporale Befruchtung* gezählt. Er geht über die künstliche Einführung des Samens hinaus, indem die Befruchtung insgesamt außerhalb des menschlichen Körpers (extrakorporal) vorgenommen wird. In diesem Bereich werden die *In-vitro-Fertilisation* (in der amerikanischen Bioethik abgekürzt als IVF) und der *Embryotransfer* (abgekürzt ET) unterschieden. Von IVF spricht man, wenn nach Gewinnung von Eizellen aus dem Ovar der Frau und von Sperma die Befruchtung im Labor stattfindet. Der ET bedeutet die Reimplantation des befruchteten Eies im Stadium der 2.–4. Zellteilung etwa 24–36 h nach der Befruchtung. Beim Menschen gelang der Embryotransfer erstmalig im Jahre 1978 und wurde unter dem Stichwort „Retortenbaby" heftig diskutiert.

Artifizielle Insemination hilft Menschen, die unter der Kinderlosigkeit leiden. Bei ihrer Durchführung sind jedoch auch Aspekte zu berücksichtigen, die für die ethische Bewertung der medizinischen Maßnahme eine Rolle spielen. Diese Aspekte sollen in den beiden folgenden Argumentationsreihen betrachtet werden:

Unantastbarkeit des Natürlichen

Bereits aus der Diskussion um die (←) Geburtenkontrolle ist ein Argument bekannt, das in naturrechtlicher Begründung vorgetragen wird: Die Bedingungen und Abläufe natürlicher Lebensprozesse sind *unantastbar*, weil sie in sich ein *unbedingter Wert* sind. „Naturrechtlich" ist dieses Argument, weil es davon ausgeht, daß in der Natur selber eine Verpflichtung liegt, die dem Menschen vorgegeben ist. Solche Argumente werden heute meist nicht mehr anerkannt. In heutige Denkweise übersetzt müßte dieses Argument etwa lauten: Das Natürliche ist unersetzbar, weil es ein Zusammenspiel aller natürlichen Abläufe ermöglicht, die nicht beliebig ersetzt werden können. Das Überspielen natürlicher Grenzen erscheint zunächst als Rettung in Not, bei der Insemination ist es die psychische Not, daß eine Frau bzw. ein Paar einen bestehenden Kinderwunsch nicht verwirklichen kann. Not fordert einerseits die Menschen heraus zu helfen, auf der anderen Seite fordert sie die Anerkenntnis heraus, daß nicht alles nach dem Wunsch des Menschen gehen kann, nicht alles machbar ist. Wenn der Mensch doch seinen Wunsch gegen natürliche Widerstände durchsetzt, sind auch die Konsequenzen in viel größerem Ausmaß von ihm verursacht, d.h. er wird gegenüber diesen Konsequenzen mehr Verantwortung spüren, weil es nicht mehr nur Konsequenzen sind, die in der Natur der Sache liegen, sondern Konsequenzen, die auf eine konkrete Entscheidung des Menschen zurückzuführen sind.

Die Umstände der Insemination bekommen ein neues Gewicht. Mögliche Belastungen sind heute noch weitgehend unbekannt. Fragen sind denkbar: Wie wird der Mensch damit fertig, wenn nach geglücktem Embryotransfer die Ehe der Partner infolge der Belastungen durch Hoffnungen, Enttäuschungen und Erwartungen aneinander zerbricht und das Kind damit in eine zerrüttete Ehe hineingeboren wird, wenn es mißgebildet zur Welt kommt, bald nach der Geburt stirbt usw.? Im Normalfall sind solche Ereignisse belastend genug. Aber jemand, der die Grenzen der Natur durch Maßnahmen der Insemination überspielt, kann seine Ohnmacht gegenüber der Natur und dem, was sie schickt: dem Schick-sal, nicht mehr einfach hinnehmen. Er selber hat ja die *Grenzen der Natur verändert*. Wer sich als Patient bzw. Klient oder als Arzt für Maßnahmen der Insemination entscheidet, muß auch prüfen, ob er die gewandelte und verschärfte Verantwortung auch wirklich tragen und ertragen will bzw. kann.

Personalität und Würde der Lebensentstehung

Viele Menschen, die erstmals mit den Möglichkeiten von Insemination und extrakorporaler Befruchtung konfrontiert sind, spüren ein Erschrecken darüber, daß Entstehung und Weitergabe von Leben aus dem Zusammenhang von personaler Zuwendung und Intimität herausgenommen werden. Gynäkologen, die einem Ehepaar, das sich vergeblich ein Kind gewünscht hat, die Maßnahmen der Insemination erklären und anbieten, haben es oft mit diesem Erschrecken zu tun. Spontane Reaktionen auf das erste extrakorporal erzeugte Kind in Deutschland (1982) waren ähnlich. Aufklärung und einfühlsame Beratung können dafür sorgen, daß solche Reaktionen abgebaut werden. Ein Bewußtsein von der *Personalität und Würde des Lebens*, das – gleich ob durch natürliche Zeugung oder künstliche Befruchtung – entsteht, ist aber unbedingt nötig, wenn Leben nach wie vor und trotz künstlicher Befruchtung seinen unbedingten Wert behalten soll.

Kritische Momente entdeckt man bei der Frage, ob man bei der Insemination nur den Samen des Ehemannes oder auch den eines oder mehrerer anderer Spender verwenden soll. Die Möglichkeit, Samen tiefgefroren über längere Zeit zu lagern, bietet sich an, genetisch wertvolle Spender zur Verfügung zu stellen, die ihr wertvolles Erbmaterial weitergeben. Das Lebenswertproblem und die Angst vor Menschenzüchtung treten in diesem Zusammenhang auf (← Genforschung – Genmanipulation). Wenn der behandelnde Arzt sich überlegt, ob er nur verheiratete Frauen oder auch unverheiratete mit den Methoden der Insemination behandeln soll, will er damit möglicherweise eugenische Gesichtspunkte bei der künstlich ermöglichten Weitergabe von Leben in den Hintergrund drängen. Zum andern macht eine solche Überlegung klar, daß es für den Arzt nicht nur darum gehen kann, daß er die Frustration und das Leid von Menschen überwinden hilft, die sich vergeblich ein Kind wünschen. Es geht auch und in gleicher Berechtigung um das Kind. Weil das Kind Mensch ist wie seine Eltern, darf es niemals *Objekt irgendwelcher Wünsche* werden, und seien sie noch so wichtig und natürlich, Leben ist immer Zweck in sich selber. Der Arzt hat also auch zu überlegen, ob die Partnerbeziehung seiner Patientin dem gewünschten Kind den Raum der Freiheit und des Schutzes gewähren kann, in dem es Zweck in sich selber sein kann und nicht nur zur Beglückung eines Menschen dient. Ob das Verheiratetsein eines Paares das wichtigste und einzige Kriterium für diese Frage ist, kann bezweifelt werden. Um die Qualität einer Beziehung zu erkennen, muß der Arzt oder einer seiner Mitarbeiter ein intensives Gespräch mit der Patientin und möglichst ihrem Ehemann bzw. Partner führen, in dem geklärt wird, ob der Freiheitsraum des Kindes und die emotionale und soziale Stabilität seiner Bezugspersonen gegeben sind. Insemination darf auf keinen Fall ein Akt der Gefälligkeit des Arztes werden, sie fordert die ehrliche Verantwortung aller Beteiligten heraus.

Offene Fragen

Umstritten ist gerade auch bei der In-vitro-Befruchtung und dem Embryotransfer, was mit den befruchteten und im fortgeschrittenen Zellteilungsstadium befindlichen Keimzellen geschieht. An diesem *lebendigen „Material“* die Entwicklung genetischer Schädigungen, etwa dem Down-Syndrom zu erforschen, mag vielen wünschenswert erscheinen. Aber daß hier bereits menschliches Leben vorliegt, das zunächst „gebraucht“ und dann „vernichtet“ wird, auch wenn es nicht lebensfähig war, kann nicht wegdiskutiert werden. Juristisch ist nicht eindeutig zu erklären, ob ein Embryo in diesem Stadium schon ein schützenswertes Gut vom Range des menschlichen Lebens ist, aber es kann der praktischen Vernunft aller Beteiligten nicht gleichgültig sein, was mit menschlichem Leben geschieht. Der philosophische Streit darum, ob ein mehrzelliges menschliches Wesen Mensch ist oder nicht, muß nach wie vor als unlösbarer Streit betrachtet werden. Aber der Arzt muß handeln, auch ohne und bevor dieser Streit entschieden ist. Es lassen sich zwar keine klaren ethischen Handlungsanweisungen geben, aber immerhin offene Fragen stellen. Keine Praxis im Bereich der extrakorporalen Befruchtung kann als gerechtfertigt gelten, wenn sie diese Fragen, formuliert nach Wuermeling (1983), nicht beantwortet:

- „Wann ist der Beginn des menschlichen Lebens mit seinem moralischen Anspruch auf Schutz und Fürsorge anzusetzen" bzw. wie läßt sich parallel zur Entwicklung des Embryos ein „Anwachsen des moralischen Anspruchs auf Schutz und Fürsorge" begründen?
- Können für die überzähligen Embryonen, die nicht reimplantiert werden, das Lebensrecht und der genannte moralische Anspruch aufgehoben werden?
- Lassen sich akzeptable Gründe nennen, Embryonen nur zum Zweck weiterer Forschung zu gewinnen und danach zu vernichten?

Eng verknüpft damit ist das Problem der sog. „Mietmütter". Es besagt, daß das befruchtete Ei einer Frau einer anderen Frau implantiert wird, die meist gegen Bezahlung Schwangerschaft und Geburt zu „leisten" hat. Nach der Geburt liefert sie der ersten Frau das Kind wieder ab, die dann weiterhin die Rolle der Mutter übernimmt. Denkbar ist diese Spielart der Insemination für Frauen, die sich eine Schwangerschaft aus beruflichen oder persönlichen Gründen nicht zumuten wollen oder können. Auch hier ist die Grundfrage, inwieweit die Medizin ihre Kapazitäten von Therapie und Forschung auf die Befriedigung exzeptioneller Wünsche verlegen kann. Denn sie täte das im Auftrag einer Gesellschaft, die die Qual der Wahl, ob der Wunsch nach einem Kind oder andere Interessen den Vorrang haben, bereits für medizinisch relevant hält, anstatt andere nichtmedizinische Wege einer Interessenklärung und Lebensberatung zu weisen.

Aufgabe der Ethik kann es nicht sein, die offenen Fragen zu beantworten, denn es sind keine Fragen für Fachdisziplinen, sondern Fragen für alle Menschen, seien es Eltern, die für einen Embryotransfer vorgesehen sind bzw. darum bitten, Angehörige medizinischer Berufe, die solche Maßnahmen erforschen bzw. anbieten, oder nicht näher qualifizierte Mitglieder der menschlichen Gesellschaft. Solange diese Fragen nicht beantwortbar sind, muß eine Anwendung bzw. die Bitte um solche Maßnahmen der extrakorporalen Befruchtung *strengsten Kriterien* unterliegen. Darüber hinaus sollte die medizinische Forschung sich zu einem „Moratorium für verbrauchende Experimente mit menschlichen Embryonen" (Wuermeling 1983) entschließen.

Arbeitsmaterialien

Literatur

Eibach U (1983) Experimentierfeld: Werdendes Leben. Eine ethische Orientierung. Vandenhoeck & Ruprecht, Göttingen
Häring B (1977) Ethik der Manipulation. Styria, Graz Wien Köln
Jüdes U (Hrsg) (1983) In-vitro-Fertilisation und Embryotransfer (Retortenbaby). Wissenschaftliche Verlagsgesellschaft, Stuttgart
Keane NP, Breo DL (1981) The surrogate mother. Everest House, New York
Snowden R, Mitchell GD (1981) The artificial family. Allan & Urwin, London
Walters W, Singer P (eds) (1982) Test-tube babies. A guide to moral questions, present techniques and future possibilities. Oxford University Press, Melbourne
Wolstenholme GEW, Fitzsimons DW (eds) (1973) Law and ethics, of A.I.D. and embryo transfer. Ciba Foundation Symposium No. 17. Associated Scientific, Amsterdam
Wuermeling H-B (1983) Verbrauchende Experimente mit menschlichen Embryonen. Münch Med Wochenschr 125:1189–1191

Zur Rechtslage

Eine spezielle gesetzliche Regelung der künstlichen Insemination sowie der In-vitro-Fertilisation besteht in der BRD nicht. Rechtliche Probleme ergeben sich v. a. im Hinblick auf den personenstandsrechtlichen Status des durch heterologe Insemination gezeugten Kindes. Die Rechtsprechung wendet die allgemeinen familienrechtlichen Bestimmungen an. Danach sind die während einer bestehenden Ehe geborenen Kinder ehelich. Der Ehemann hat jedoch die zeitlich befristete (vgl. § 1594 Bürgerliches Gesetzbuch) Möglichkeit, die Ehelichkeit anzufechten. Sein Einverständnis mit der heterologen Insemination bedeutet keinen Verzicht auf dieses Anfechtungsrecht. Auch das Kind selbst kann unter bestimmten Voraussetzungen seine Ehelichkeit anfechten (§§ 1596 ff. Bürgerliches Gesetzbuch). Wird die Ehelichkeit erfolgreich angefochten, besteht für den Samenspender als dem genetischen Vater die Gefahr, auf Leistung von Unterhalt in Anspruch genommen zu werden. Inwieweit solchen Ansprüchen das Einverständnis des Ehemanns und seine Bereitschaft zur Übernahme der Rolle eines „sozialen" Vaters entgegengehalten werden kann, ist rechtlich noch ungeklärt. Das Anonymitätsinteresse des Samenspenders wird in der Rechtslehre überwiegend als nachrangig gegenüber dem Anspruch des Kindes auf Klarheit der eigenen Abstammung angesehen. Der Arzt muß daher damit rechnen, daß von ihm die Preisgabe der Identität des Samenspenders verlangt wird. Anonymitätszusicherungen sind rechtlich ebenso bedenklich wie die Praxis, einen „Samencocktail" verschiedener Spender zu verwenden.

Noch völlig ungeklärt ist die Rechtslage hinsichtlich der sog. „Mietmutterschaft". Hier hängen die personenstandsrechtlichen Konsequenzen von der noch ausstehenden Beantwortung der Frage ab, ob man als „Mutter" die Frau ansehen soll, welche den genetischen Beitrag geleistet hat, oder jene Frau, die dem Kind durch Austragen und Gebären zum Leben verholfen hat.

Vgl. zur Problematik

Bundesgerichtshofs (1983) Urteil vom 7. 4. 1983. Neue Jurist Wochenschr 27:2073–2075

Coester-Waltjen C (1983) Die Vaterschaft für ein durch künstliche Insemination gezeugtes Kind. Neue Jurist Wochenschr 27:2059–2060

Giesen D (1981) Heterologe Insemination – Ein neues legislatorisches Problem? Ges Familienrecht 28:413–418

Öffentliche Stellungnahmen

Stellungnahme zur künstlichen Befruchtung des Menschen. Amerikanischer Ärztebund (1974)

Medizinisch-ethische Richtlinien für die artifizielle Insemination. Schweizerische Akademie der medizinischen Wissenschaften (1981)

In-Vitro-Fertilisation und Embryotransfer: Medizinisch-ethische Richtlinien. Schweizerische Akademie der medizinischen Wissenschaften (1984)

Siehe Anhang, S. 181–184.

Genetische Beratung – Pränatale Diagnostik

Der Zugang zum Problemkomplex der genetischen Beratung und pränatalen Diagnostik ist meist der: Eltern bzw. eine Mutter, die Grund zur Furcht vor einem mißgebildeten Kind hat bzw. haben, wenden sich über ihren Arzt (Gynäkologe, Kinderarzt, Psychiater usw.) oder direkt an eine genetische Beratungsstelle. Durch pränatale diagnostische Maßnahmen beim behandelnden Arzt und bei der genetischen Beratungsstelle soll das Vorhandensein oder die Möglichkeit genetischer Schädigungen entweder bestätigt oder ausgeschlossen werden. Die wichtigsten Methoden der pränatalen Diagnostik sind Verfahren wie die (Doppler-) Sonographie (Ultraschall), Röntgenuntersuchung, chemische Analysen (Serum und/oder Urin der Schwangeren), Amniozentese und Amnioskopie. Zu den neuesten Verfahren gehört die Chorionbiopsie durch Entnahme von Zellmaterial aus den Chorionzotten. Auf diese Weise sollen Mißbildungen, Krankheiten und Behinderungen des Feten herausgefunden werden, besonders häufig geht es um die chromosomalen Aberrationen, die in einer Verdreifachung eines entsprechenden Gens bestehen: um die Syndrome von Pätau (Trisomie 13), Edwards (Trisomie 18) und Down (Trisomie 21 oder Mongolismus). Kinder mit einer Trisomie 13 oder 18 haben eine sehr geringe Lebenserwartung von meist weniger als einem Jahr. Häufig sind auch das Fehlbildungssyndrom von Turner, das auf vollständiges oder teilweises Fehlen eines X-Chromosoms zurückgeht, und das Hypogonadismussyndrom von Klinefelter, das aus der Überzahl eines X-Chromosoms (XXY-Konstellation) resultiert. Körperliche, psychomotorische und intellektuelle Fehlentwicklungen fallen bei diesen Syndromen stark ins Gewicht.

Das Problem der genetischen Beratung und pränatalen Diagnostik besteht somit in zweifacher Hinsicht: es betrifft die *Familienplanung*, v.a. wenn unabhängig von einer Schwangerschaft die Frage für die Klienten bzw. Patienten ansteht, wie hoch ein *Erkrankungsrisiko* für möglichen Nachwuchs ist. Der Nachweis soll über die Methoden des genetischen Screenings erbracht werden. Weiter betrifft es Klienten/Patienten, die bei einer bereits bestehenden Schwangerschaft über die Gesundheitsaussichten des Feten informiert werden wollen. Die genannten Methoden der pränatalen Diagnostik sollen diese Information bereitstellen. Aus der Beschreibung des Zugangs zur genetischen Beratung und zur pränatalen Diagnostik und in der Skizze ihres Verfahrens sind die Schwerpunkte der ethischen Probleme zu entnehmen:

Grenzen des diagnostischen Verfahrens

Zunächst muß auf eine mögliche Schädigung der Mutter oder des Feten durch die Amniozentese selber hingewiesen werden. Auf 1000 Untersuchungen kommt etwa 1 schwere Komplikation durch intrauterine Infektion. In bis zu 1% der Fälle wird durch den diagnostischen Eingriff ein Abort herbeigeführt, dazu kommen bis zu 2,5% Aborte ohne erkennbaren Kausalzusammenhang mit dem diagnostischen Eingriff. Das Risiko ist also als gering einzuschätzen, aber wer sich zur pränatalen Diagnostik durch Amniozetese entscheidet, muß dieses Risiko mit in Kauf nehmen. Nicht nur der, den eine Schädigung des Feten oder der Mutter trifft, hat außerdem mit den inneren Vorwürfen zu leben, daß die Schädigung letzten Endes auf eine eigene Entscheidung zurückzuführen ist, die das Risiko zwar nicht wollte, aber auch nicht ausschließen konnte.

Das noch junge Verfahren der Chorionbiopsie erlaubt es, zu einem erheblich früheren Zeitpunkt, nämlich in der 8.–10. Schwangerschaftswoche – gegenüber der 15.–18. Schwangerschaftswoche bei der Amniozentese – ein Bild vom genetischen Zustand des Embryos zu erhalten. Die Methode ist zudem risikoärmer. Trotzdem kann die Medizin die pränatale Diagnostik nur bei bestimmten Indikationen anbieten, weil sie als Standardleistung der Schwangerschaftsvorsorge u. a. auch die Kapazitäten des Gesundheitswesens überschreiten würde. Wichtiger ist darüber hinaus, daß ein Abgleiten der pränatalen Diagnostik zu einer *medizinischen „Dienstleistung" ohne Indikation* verhindert werden muß. Auch in diesem Bereich darf nicht der Eindruck entstehen, als könne es so etwas wie eine Garantieleistung für die Gesundheit des Kindes von seiten der Medizin und Biologie geben. Die Folge solcher Erwartungen wäre sicher die, daß sich ein Empfinden entwickelt, als habe man ein einklagbares Recht auf ein gesundes Kind. Instanzen der Klage wären dann die Medizin und die Gesundheitsbehörden. Unter anderen Vorzeichen gesehen bedeutete dies, daß ein krankes Kind im Grunde kein oder nur ein eingeschränktes Recht auf sein Leben habe bzw. vor den Eltern und der Gesellschaft sein Daseinsrecht rechtfertigen müsse. Genau dieses Gefühl wird oft – wohl zu unrecht – in der *Theorie des „wrongful life"* vermutet, die zwar in den USA inzwischen als juristisch unhaltbar verworfen worden ist, aber doch als bleibende Stimmung das Verhältnis der Medizin zum werdenden Leben vergiftet. Darum muß bei aller Bedeutung der genetischen Beratung für die Familienplanung der Einsatz der Methoden der pränatalen Diagnostik an Indikationen wie Alter der Mutter bzw. des Vaters, erbliche Belastung in der Familienanamnese, bereits geborene mißgebildete Kinder o. ä. gebunden bleiben.

Diagnostik ohne therapeutische Konsequenz

Ein diagnostischer Eingriff wird im Hinblick auf eine Therapie unternommen, sei sie operativ, medikamentös, prophylaktisch oder palliativ. Im Falle der pränatalen Diagnose ist eine Therapie am Feten nur eingeschränkt möglich, an ihrer Erforschung wird gearbeitet. Wenn in früheren Zeiten, als eine pränatale Diagnostik noch nicht existierte oder sich nur auf Anzeichen und Ahnungen beschränkte, Erbschäden und Mißbildungen zu befürchten waren, mußte man die betroffenen Eheleute zur sexuellen Enthaltsamkeit auffordern oder sie ermutigen, die Last der Befürchtungen und Ahnungen als gottgegeben oder schicksalhaft zu ertragen. Heute kann man immerhin als „Therapie" einen (←) Schwangerschaftsabbruch „empfehlen". Damit ist in den Fällen, in denen eine Anomalie des Feten diagnostiziert wird, die Entscheidung unumgänglich, wie man auf die Diagnose reagieren soll. Soll man das Leid auf sich nehmen, das ein behindertes Kind bedeutet, oder soll man die Schwangerschaft abbrechen? Wer die genetische Beratung und pränatale Diagnostik will, bejaht aus kindlicher Indikation auch die Möglichkeit der Abtreibung, und umgekehrt: wer die Abtreibung ablehnt, muß sich und anderen das Unglück eines behinderten Kindes zumuten. Ob man diese Zumutung machen kann, hängt von der persönlichen Frustrationstoleranz der Betroffenen und ihren Sinngebungsmöglichkeiten im Leiden ab. Vor allem ist das aber auch eine Frage an die Gesellschaft, die recht eindeutig dem Leiden, also auch dem Leiden an behindertem Nachwuchs, Krankheitsqualität beimißt und dann konsequent den möglichen Vermeidungsstrategien anheimstellt. Durch den Abort aus genetischer Indikation verfügt die Medizin über eine solche Strategie, mit der *nicht geheilt*, sondern ein *Problem umgangen* wird.

Das Ziel, erbkranken Nachwuchs zu verhindern, kann nur so lange als humanes Ziel aufgefaßt werden, wie es die Freiheit der Mutter bzw. der Eltern respektiert. Auswege aus diesem Konflikt – Behinderung akzeptieren oder Abtreibung legitimieren – versucht man mit dem Argument, daß man die Abtreibung eigentlich nicht wolle, sogar traurig darüber sei, aber daß sie schließlich das kleinere Übel sei gegenüber dem Glück, das man so vielen Müttern in der Schwangerschaft durch die sichere Prognose bringe, ihr Kind werde gesund sein. Dieses Argument ist nur so lange einleuchtend, wie man annehmen kann, daß für viele – Ärzte und Betroffene – heute der Schwangerschaftsabbruch kein wirkliches Problem mehr ist. Nach dieser Logik ist offensichtlich das *Töten* (nicht: Morden) von (menschlichem, aber noch nicht geborenem) Leben weniger schlimm als der *Verzicht auf das Glück vieler* bzw. das Ertragen von Belastungen ohne die beruhigende pränatale Diagnose. Dagegen ist einzuwenden, auch wenn damit jede „glatte" ethische Lösung verbaut wird: „Töten" und „Glück" liegen auf verschiedenen Ebenen, die nicht vergleichbar und gegeneinander abwägbar sind. „Töten" ist hier ein Mittel, „Glück" ein Ziel. Das Problem ist nicht, ob man das eine gegen das andere aufrechnen kann, sondern ob Abtreibung das richtige Mittel ist, das Glück herzustellen oder zu erhalten. Abtreibung kann nicht die normale und automatische Lösung eines genetischen Problems sein. Dafür ist sie eine zu einschneidende Maßnahme und hat zu große Auswirkungen auf die Einsicht und Praxis der gesamten Gesellschaft, Leben, insbesondere ungeborenes und behindertes Leben, zu schützen. Gerade die Erfahrung des Dritten Reichs, aber auch die aus anderen totalitären Staaten, belegt die Konsequenz: wer einmal den Wert des Lebens einem ideologischen Ziel, und sei es das „Glück" der Eltern, des Staates oder einer Rasse, unterordnet, der wird auch bald bei anderen Gelgenheiten den *Lebensschutz lockern* und *Leben zur Disposition* stellen.

Genetische Beratung wird auf neue Weise zur *Eugenik*, wenn nicht die gesamte Gesellschaft ihre Einstellung zu Würde und Unantastbarkeit des Lebens, auch des beschädigten Lebens, überprüft. Wo etwa könnte der vernünftige Grund dafür liegen, daß wir die Diagnose „Mongolismus" als legitime Abbruchsindikation gelten lassen, aber bei der Diagnose „Kiefer-Lippen-Gaumen-Spalte", bei unpassender Haarfarbe oder unerwünschtem Geschlecht den Abbruch noch nicht als indiziert ansehen? Eine Gesellschaft gibt die Grenzen an, bis zu denen sie Abweichungen vom normalen Phänotyp als zumutbar hinnimmt. Aber solche Grenzen des Zumutbaren verändern sich, die Tendenz zeichnet sich ab, daß sie enger gezogen werden. Verhängnisvoll wäre es, wenn die Gesellschaft sich nur noch zum Prinzip des glücklichen Lebens durch *Leidvermeidung* bekennen würde und damit das *Unbehagen an Notlösungen* zudeckte, die in der Beratungssituation der pränatalen Diagnostik unumgänglich sind.

Trotzdem kann man nicht einfach aus diesen prinzipiellen Erwägungen heraus den Schwangerschaftsabbruch generell ablehnen und den Betroffenen die Lasten mit dem behinderten Kind aufbürden. Die Verhinderung eines Schwangerschaftsabbruchs ist ethisch unbedingt geboten, solange mit dem Abbruch nur Belastung für Betroffene und Gesellschaft abgebaut oder vermieden bzw. eine nicht genau faßbare Art von Glück hergestellt werden soll. Wenn sich das Problem soweit verschärft, daß die Betroffenen nach ehrlicher Prüfung und guter Beratung von der Menge der Sorgen mutlos und hoffnungslos gemacht werden, kann man das ethische Verbot einer Abtreibung nicht aufrecht erhalten. Aber diese Entscheidung kann nur individuell getroffen werden im Gespräch zwischen den Klienten und ihrem Arzt oder anderen Personen, die als kompetente Gesprächspartner hinzugezogen werden.

Beratung

Damit ist ein letzter Problembereich der genetischen Beratung angeschnitten: die Beratung. Der ethische Rahmen der Beratungssituation kann nicht darin bestehen, allein auf die Einhaltung der rechtlichen Grenzen in der Frage eines etwaigen Schwangerschaftsabbruchs zu achten. Beratung hat – so in den meisten Konzepten der genetischen Beratungsstellen – nondirektiven Charakter. Sie vermeidet es, mit Direktiven (Normen, Regeln, Gesetzen, Vorschriften...) ein Problem zu lösen, weil sie davon ausgeht, daß eine humane Lösung – nach einer ausreichenden Klärung der emotionalen und sozialen Voraussetzungen – nur die sein kann, die von den Betroffenen in Freiheit und Verantwortung als „ihre" beste Lösung erkannt und erarbeitet wird. Zur Klärung der Voraussetzungen gehört auch die Information über mögliche Hilfen, die zur Bewältigung der anstehenden Schwierigkeiten zur Verfügung stehen. Hilfe ist über die Erschließung von pädagogischen, medizinischen und institutionellen Angeboten hinaus die Mitteilung von Solidarität, Akzeptanz und religiöser bzw. humaner Überzeugung, wodurch der Arzt oder Berater zum wirklichen Partner seiner Klienten wird.

Arbeitsmaterialien

Literatur

Fuhrmann W, Vogel F (1982) Genetische Familienberatung. Springer, Berlin Heidelberg New York

Hilton B, Callahan D, Harris M, Condliffe P, Berkley B (eds) (1973) Ethical issues in human genetics. Genetic counseling and the use of genetic knowledge. Plenum, New York London

Milunski A (1979) Unsere biologische Mitgift. Deutsche Verlags-Anstalt, Stuttgart

Reed S (1980) Counseling in medical genetics, 3rd edn. Liss, New York

Reiter J, Theile U (Hrsg) (1985) Genetik und Moral. Beiträge zu einer Ethik des Ungeborenen. Grünewald, Mainz (im Druck) (vgl. bes. den Artikel von T. M. Schroeder-Kurth)

Zur Rechtslage

Genetische Beratung ist freiwillig. Niemand – mag er auch Träger einer Erbkrankheit sein – ist rechtlich verpflichtet, sein generatives Verhalten nach humangenetischen Gesichtspunkten auszurichten. Freilich: Wer genetische Beratung (entsprechendes gilt für pränatale Diagnostik) wünscht und zum Kreis derer gehört, bei denen nach medizinischer Erkenntnis ein erhöhtes Risiko einer genetischen Schädigung von Nachkommenschaft besteht, hat nicht nur einen krankenversicherungsrechtlichen Anspruch auf Kostenübernahme, sondern kann auch – wie bei jeder ärztlichen Maßnahme – erwarten, daß der beratende Arzt die gebotene Sorgfalt walten läßt. Eine falsche oder unvollständige Beratung über Möglichkeiten zur Früherkennung von Fruchtschäden, die den Wunsch der Mutter auf Abbruch der Schwangerschaft gerechtfertigt hätten, kann nach einem kürzlich ergangenen Urteil des Bundesgerichtshofes einen Anspruch der Eltern gegen den Arzt auf Ersatz der Unterhaltsaufwendungen begründen, wenn es zur Geburt eines körperlich oder geistig schwerwiegend und nicht behebbar geschädigten Kindes kommt. Dieses Urteil ist maßgeblich von der Erwägung bestimmt, nur die Mutter könne letztlich entscheiden, ob sie sich einer pränatalen Diagnostik unterziehen wolle; der Arzt dürfe nicht, ausgehend von seinen persönlichen Wertungen, diese Entscheidung vorweg für die Mutter treffen und ihr eine eigene Wertung unmöglich machen. Einem Arzt, der ethische Bedenken hat, eine Frau auf Fakten aufmerksam zu machen, die dieser möglicherweise einen Schwangerschaftsabbruch gestatten würden, bleibt es jedoch unbenommen, eine derartige Beratung abzulehnen und sie an eine andere Stelle zu verweisen. Übernimmt er hingegen die Beratung, so schuldet er vollständige und korrekte Auskunft.

Vgl. zur Problematik
Bundesgerichtshof (1983) Urteil vom 22.11.1983 (VI ZR 85/82). Neue Jur Wochenschr 37:658–660
Schünemann H (1981) Schadensersatz für mißgebildete Kinder bei fehlerhafter genetischer Beratung Schwangerer? Juristenz 36:574–575
Wuermeling H-B (1984) Handlungspflicht zur pränatalen Diagnostik? Münch Med Wochenschr 126:127–135

Öffentliche Stellungnahme

Genetische Beratung. American Society of Human Genetic Counceling (1972)

Siehe Anhang, S. 185.

Schwangerschaftsabbruch

Der Schwangerschaftsabbruch (abortus artificialis) ist ein altes Mittel, mit dem Menschen einen Ausweg aus der Konfliktsituation suchten, ungewollten Nachwuchs akzeptieren zu müssen. In der Geschichte des Schwangerschaftsabbruchs treten immer wieder individuelle und ökonomisch-gesellschaftspolitische Motive auf. Die *ungewollte Schwangerschaft* ist eines der bekanntesten Motive zum Abbruch einer Schwangerschaft, die meist aus vor- oder außerehelichen Beziehungen stammt und die betroffene Frau vor erhebliche soziale Probleme stellt. Andere Motive laufen darauf hinaus, die Mitgliederzahl in Familie, Sippe, Stadt und Staat bzw. in vergleichbaren Formen des Zusammenlebens zu stabilisieren und zu beeinflussen. Durch zu zahlreiche Geburten konnte die Versorgung des einzelnen in Gefahr geraten und das wirtschaftlich-politische Zusammenspiel durch ein Zuviel an Handwerkern, Bauern, Soldaten, Erben und anderen gesellschaftlichen Positionen zusammenbrechen. Weil die Möglichkeiten einer vorgeburtlichen Diagnostik und Voraussehbarkeit von Erbschäden nicht gegeben waren, abgesehen von einigen Regeln, die man aus der Erfahrung und Deutung bestimmter Begleiterscheinungen der Schwangerschaft gewonnen hatte, kam das Motiv der Vermeidung kranken Nachwuchses als Motiv für den Schwangerschaftsabbruch kaum in Betracht. Die Methoden des Schwangerschaftsabbruchs bestanden in der Gabe bestimmter Kräuter, vaginalen Instillationen, Einleitung von Frühgeburten oder in der mechanischen Schädigung des Fötus. Solche Methoden waren ebenso unsicher wie die Methoden einer Empfängnisverhütung.

Obwohl durch den Fortschritt der Medizin die Möglichkeiten einer gezielten Antikonzeption optimiert worden sind, hat sich das Problem des Schwangerschaftsabbruchs nicht erledigt. Allerdings hat sich die Struktur der Motive verändert. Zu den alten Motiven der Familienplanung und Behebung wirtschaftlicher Notlagen kommen Motive hinzu, die nur aus heutigen Lebensverhältnissen zu erklären sind, wie Angst vor zu starker *Belastung* der Partnerschaft durch ein Kind; Betonung der *Selbstbestimmung* gegenüber der Fremdbestimmung der Frau, die Mutterschaft als naturgegebenes Schicksal zu akzeptieren; *Überforderung* der Familienstruktur durch zu viele Kinder; hohe *Ansprüche* an Lebensqualität usw.

Die ethische Überlegung setzt bei der Frage an, ob die Entstehung von Leben verhindert (Empfängnisverhütung), werdendes Leben beendet (Schwangerschaftsabbruch) oder bereits geborenes Leben beendet (Kindstötung) werden soll. Alle drei Handlungsweisen entspringen zwar einer ähnlichen Motivlage, aber für die Substanz der Handlung sind gravierende Unterschiede anzunehmen. Daß der Schwangerschaftsabbruch werdendes Leben beendet, steht wohl außer Frage. Biologisch gilt als gesichert, daß mit der Verschmelzung zweier haploider Chromosomensätze das biologische Entwicklungsprogramm des Lebens unwiederholbar festgelegt ist. Hinweise aus dem Bereich der pränatalen Psychologie lassen plausibel erscheinen, daß bereits lange vor der Geburt eine Art Sozialisierung des werdenden Lebens beginnt. Die ethische Bewertung dieser Fakten steht damit vor dem Problem, ob es „gut" sei, Leben zu beenden. Es ergeben sich aus dieser Problemstellung verschiedene Positionen, die grob skizziert werden sollen:

1. Eine erste Position behauptet, daß es *immer ethisch unzulässig* ist, menschliches Leben, ob werdend oder bereits geboren, zu beenden. Zur Begründung werden religiöse Voraussetzungen gemacht, nach denen der Mensch kein Verfügungsrecht über menschliches Leben hat. Diese erste Position ist auch ohne religiöse Untermauerung möglich, indem man eine dem Menschen natürliche Schranke vor dem Töten anderer Menschen annimmt oder die verheerende Wir-

kung auf den Schutz des Lebens überhaupt anführt, wenn irgendwo – wie im Schwangerschaftsabbruch – Leben zur Disposition gestellt wird. Ausnahmen davon gibt es nur, wenn ein vitaler Konflikt entsteht, der nur noch die Möglichkeit läßt, das eine (Mutter) oder das andere Leben (Embryo) zu retten. Weitere Ausnahmen von der ersten Position werden gemacht, indem man zur Sicherung des Lebensschutzes verschiedene Differenzierungen des Lebens (personal, individuell usw.) unternimmt. Das hätte die Konsequenz, daß ein Abbruch der Schwangerschaft vor der Nidation als ethisch vertretbar gilt. Vor allem in der katholischen Morallehre wurde auch die komplizierte Überlegung angestellt, daß ein Schwangerschaftsabbruch zulässig sei, wenn er als Nebenfolge einer medizinischen Maßnahme eintritt, ohne daß er als eigentliche Wirkung intendiert ist.

2. Eine zweite Position bindet den Schwangerschaftsabbruch an den Prozeß einer *Güterabwägung*. Schwangerschaftsabbruch ist damit nicht in das Belieben der Beteiligten gestellt, sondern kann nur dann gerechtfertigt werden, wenn durch die Erhaltung einer Schwangerschaft andere gleich- oder höherrangige (Rechts-) Güter und Werte verletzt würden. In etwa schließt sich dieser Position die gegenwärtige Rechtsprechung in der Bundesrepublik an, indem sie den Schwangerschaftsabbruch nur dann straffrei läßt, wenn er einer bestimmten Indikation unterliegt: wenn anders eine physische und psychische Bedrohung der Mutter nicht abgewendet werden kann; wenn der Embryo schwere Schäden aufweist und deshalb eine Fortsetzung der Schwangerschaft nicht zumutbar ist; wenn soziale Notlagen anders nicht behoben werden können oder die Schwangerschaft durch ein Notzuchtsverbrechen entstanden ist. Diese ethisch-rechtliche Regelung fordert Verantwortung heraus, aber die Ausgangsfrage, ob die Beendigung von menschlichem Leben „gut" sein könne, wird letztlich nur verschoben zur Frage, wie hoch die konkurrierenden Güter, die in den Indikationen als Gesundheit, Freiwilligkeit, Lebensqualität usw. bezeichnet werden, gegenüber dem Gut „Leben" zu veranschlagen sind.

3. Eine dritte Position behauptet, daß jede Regelung, die das *Selbstbestimmungsrecht* der Frau außer acht läßt, falsch und der Freiheit des Menschen unzuträglich ist. Das bedeutet, daß nicht eigentlich der Schwangerschaftsabbruch einer ethischen Bewertung unterzogen wird, sondern nur der Umgang der Frau und ihres Partners mit der eigenen Verantwortung gegenüber dem eigenen Leben. Das Recht des Fötus auf Leben sei fiktiv. Diese Position kann von der zweiten Position nur so lange unterschieden werden, als sie die Eigenständigkeit des werdenden Lebens und seines Wertes leugnet. Nur so lange kann eine solche ethische Argumentation das Problem des Schwangerschaftsabbruchs als ein Problem der Emanzipation der Frau (Familie) von unzulässigen Erwartungen anderer ansehen. Schwangerschaftsabbruch ist dann nicht mehr eine (mehr oder weniger gute) Lösung in einem Wert- und Güterkonflikt, sondern nur ein Mittel der Selbstentfaltung.

Es ist unmöglich, in dieser Frage eine Haltung einzunehmen, die für alle Beteiligten in gleicher Weise einleuchtend und verbindlich ist. Gerade in der klinischen Praxis ist wichtig, daß der Arzt und seine Helfer *ihre* Position finden, die ihnen handlungsleitend ist und daß sie die Freiheit haben, ihrem Gewissen gemäß zu handeln. Grenzen ihrer Freiheit liegen dort, wo in unzumutbarer Weise die Freiheit anderer beeinträchtigt wird. Zum Beispiel wird die Position, daß

Abtreibung immer schlecht sei, im unwahrscheinlichen, aber denkbaren Fall einer Kollision mit der Hilfeleistungspflicht zurückzunehmen sein. Würde ein Helfer den Schwangerschaftsabbruch immer für vertretbar halten, muß er sich doch an die jeweilige rechtliche Regelung halten, weil er sonst selbst gegen allgemeinverbindliche Regeln verstoßen würde, wie sie sich die Gemeinschaft gegeben hat.

Zwischen diesen Extremen liegt ein Bereich von Konfliktfällen, in denen sich der Arzt nicht einfach auf rechtliche Regelungen zurückziehen kann. Er muß in jedem Fall *Berater* und *Begleiter* der Frau sein, die durch einen Schwangerschaftskonflikt in Not geraten ist. Das kann nicht bedeuten, daß er als Begleiter eigene Überzeugungen aufgibt. Es bedeutet vielmehr, daß er als Begleiter zu seiner eigenen Überzeugung stehen und sie als Angebot für seine Patientin bereit halten muß. In dieser Figur der Hilfe spielt die „Beratung“, die sogar als wesentliches Element in die gegenwärtige rechtliche Regelung aufgenommen ist, eine wichtige Rolle; denn die Aufgabe der Ethik ist seit alters immer auch die Beratung zum guten und glücklichen Leben, Durchsetzung von Normen gehört nicht in ihren Bereich. Ethisch gesehen ermöglicht Beratung Verzicht auf den Zwang, daß Helfer und Patient/Klient eine bestimmte anerkennenswerte Überzeugung vertreten müssen. Sie verpflichtet jedoch immer dazu, daß alle Betroffenen zu ihrer Überzeugung stehen oder aber sich solch eine Überzeugung *gemeinsam* erarbeiten.

Arbeitsmaterialien

Literatur

Böckle F (Hrsg) (1981) Schwangerschaftsabbruch als individuelles und gesellschaftliches Problem. Patmos, Düsseldorf

Boland P, Krone HA, Pfeiffer RA (1982) Kindliche Indikation zum Schwangerschaftsabbruch. Bamberger Symposion 12.–14. Juni 1981. Wissenschaftliche Abteilung der Milupa AG, Friedrichsdorf (dort bes. die Artikel von E. Seidler, J. Gründel und U. Eibach)

Feinberg JH (ed) (1973) The problem of abortion. Wadsworth, Belmont

Koschorke M, Sandberger JF (Hrsg) (1978) Schwangerschaftskonfliktberatung. Ein Handbuch. Vandenhoeck & Ruprecht, Göttingen

Lau H (Hrsg) (1982) Indikationen zum Schwangerschaftsabbruch. Gesetz und Beratung der Konfliktschwangerschaft, 2. Aufl. Demeter, Gräfelfing (dort bes. der Artikel von E. Seidler)

Noonan JT Jr (ed) (1970) The morality of abortion. Legal and historical perspectives. Harvard University Press, Cambridge London

Poettgen H (Hrsg) (1982) Die ungewollte Schwangerschaft. Eine anthropologische Synopsis. Deutscher Ärzte Verlag, Köln-Lövenich

Zur Rechtslage

Bei der Reform des Abtreibungsstrafrechts hat sich der Gesetzgeber bemüht, die kollidierenden Interessen gegeneinander auszubalancieren. Dies hat zu einer ausgesprochen komplizierten und vielschichtigen Regelung geführt: Gemäß § 218

Strafgesetzbuch (StGB) ist der Schwangerschaftsabbruch nach wie vor grundsätzlich strafbar. § 218 a StGB erklärt den von einem Arzt mit Einwilligung der Schwangeren durchgeführten Eingriff für zulässig, wenn bestimmte Indikationen vorliegen – man spricht von medizinisch-sozialer, eugenischer, kriminologischer und allgemeiner Notlagenindikation – und der Abbruch innerhalb bestimmter Fristen erfolgt. Darüber hinaus müssen besondere Verfahrensregeln beachtet werden, wobei Verstöße durch §§ 218 b, 219 StGB bzw. Art. 3 des 5. Strafrechtsreformgesetzes für den Arzt, der den Abbruch durchführt, auch dann sanktionsbewehrt werden, wenn der Eingriff selbst durch eine Indikation gemäß § 218 a StGB gerechtfertigt ist. Aufgrund dieser Verfahrensregeln muß sich die Schwangere einer Sozialberatung wie auch einer ärztlichen Beratung unterziehen, wobei erstere mindestens 3 Tage vor dem Eingriff stattzufinden hat. Weiterhin muß die Schwangere dem Arzt, der den Abbruch durchführt, die schriftliche Feststellung eines anderen Arztes über das Bestehen einer Indikation vorlegen. Schließlich darf der Eingriff nur in einem Krankenhaus oder in einer dafür eigens zugelassenen Einrichtung vorgenommen werden. Das Beratungswesen und die Zulassung von Einrichtungen zur (ambulanten) Durchführung von Schwangerschaftsabbrüchen ist durch Ausführungsbestimmungen der einzelnen Bundesländer näher geregelt (abgedruckt im Anhang des Buches von Eser u. Hirsch 1980). Weiter kompliziert wird die rechtliche Regelung dadurch, daß das StGB der besonderen persönlichen Konfliktsituation der Schwangeren durch Strafmilderung und -ausschluß Rechnung zu tragen versucht. Insbesondere ist für sie – und nur für sie – ein Abbruch auch ohne Vorliegen einer Indikation straflos, wenn sie die vorgeschriebenen Beratungen wahrgenommen hat und der Eingriff von einem Arzt innerhalb der ersten 22 Schwangerschaftswochen vorgenommen wird.

Die Bereitschaft der Ärzteschaft zur Mitwirkung an Schwangerschaftsabbrüchen ist v. a. hinsichtlich der allgemeinen Notlagenindikation uneinheitlich. In manchen Teilen der BRD nehmen sogar Krankenhausträger das durch Art. 2 des 5. Strafrechtsreformgesetzes gewährte Weigerungsrecht – nur im Falle einer akuten Gefahr für Leben oder Gesundheit der Schwangeren besteht eine Mitwirkungspflicht – für sich in Anspruch. Dies hat zu erheblichen regionalen Unterschieden hinsichtlich der praktischen Zugänglichkeit zum erlaubten Schwangerschaftsabbruch geführt.

Vgl. zur Problematik

Augstein R, Koch H-G (1985) Was man über den Schwangerschaftsabbruch wissen sollte. Informationen und Rat (nicht nur) für Schwangere, Ärzte und Berater. Beck-Rechtsberater im dtv, München (im Druck)

Eser A, Hirsch HA (Hrsg) (1980) Sterilisation und Schwangerschaftsabbruch. Eine Orientierungshilfe zu medizinischen, psychologischen und rechtlichen Fragen. Medizin und Recht, Bd 10, Enke, Stuttgart

Wilkitzki P, Lauritzen C (1981) Schwangerschaftsabbruch in der Bundesrepublik Deutschland. Kriminalistik Verlag, Heidelberg

Gesetzestexte

§§ 218, 218 a, 218 b, 219, 219 a, 219 d Strafgesetzbuch, Art. 2 und 3 fünftes Gesetz zur Reform des Strafrechts

Siehe Anhang, S. 168–170.

Öffentliche Stellungnahme

Deklaration von Oslo. Beschluß des Weltärztebundes zur therapeutischen Schwangerschaftsunterbrechung (1970)

Siehe Anhang, S. 184.

Perinatologie

Während in der ersten Zeit der Schwangerschaft v. a. der Gynäkologe, in Ausnahmefällen der Gynäkologe unter Mitwirkung des Genetikers (← Genetische Beratung), tätig wird, um die Gesundheit der Schwangeren und des Embryos zu sichern, sieht sich die Medizin ab der 28. Schwangerschaftswoche bis zum 7. Tag nach der Geburt vor einem besonderen und eng verzahnten Komplex von Problemen. Dieses Problemfeld versorgt die Perinatologie. Weil die genannte Zeit für eine glückliche Geburt und für die Gesundheit von Mutter und Kind besonders wichtig ist, sind für die Zeit „um die Geburt" verschiedene medizinische Fachdisziplinen, v. a. die Gynäkologie und die Pädiatrie, herausgefordert, auf die spezielle Situation mit einer angemessenen Struktur und Organisation der Arbeit zu antworten. Die dabei auftauchenden ethischen Probleme können demnach gegliedert werden in Probleme der *Herausforderung*, der *Situation* und der *Struktur*.

Die Herausforderung der Betroffenen

Eine seit alters wichtige Aufgabe ist die Verminderung aller Gefahren und Schwierigkeiten, die für die Geburt und das Leben von Mutter und Kind auftreten können. Wenn die Medizin diese Aufgabe übernimmt, tut sie das in erster Linie aus dem humanitären Motiv heraus, das große Leid zu bekämpfen, das durch die *vielfältigen Erkrankungen* und das *erhöhte Letalitätsrisiko* für Mutter und Kind (z. B. Geburtskomplikationen und Säuglingssterblichkeit) in der Zeit um die Geburt entstehen kann. Um dieses Ziel möglichst sicher zu erreichen, wird eine Integration und Kooperation der relevanten medizinischen Einzeldisziplinen zur Perinatologie angestrebt. Auf diese Weise sollen die medizinischen Instrumente der Vorsorge, der pränatalen Diagnostik und Therapie sowie der initialen Behandlung nach der Geburt verbessert werden. Tatsächlich sind bis heute keine geeigneteren Instrumente als die genannten bekannt. Programme der „natürlichen" Geburt haben sich kaum als gangbare Alternativen erwiesen, aber sie können zur Verbesserung der Standards in der Perinatologie beitragen, z. B. durch die Propagierung von Schwangerschaftsgymnastik, Vermeidung übertriebener Medikamentengaben vor und bei der Geburt, Beachtung psychischer Momente im Prozeß der Geburt oder bei den obligatorischen Erstuntersuchungen des Kindes nach der Geburt, Überlegungen zu alternativen Gebärhaltungen, zum Rooming-In usw.

Dabei ist festzuhalten, daß die *Natürlichkeit* der Geburt wie auch die technisch komplikations- und schmerzfrei gehaltene Geburt keine „Werte in sich" sind, sondern „Werte für“ den Menschen. Das bedeutet: es geht bei diesen perinatologischen Problemen darum, Menschen zu helfen. Die Perinatologie kann sich deswegen nicht einfach in ihren Entscheidungsproblemen auf die Einhaltung absoluter Werte wie Natürlichkeit zurückziehen; sie bleibt angewiesen auf die konkrete Abwägung, was bei dem jeweiligen Menschen in der jeweiligen Situation als der jeweils beste Eingriff zu gelten hat.

Was das jeweils Beste ist, läßt sich nicht nur durch Standards, Durchschnittswerte usw. ausmachen. Wozu Mutter, Arzt und evtl. die Hebamme herausgefordert sind, kann man nur in der *mitmenschlichen Begegnung* erkennen. Das heißt: die Helfer müssen sich bei der Beratung und Begleitung in der Schwangerschaft auf die Mutter einlassen: auf die besonderen Umstände ihrer Schwangerschaft, auf die familiären Bedingungen für die Zeit nach der Geburt, auf Partnerprobleme, auf das Sicherheitsbedürfnis der Mutter, alles Erdenkliche für das Kind zu tun, auf ihre Angst vor Mißbildungen, Behinderungen und Krankheiten ihres Kindes, auf ihr Körpererleben, auf die Gefühle und Bedürfnisse, die solche Probleme bei der Mutter, ihrem Partner und sonstigen Kontaktpersonen auslösen, usw. Wieweit man diese Bedingungen berücksichtigt bzw. berücksichtigen kann, wird erhebliche Auswirkungen auf den Verlauf haben: wie viele Untersuchungsmöglichkeiten ausgeschöpft werden, wie viele Risiken für diagnostische und therapeutische Eingriffe eingegangen werden können, wie groß der Aufwand an Zeit und emotionalem Engagement der Geburtshelfer sein muß usw.

Im Widerspruch dazu kann man immer öfter eine Verkehrung des Zweck-Mittel-Verhältnisses beobachten. Die präventiven, diagnostischen und therapeutischen Mittel der Perinatologie dienen nicht nur der Schwangeren und ihrer Hoffnung, sondern in der Tendenz werden sie zunehmend als Garantie für eine problemlose Geburt und gesunden Nachwuchs beansprucht. Dies erweckt den Eindruck, als ob die Medizin ihrer „Garantieverpflichtung“ nicht entsprochen habe, wenn dennoch Probleme oder Krankheiten auftreten. Leben, das trotz ärztlicher Bemühungen beschädigt auf die Welt kommt, gilt demnach als Leben, das *unrechtmäßig* (wrongful) da ist. „Wrongful life“ bzw. „wrongful birth“ wurden zu solchen aufgeladenen Begriffen, obschon sie urspünglich nur juristische Termini sein sollten in der amerikanischen Diskussion um Unterhalts- und Schadensersatzansprüche in Fällen, in denen es aufgrund fehlerhafter ärztlicher Bemühungen zur Geburt eines geschädigten Kindes gekommen war. Besonders Nichtjuristen wurden zu der Annahme verleitet, als würde die Existenz des geschädigten Kindes selbst als unrechtmäßig bezeichnet und ihm die Existenzberechtigung abgesprochen. Dieser Verzerrung kann man nur durch rechtzeitige Bewußtseinsbildung aller Betroffenen entgegentreten. Das Zweck-Mittel-Verhältnis der Perinatologie muß in seinen richtigen Proportionen gesehen werden, d.h. man muß sich vergegenwärtigen, welcher Zweck überhaupt durch welches Mittel mit welcher Gewißheit erreicht werden kann. Die Unterstützungs- und Hilfsfunktion der Perinatologie darf nicht verwechselt werden mit der Optimierungsideologie einer verständlichen, aber illusorischen und gefährlichen Gesundheitsgarantie.

Ein besonderes Problem in der Perinatologie stellt die Entwicklung der *Qualitätssicherung* dar. Ein Vergleich der Behandlungsqualität bei einzelnen Institutionen soll Ansatzpunkte liefern, die jeweils erreichten Qualitätsstandards zu verbessern. Dabei ist zu beachten, daß nicht jede Art von Qualität standardisierbar und in Zahlen greifbar ist: so werden zwischenmenschlich-existentielle Begegnungen – zweifelsohne Elemente eines guten Standards – in herkömmlichen Erfolgsstatistiken nicht erfaßt. Jede Qualitätskontrolle, die das nicht berücksichtigt, führt zu falschen Ergebnissen und ist darum – ethisch und ökonomisch – eher desorientierend.

Situation des Handelns

Die Situation der Schwangeren bzw. Gebärenden wie auch des Kindes unter bzw. nach der Geburt besteht darin, daß sie in vielen Fällen gar nicht „krank" im strengen Sinne sind. Gerade unter dem Einfluß einer Medizin, die immer effektiver alle Lebensbereiche umfaßt, ist die Gefahr gegeben, daß *„normale" Schwierigkeiten medikalisiert*, d. h. als Krankheit definiert und damit in den Zuständigkeitsbereich der Medizin überwiesen werden. Dabei müssen sich Arzt, Patient und Gesellschaft fragen, ob es sinnvoll und richtig ist bzw. welche Konsequenzen es hat und ob „wir alle" diese Konsequenzen wollen können, wenn man Schwangerschaft und Geburt unter Krankheit subsumiert. Eher lassen sich Schwangerschaft und Geburt v. a. für die betroffene Frau und das Kind als kritische und gefahrvolle (aber deswegen nicht „krankhafte") Situation beschreiben, die in besonderer Weise die verschiedenen Formen von Sorge – Fürsorge, Vorsorge, Sorgfalt – fordert und darum viel eher *Mitmenschlichkeit* nötig macht als das Akzeptieren oder Verfügen einer Patientenrolle. Der Arzt wäre dann nicht nur medizinischer Therapeut, sondern *mitmenschlicher Berater.*

Auf die kritische und gefahrvolle Situation in der Zeit um die Geburt reagiert die Medizin mit Integration und Kooperation verschiedener relevanter Disziplinen. Dadurch soll gewährleistet werden, daß die *Vorsorgeuntersuchungen* in den letzten beiden Monaten der Schwangerschaft sowie eine pränatale Diagnostik und Therapie zu einer möglichst gefahrlosen Geburt verhelfen und daß v. a. in der ersten Woche nach der Geburt eine optimale diagnostische und therapeutische Betreuung von Mutter und Kind stattfindet. Die großen Entscheidungskonflikte, wie sie in der heutigen Medizin unvermeidbar sind, gibt es natürlich auch in der Perinatologie. Sie sind aufgrund der besonderen Situation eigenartig verschärft. Als Beispiele können genannt werden: *künstliche Lebensverlängerung* einer hirntoten Mutter bis zu einem Zeitpunkt, da eine Frühgeburt ihres Kindes eingeleitet werden kann; *Erprobung diagnostischer und therapeutischer Verfahren*, z. B. Medikationen, bei der Schwangeren und beim Feten; das *Sterbenlassen*, d.h. totaler oder partieller Verzicht auf die Behandlung eines schwer geschädigten Neugeborenen. In solchen und ähnlichen Fällen wird die ethische Entscheidungsfindung erschwert, weil etwa die freie und bewußte Zustimmung der Mutter und möglicherweise des Vaters für sich selber und stellvertretend für das Kind (informed consent, proxy consent) durch die psychische Ausnahmesituation unmöglich wird und die Abwägung der Konsequenzen wie reversibler und irreversibler Nebenwirkungen, Spätfolgen usw. häufig noch weniger gesichert ist als in vielen anderen Entscheidungskonflikten der Medizin. Hinzukommt, daß sich die Eltern als Entscheidungsträger in einer Doppelrolle befinden, die durch einen *Konflikt zwischen Eigeninteressen und den Interessen des Kindes* gekennzeichnet ist. Das bedeutet: eine echte Abwägung in diesem Werte- und Güterkonflikt ist illusorisch.

Besondere Aufmerksamkeit verdienen die Probleme von *Mißbildung* und (untergewichtiger) *Frühgeburt*. In solchen Fällen besteht eine Verpflichtung, sofort eine Therapie einzuleiten, damit das Kind überleben kann. Die Überlebenschancen bestehen jedoch oft nur in kurzfristigem Lebensgewinn oder in einem Leben mit schweren körperlichen und geistigen Einschränkungen. Auf der einen Seite steht damit die Verpflichtung, Leben zu erhalten, ohne nach Wert und Qualität dieses Lebens zu fragen; auf der anderen Seite steht die Überlegung, daß medizinische Maßnahmen unzulässig sind, wenn sie auf sinnlose Lebensverlängerung hinauslaufen. Es kann keine befriedigende Lösung dieser Problemkonstellation angeboten werden. Nur wenn nach einem Gespräch aller Betroffenen, dazu gehören auch gerichtliche Instanzen, ein Überleben des mißgebildeten Neu- und untergewichtigen Frühgeborenen sinnlos erscheint, kann man sich zu einer *Unterlassung der lebensrettenden Maßnahmen* entscheiden. Kataloge von Kriterien, wann Eingriffe medizinisch sinnvoll sind, können dabei helfen. Was jedoch als „sinnvoll" angesehen werden kann und wie problematisch die Bedeutung von „sinnvoll" ist, wird in den Zusammenhängen von (←) Behandlungsabbruch und (←) Sterbehilfe weiter ausgeführt. Entscheidungskriterium darf allerdings niemals allein sein, ob behindertes Leben (← Behinderung) den anderen, d.h. den Angehörigen und der Gesellschaft zumutbar ist; denn wenn menschliches Leben sich durch seine soziale *Nützlichkeit und Brauchbarkeit* rechtfertigen muß, ist seine grundlegende *Würde und Schutzwürdigkeit* bereits aufgegeben.

Struktur der perinatologischen Arbeit

Zur Zeit gibt es noch keine verbindliche Regelung der perinatologischen Praxis. Ihrer Aufgabenstellung angemessen ist v.a. die Arbeit im Team, das die verschiedenen gynäkologischen und pädiatrischen Problemebenen wahrnimmt. Möglichst reibungsfreie *Koordinierung*, schnelle *Indikationsstellung* und erhöhte fachliche *Kompetenz* sprechen für diese Lösung. Kooperation ist nur dann effektiv, wenn die Struktur und Organisation der Arbeit aufbaut auf einer *personalen Struktur der Kommunikation*. Wenn etwa die Kompetenzen der einzelnen Fachdisziplinen geregelt und abgegrenzt werden, muß der einzelne Arzt auch fähig und bereit sein, Kompetenz, d.h. immer auch Verantwortung, anzuerkennen und zu übernehmen. Wo Kooperation nicht im Kompetenzgerangel sich selber behindert, braucht sie als inneres Regulativ Prinzipien und *Leitwerte* wie Gegenseitigkeit, Fairneß, Anteilnahme, Toleranz, Sensibilität und Fähigkeit zum Tragen und Mittragen von Schuld. Solche Werte stehen hinter den Regeln, die für ein gruppeninternes Verstehen im perinatologischen Team gelten.

Der Medizin ist diese Art kooperativen Arbeitens keineswegs unbekannt. Das ärztliche Konsilium (← Ethikkommission) ist in der Geschichte der Medizin ein ständig diskutiertes Thema, es wurde sowohl über seine Chancen und Grenzen reflektiert, als auch Konkurrenzneid, Eitelkeit und Bequemlichkeit angeklagt, die Ärzte daran hinderten, das Konsilium als Instrument der Kooperation einzusetzen. Die Möglichkeit, durch kollegiale Beratung die Effektivität der Therapie zu erhöhen, ist der Grund, warum man von einer *Pflicht zum Konsilium*, also von der Konsiliarpflicht sprechen kann. Auch für die anderen therapeutischen Mitarbeiter gilt diese Pflicht als *Pflicht zu Kooperation und Kommunikation* im therapeutischen Team. Sie muß strukturbildendes Element in der perinatologischen Arbeit sein.

Arbeitsmaterialien

Literatur

Gaylin W, Macklin R (eds) (1982) Who speaks for the child? The problems of proxy consent. (The Hastings center series in ethics). Plenum, New York

Hillemanns H-G, Steiner H, Richter D (Hrsg) (1983) Die humane, familienorientierte und sichere Geburt. Ein Einblick in die gegenwärtige Geburtshilfe der Bundesrepublik, Frankreichs, Hollands, Österreichs, Schwedens und der Schweiz. 2. Freiburger geburtshilfliches Kolloquium. Thieme, Stuttgart New York

Müller H, Olbing H (Hrsg) (1982) Ethische Probleme in der Pädiatrie. Urban & Schwarzenberg, München Wien Baltimore

Selbmann HK, Brach M, Höfling HJ, Jonas R, Schreiber M-A, Überla K (1977) Münchener Perinatal-Studie 1975. Deutscher Ärzteverlag, Köln-Lövenich

Swinyard CA (ed) (1978) Decision making and the defective newborn. Proceedings of a conference on spina bifida and ethics. Thomas, Springfield

Zur Rechtslage

Das Endstadium von Schwangerschaft und Geburt wirft Rechtsfragen auf, die durch ein Nebeneinander der Interessen von Mutter und Kind charakterisiert sind. Beidem gilt es Rechnung zu tragen; dabei sind Konflikte unvermeidlich. Ein (←) Schwangerschaftsabbruch ist nach der 22. Schwangerschaftswoche nur noch bei Leibes- oder Lebensgefahr für die Mutter zulässig, nicht dagegen bei den anderen Indikationen des § 218 a Strafgesetzbuch. Damit wird dem Umstand Rechnung getragen, daß in der Spätphase der Schwangerschaft mit der Lebensfähigkeit des Kindes gerechnet werden muß; folgerichtig sind nunmehr tunlichst solche Abbruchsmethoden anzuwenden, durch die auch das Leben des Kindes geschont werden kann.

Der reduzierte Schutz des Embryos vor Verletzung und Tötung – die fahrlässige Verursachung einer Fehl- oder Totgeburt ist ebensowenig strafbar, wie jegliche Form der nichttödlichen Embryonenschädigung – macht eine genaue Abgrenzung des Leibesfruchtstadiums erforderlich. Während das Bürgerliche Gesetzbuch den Menschen erst mit der Vollendung der Geburt, d. h. dem vollständigen Austritt aus dem Mutterleib „rechtsfähig" werden läßt, knüpft das Strafrecht für die Anwendbarkeit der Tötungs- und Körperverletzungstatbestände an den Beginn des Geburtsaktes im Sinne des Einsetzens der Eröffnungswehen an und erreicht damit, daß das Kind bereits während des erhöht schadensträchtigen

Geburtsvorgangs umfassenden Schutz genießt. Dieser Schutz kann auch gegen Fehlentscheidungen der Mutter gerichtet sein, etwa wenn diese geburtshilfliche Routinemaßnahmen ablehnt, die zur Vermeidung von dauerhaften Schädigungen des Kindes geboten sind.

Die umfassende rechtliche Schutzwürdigkeit des in der Geburt befindlichen bzw. geborenen Kindes schlägt sich auch in der Haltung des Rechts zur sog. Neugeboreneneuthansie nieder: Deren Zulässigkeit reicht niemals weiter als die der (←) Sterbehilfe.

Vgl. zur Problematik
Hanack EW (1982) Der Kaiserschnitt an der Toten und der Sterbenden aus rechtlicher Sicht. Gynäkologe 15:96–103
Hiersche H-D (1983) Rechtliche Positionen des Geburtshelfers gegenüber der werdenden Mutter, dem Vater und dem Kind. Medizinrecht 1:53–57
Kaufmann A (1982) Zur ethischen und strafrechtlichen Beurteilung der sogenannten Früheuthanasie. Juristenz 37:481–487

Öffentliche Stellungnahme

Erfassung von Geburtsfehlern. Weltgesundheitsorganisation (1976)

Siehe Anhang, S. 185.

Lebenskrisen

Aufgabe der Medizin ist es, in Lebenskrisen des Menschen einzugreifen. Dazu zählen Problembereiche wie:

- Intensivbehandlung,
- chirurgische Behandlung,
- Organtransplantation,
- psychotherapeutisch-psychiatrische Intervention,
- Sucht/Abhängigkeit,
- chronisches Kranksein,
- Behinderung,
- Gewalt und Medizin,
- Katastrophen- und Wehrmedizin,
- Rehabilitation – Nachsorge.

Bei der Behandlung der genannten Themen stehen die betroffenen Menschen im Vordergrund, die ihren Zustand als Krise erleben und deren Dasein an eine Grenze stößt, ob es sich nun um akute oder chronische Krankheiten handelt, um eine Behinderung, die laut Gesetz nicht als Krankheit definiert wird, oder um das Hereinbrechen einer Katastrophe. Mit „Krise" wird eine Situation gekennzeichnet, in der sich etwas Kritisches entscheidet: Leben kann gelingen oder scheitern – physisch, psychisch und sozial. Das bedeutet, daß in der Krise nicht irgendetwas, sondern der Mensch selber, seine Existenz auf dem Spiel oder wie man dann umgangssprachlich zu sagen pflegt: „auf der Kippe" steht. In dieser „Kipp"-Situation ist auch die Medizin herausgefordert, in angemessener Weise zu reagieren. Sie trägt Verantwortung nicht nur für die Richtigkeit ihrer medizinisch-technischen Maßnahmen (Sorgfaltspflicht, Handeln nach den sog. Regeln der Kunst), sondern auch für die Menschlichkeit ihres therapeutischen Handelns.

Intensivbehandlung

Aus den Erfahrungen der Reanimationsmedizin konnten Methoden und Techniken entwickelt werden, lebensbedrohliche Störungen der Vitalfunktionen auszugleichen, bis der Mensch die Homöostase der körperlichen Funktionen wiedererlangt hat. Eine solche *Überbrückung lebensbedrohlicher Krisen* von Atmung und Kreislauf, von Wasser-, Elektrolyt-, Säure- sowie Basenhaushalt und Temperaturregulation wird zunehmend wichtig bei schweren Erkrankungen (z. B. Herzinfarkt, gastrointestinale Blutungen), Verletzungen (z. B. Polytraumen, Schädel-Hirn-Traumen, Verbrennungen) und Vergiftungen (z. B. Arzneimittelintoxikationen nach Suizidversuchen). Zu einem guten Teil ergibt sich die Expansion intensivmedizinischer Aufgaben aus den besonderen Umständen und Konsequenzen des modernen Lebens wie Stress und Infarkthäufigkeit, Verkehrsunfälle und polytraumatische Verletzungen, Sinn- bzw. Lebensprobleme und Zunahme von Suizidversuchen. Die Leistungen der Intensivbehandlung reichen von der Überwachung verbliebener bzw. künstlich aufrechterhaltener Vitalfunktionen bis hin zum technischen Ersatz ausgefallener Organe und Funktionen.

Zielkonflikt und Prioritätensetzung

Daß solche intensivmedizinischen Aufwendungen unzähligen Menschen das Leben gerettet haben und weiterhin retten werden, ist anzuerkennen als humanitärer Fortschritt. Aber jeder Fortschritt muß *dialektisch* betrachtet werden, d. h. in seine Bewertung müssen auch die Opfer einbezogen werden, die der Fortschritt „kostet". Wird die Behandlung besonderer Krisensituationen apparativ und personell verstärkt, müssen langfristig – wenn man davon ausgeht, daß die für medizinische Versorgung notwendigen Ressourcen nicht endlos vermehrt werden können – auf anderen Gebieten der Medizin Abstriche gemacht werden. Das führt z. B. zu der Frage, ob Intensivmedizin oder etwa Aktionen der Krebsvorsorge förderungswürdiger sind. Mit dem Ausbau der Intensivmedizin werden also auch *Prioritätensetzungen* unumgänglich, die letzten Endes in ethische Überlegungen zu *Wertvorzug* und *Güterabwägungen* münden.

In unmittelbarem Zusammenhang mit dieser Frage nach den Prioritäten steht das Problem, ob und wie es zu rechtfertigen ist, daß bei der Intensivierung einer medizinischen Behandlung in lebensbedrohlichen Krisen das verfügbare Potential an sachlicher und menschlicher Zuwendung für andere Kranke geringer wird. Sicher ist es richtig, daß es kein absolutes Recht des Menschen auf optimale medizinische Versorgung geben kann, und doch kollidieren die Aufgaben des Gesundheitssystems miteinander, da niemand letztlich entscheiden kann, wie weit die Behandlungspflicht reicht und wem man die nötige Behandlung – nötig bis zu welchem Grad? – zukommen läßt bzw. vorenthalten kann. Darum ist die Empfehlung der katholischen Kirche, ausgesprochen in einer Ansprache des Papstes Pius XII. von 1957, beachtenswert, wenn dort eine Verpflichtung des Arztes zu „außerordentlichen" Maßnahmen bestritten wird. Diese ungefähre Angabe, wann Verzicht auf bzw. Abbruch von medizinischen, insbesondere intensivmedizinischen Maßnahmen angezeigt ist, wird begründet mit dem Hinweis auf eine zwangsläufige *Pflichtenkollision:* „außerordentliche" Maßnahmen für den einen Kranken bedeuten immer eine Vernachlässigung anderer wichtiger Aufgaben, die Ärzte, Schwestern und Betroffene wahrzunehmen verpflichtet sind. Gerade diese Konsequenz ist ethisch (und religiös) nicht vertretbar. Darum ist an die Intensivbehandlung die grundsätzliche Frage zu stellen, ob sie nicht in irgendeiner Form zu einer derartigen Verschiebung der Prioritäten führt und damit den beabsichtigten humanitären Fortschritt umschlagen läßt in tendenzielle Inhumanität.

Gefahr einer technischen Reduktion von Leben und Tod

Ein weiteres ethisches Problem der Intensivmedizin beginnt dort, wo sie zur Sicherung und Steigerung ihrer Effektivität ein maximales Aufgebot *medizinisch-technischer Apparatur* fordern muß. Nicht so sehr das psychosomatische Argument vom Vorrang menschlicher Zuwendung vor medizinischer Technik beeindruckt hier, eher ist es die Sorge darum, daß bei dem so wichtigen Ausbau der medizinischen Technik das Gespür für menschlich Sinnvolles verloren geht. Diese Gefahr zeichnet sich immer deutlicher ab, wenn man Berichte über sinnlose Lebensverlängerung, entwürdigtes Sterben zwischen Apparaten, über die Gefühle der Entpersonalisierung oder Hilflosigkeit der Menschen gegenüber der *vitalen Abhängigkeit von Technik* („technical exchanging life for death" [Fox u. Swazey 1978]) liest. Wer wissen will, wo die Grenzen des technischen Aufwands liegen, darf die Bedeutung der Intensivmedizin für das Leben des Menschen nicht so sehr in der sensationellen Wiederherstellung verlorener Lebensfunktionen sehen. Maßstab bleibt die Freiheit des Menschen, sein Leben zu leben und zu gestalten. Und das ist ein Sinn-Problem, keine Frage der Technik.

Die Reduktion der Lebensvorgänge auf physikalisch-chemische Prozesse bedeutet für die Medizin konsequenterweise „Anwendung von physikalisch-chemischen Verfahren zur Verwirklichung praktischer Zielsetzungen" (Seidler 1984). Eine derartige Vorgehensweise der Medizin wird mit dem Begriff „*Iatrotechnik*" bezeichnet, die in der Mitte des letzten Jahrhunderts einen Umschwung im Denken und Arbeiten der Medizin einleitete. Immer effektivere Therapie durch ständig verbesserte Technik entspricht einerseits dem Ideal der Medizin, gezielt und wirksam zu heilen; andererseits wurde diese Entwicklung nur möglich, weil die Medizin ihre *ganzheitliche Zuständigkeit* für den kranken Menschen ersetzte durch eine zweckrationale Beziehung. In der Eigendynamik dieser zweckrationalen Beziehung liegt es, den Aspekt des Zwecks, d.h. auch des Sinnes zu vernachlässigen und den Aspekt der Rationalität zu betonen. Rationalität ihrerseits bedeutet: Steigerung kausal-analytischer, quantifizierender und statistischer Verfahren. Die Forderung des Kranken nach menschlicher Zuwendung und Nähe, wofür Begriffe wie Verständnis, Trost, Beistand und Liebe stehen, wird damit zu einer mehr oder weniger systemfremden Forderung. An diesem Zwiespalt hat die Intensivmedizin in besonderem Ausmaß Anteil.

Eine Disziplin wie die Intensivmedizin, der die Menschen es immer wieder verdanken, dem vorzeitigen Tod entrissen zu werden, muß über diesen Auftrag reflektieren, Retter in höchster Not zu sein. Wer das Sterbenmüssen als hartes Schicksal empfindet – und das tun wohl die meisten – und es möglichst abwenden will, muß sagen können, warum das Lebendürfen ein besseres Schicksal ist. Er muß auch sagen können, in welchen Toleranzgrenzen *Einbußen an Lebensqualität* zu diesem Bild vom guten Schicksal passen oder wann das – dank intensivster medizinischer Behandlung – wiederermöglichte Leben*dürfen* eher zu einem leidvollen Leben*müssen* geworden ist. Schließlich steht die Intensivmedizin vor der Frage, wie sich der *Tod* in ihr Bild vom guten Leben fügt. Lebensrettung in höchster Bedrohung war z.B. auch die erste Kunstherzimplantation 1983 in Salt Lake City. Das Hastings Center, ein amerikanisches bioethisches Institut, stellte anläßlich dieser Maßnahme die Überlegung an, ob unser Bild vom Leben nicht mit jedem medizinischen Fortschritt weniger Platz für den natürlichen Tod lasse. Tod gehört unaufhebbar in das Konzept des Lebens. Wenn er am Ende v. a. eine Art „technische Panne“ wird, die man doch eigentlich im Griff haben sollte, ist aus dem Konzept vom Leben eine bizarre Täuschung geworden. Gerade die Intensivmedizin kann es sich nicht ersparen, über Sinn und Bild (oder die Sinnbilder) von Tod und Leben nachzudenken. Strategien zur *medizintechnischen Vermeidung des Todes* zu entwerfen, ist medizinisch geboten, löst jedoch nur einen Teil des Problems. Diese technisch-strategische Reduktion gegenüber dem Tod ist Gegenstand heftiger Diskussionen über das Problem von (←) Begriff und Feststellung des Todes, das in der Intensivmedizin eine wichtige Rolle spielt. Es ist darum in einem eigenen Punkt zu behandeln.

Grenzen der Behandlungspflicht

Eine leidvolle Erfahrung der letzten beiden Jahrzehnte ist die, daß nicht alles, was medizinisch machbar ist, auch als *menschlich sinnvoll* gelten kann. Daran ist die ethische Regel gekoppelt, daß man nur zu einer Handlung verpflichtet sein kann, die sinnvoll ist. Das bedeutet: Medizin ist nur zu der Behandlung verpflichtet, die als sinnvoll gilt, zu einer sinnlosen Behandlung kann sie nicht verpflichtet sein. Intensivmedizinische Anstrengungen zur Lebensrettung werden oft zu Maßnahmen sinnloser Lebensverlängerung. Behandlungspflicht kann insofern keine *bedingungslose* Pflicht sein. Sie ist gebunden an die Bedingung, daß ihre Folgen sinnvoll sind. Das Problem dieses schwer faßbaren Sinnkriteriums ist im Zusammenhang von (←) Reanimation und (←) Behandlungsabbruch besprochen.

Norm und Grenze jeder Behandlung ist der *Wille des Patienten.* Für die therapeutischen Mitarbeiter auf der Intensivstation ist dieser Wille oft nicht erkennbar wegen der Bewußtlosigkeit des Patienten, wegen des Zeitdrucks oder wegen einer Verfassung des Patienten, die unsicher macht, ob sein Wille vernünftig und frei ist. Besonders im Fall einer Behandlungsverweigerung durch den Patienten steht dieses Problem an. Oft können Angehörige dabei helfen, die Frage nach dem Willen des Patienten zu beantworten, aber auch das Gegenteil ist der Fall: Angehörige und Freunde verstellen durch ihre eigenen Interessen (z. B. Belastung durch das kranke Familienmitglied, in Aussicht stehende Erbschaft, Fortfall der Rente des Kranken, Unkosten durch die Behandlung, unechtes Mitleid usw.) den Zugang zum wirklichen Willen des Patienten. Verbindlich bei solchen Überlegungen ist aber letztlich nur das, was der Patient tun würde, wenn er vernünftig und frei entscheiden könnte: der *mutmaßliche Wille.* Diese Verpflichtung der Helfer auf den Willen des Patienten ist die Anbindung des therapeutischen Handelns an das *Selbstbestimmungsrecht* jedes Menschen.

Die Intensivbehandlung kann insgesamt als Symbol des medizinischen Fortschritts gesehen werden, weil in ihr wichtige Erkenntnisse biochemischer Zusammenhänge, hoher technischer Ausbildungsstand des Personals, wirksamste apparative Ausstattung usw. zusammenkommen. So hat sie auch in besonderer Konzentration an der Gefährdung der Medizin teil, ihrer Herausforderung durch die Not von Menschen nicht gerecht zu werden oder den Sinn ihres Auftrags zu verfehlen. Die Rechtfertigung des hohen intensivmedizinischen Einsatzes kann nicht durch

Effektivitätsnachweise gelingen. Intensivmedizin muß ihren humanitären Anspruch belegen, indem sie ihre Arbeit in die größeren *Sinnzusammenhänge menschlicher Werte, Opfer, Ängste und Hoffnungen* stellt. Die Schlagschatten der intensivmedizinischen Behandlung lassen sich vielleicht nicht vermeiden, aber wenn man sie zugibt, lassen sie sich eher erkennen – oder wenigstens besser ertragen.

Arbeitsmaterial

Literatur

Fox RC, Swazey JP (1978) Kidney dialysis and transplantation. In: Reich WT (ed) Encyclopedia of bioethics, vol 2. Collier Macmillan Canada, New York London, pp 811–816

Fritsche P (1979) Grenzbereich zwischen Leben und Tod. Klinische, juristische und ethische Probleme, 2. Aufl. Thieme, Stuttgart

Henke P (1980) Die ärztliche Verantwortung auf der Intensivstation. Fortschr Med 98:1799–1802

Neuhaus GA (1978) Die Ethik in der Intensivtherapie. In: Gross R, Hilger HH, Kaufmann W, Scheurlen PG (Hrsg) Ärztliche Ethik. Symposium, Köln, 1.10.1977. Schattauer, Stuttgart New York, S 113–125

Opderbecke HW (1981) Grenzen der Intensivmedizin. Arzt und Krankenhaus 6:434–437

Rapin M (1980) Retrouver la vie. Histoire, pouvoirs et limites de la reanimation. Laffont, Paris

Seidler E (1984) Der Dialyse-Patient. In: Balck F, Koch U, Speidel H (Hrsg) Psychonephrologie. Psychosomatische Probleme der Dialyse und der Nierentransplantation. Springer, Berlin Heidelberg New York Tokyo (im Druck)

Wiemers K (1979) Intensivmedizin. In: Seidler E (Hrsg) Wörterbuch medizinischer Grundbegriffe. Herder, Freiburg, S 147–153

Zur Rechtslage

Wie jede ärztliche Behandlung bedürfen auch Maßnahmen im Rahmen der Intensivtherapie grundsätzlich der Einwilligung des Patienten, der in der Regel eine Aufklärung durch den Arzt über Art, Bedeutung und Tragweite des Eingriffs voranzugehen hat (← chirurgische Behandlung). Soweit es um die Durchführung eines vorbereiteten Behandlungsplanes geht, lassen sich diese Erfordernisse ohne weiteres erfüllen. In vielen Fällen ist Intensivtherapie jedoch eine Notfallmaßnahme; der Patient ist kaum oder gar nicht ansprechbar und daher auch nicht einwilligungsfähig. Hier muß der Arzt die Entscheidung nach den Grundsätzen der sogenannten mutmaßlichen Einwilligung selbst treffen und dabei prüfen, ob die in Aussicht genommene Behandlung im objektiv verstandenen Interesse des Patienten liegt und dessen anzunehmendem subjektivem Willen entspricht. Angehörige des Patienten können nicht etwa an Stelle des Patienten entscheiden, sondern nur zur Ermittlung seines hypothetischen Willens beitragen. Sogenannte „Patiententestamente", d. h. in früheren Zeiten formulierte Erklärungen, wonach lebensverlängernde Maßnahmen, insbesondere die Intensivbehandlung, im hoffnungslosen Stadium unterbleiben sollen, entbinden den Arzt nicht von der Aufgabe zu prüfen, ob dieser Wille auch gegenwärtig noch gilt. Wo es um Leben und Tod geht, mündet die Frage nach der Zulässigkeit einer Beendigung bzw. Nichtaufnahme intensivtherapeutischer Maßnahmen in die Problematik von (←) Behandlungsabbruch und (←) Sterbehilfe.

Zur Problematik vgl.
Eser A (1979) Aufklärung und Einwilligung bei Intensivtherapie. Anästhesiol Intensivmed 20:211–220
Uhlenbrock W (1978) Der Patientenbrief – die privatautonome Gestaltung des Rechtes auf einen menschenwürdigen Tod. Neue Jurist Wochenschr 31:566–570

Öffentliche Stellungnahmen

Siehe (←) Organtransplantation, (←) Behandlungsabbruch, (←) Sterbehilfe

Chirurgische Behandlung

Beim Nachdenken über die Chirurgie sollte man sich in Erinnerung rufen, daß die Chirurgie erst seit Mitte des letzten Jahrhunderts (wieder) zur Medizin gezählt wird. Einige wichtige Bedingungen führten zu dieser Reintegration wie etwa die Entdeckung von Mitteln und Techniken der Narkose oder die Einschränkung mikrobiell verursachter septischer Prozesse. Chirurgie ist nicht nur eine eigenständige Disziplin der Medizin, sondern eine wichtige Methode in den verschiedensten sog. operativen Disziplinen wie Gynäkologie, Orthopädie, Kardiologie usw. Ohne die Rückkehr der Chirurgie, die lange Zeit eine rein handwerkliche Disziplin mit handwerklicher Ausbildung neben der wissenschaftlich orientierten Medizin war, wäre das Selbstverständnis und die Fremdeinschätzung der Medizin heute sicher anders. Der hohe Anspruch an die Effektivität der Medizin bei der Bekämpfung von Krankheiten, aber auch die Kritik an der Medizin wegen ihrer nur scheinbaren Effektivität hängen eng zusammen mit den durch die Chirurgie verstärkten Sichtweisen und Einstellungen der Medizin: Krankheit als Läsion, Konzentration auf das kranke Organ, Risikobereitschaft, Handgreiflichkeit der therapeutischen Kausalität. Der folgende Aufriß ethischer Probleme in der chirurgischen Behandlung orientiert sich gerade an diesen Aspekten, die mehr oder weniger für die gesamte Medizin gültig sind.

Die Regel des „Nicht schaden!“

Daß der Arzt dem Patienten nützen und nicht schaden soll, zieht sich als Verpflichtung durch die grundlegenden Texte der medizinischen Ethik – im Abendland seit dem sog. Eid des Hippokrates aus dem 3. Jahrhundert v. Chr. Diese Regel des „Nicht schaden!“ ist die Bestätigung dessen, was ohnehin selbstverständliche Voraussetzung jedes therapeutischen Eingriffs ist; ohne sie wäre Medizin, gleich auf welcher Entwicklungsstufe, nicht denkbar. Zugleich aber wird deutlich: je schwerwiegender ein Eingriff wird, desto mehr steht die

Verpflichtung zu nützen zum *Verbot zu schaden* in besonderer Spannung. Ein großer chirurgischer Eingriff setzt immer, indem er nützen will, Schäden für den Patienten. Bereits das einfache Problem der Narbenbildung nach einer Operation wird dann zu einem Legitimationsproblem, wenn die Narbe für das subjektive Gefühl des Patienten eine starke Entstellung (etwa des Gesichts nach einer Kieferoperation) bedeutet. Solange eine Operation nur die Lebensqualität des Patienten verbessern soll und nicht lebensrettend ist, kann die *Abwägung der Folgen* (Schmerzen, Risiken, Ausmaß der Heilung) die Operation eventuell als das größere Übel erscheinen lassen. Selbst bei vital indizierten chirurgischen Eingriffen kann es diese Überlegung bei der Abwägung der Folgen geben, die ein erheblich erschwertes Leben nach dem Eingriff versprechen (etwa Leben mit einem Anus praeternaturalis nach einer Tumoroperation im Enddarmbereich oder bei Palliativoperationen an Terminalpatienten). Das Problem besteht darin, daß eine Abwägung der zur Debatte stehenden Güter niemals zu *quantifizierbaren* Aussagen führt. Zudem sind physisches Überleben als gleichsam objektiver Wert und bewußt gestaltetes Leben als gleichsam subjektiver Wert nicht trennbar. Ob also der Schaden, der durch die Operation als Nebenwirkung gesetzt wird, kleiner oder größer ist als der Nutzen, der aus der Behandlung direkt erwächst, ist selten objektiv entscheidbar. In einer solchen Dilemmasituation, die eine Abwägung von Nutzen und Schaden erschwert, wenn nicht gar unmöglich macht, kann eine humane, vernünftige Lösung nur gefunden werden, wo die *Einsicht in den objektiven Befund* und der *Respekt vor dem subjektiven Befinden* zusammentreffen. Dieses Problem verweist auf:

Die spezifische Entscheidungsstruktur in der Chirurgie

Ob und, wenn ja, welche Operation indiziert ist, kann nur der *Chirurg* selber entscheiden, weil nur er über die nötige sachliche Kompetenz verfügt. Aber die letzte Entscheidung liegt beim *Patienten*, der mit den Folgen der Operation leben muß. Andere, zumal der Arzt, können ihm vor, während und nach der Entscheidung Hilfestellung geben, den Entscheidungsprozeß durchzustehen und den Entschluß als eigene Willensleistung zu bejahen. Für die Entscheidungsstruktur in der Chirurgie heißt das, daß eine wirkliche Entscheidung nur dann zustande kommt, wenn Arzt *und* Patient zu einem guten Abwägungsergebnis gelangen – „gut" insofern, als die sachliche Information über den medizinischen Standard Grundlage und Herausforderung für die Zustimmung des Patienten ist, wobei aber zugleich die Zustimmung des Patienten immer auch aus dessen persönlicher Biographie wie aus seinen kognitiven, emotionalen und wertgebundenen Voraussetzungen heraus möglich wird. Die Zustimmung ist frei; auch die Verweigerung der Zustimmung, selbst wenn sie dem Arzt unvernünftig erscheint, ist demnach zu respektieren. Ausnahmen kann es nur geben, wenn an der Zurechnungsfähigkeit des Patienten erhebliche Zweifel bestehen.

Diese *dialogische Entscheidungsstruktur* wird wesentlich verzerrt, wenn Entscheidungen allzusehr durch *Zeitdruck* und *Sachzwänge* bestimmt werden – eine Verzerrung, die im chirurgischen Alltag unumgänglich ist. Beispiel für diese spezifische Entscheidungsstruktur ist die sog. *Entscheidung in tabula*, die gefällt werden muß, während der Patient auf dem Operationstisch (in tabula) liegt. Es ist unmöglich, vom bewußtlosen Patienten – ähnlich wie in der (←) Intensivbehandlung – die Einwilligung in eine Behandlung, hier in die *Operationserweiterung* zu erhalten, die nach der Auswertung des Schnellschnitts oder aufgrund der Einschätzung des Operateurs notwendig geworden ist. Wenn eine Operationserweiterung schon frühzeitig als wahrscheinlich anzunehmen ist, kann meist im Aufklärungsgespräch vor der Operation auch diese Möglichkeit in die Einwilligung einbezogen werden. *Angst*, *Enttäuschung* und *Sorge* sind der Preis, die der Patient für den Schutz seiner Selbstbestimmung zu zahlen hat. Für den aufklärenden Arzt und die anderen Helfer kommt das Problem der (←) Wahrheit am Krankenbett in Betracht. Darüber hinaus muß man auch an die Fälle denken, in denen eine Operationserweiterung vor der Operation selbst nicht vermutet werden konnte. Sollte der erweiterte Eingriff schwerwiegend sein, also die Lebensqualität des Patienten erheblich beeinträchtigen (etwa durch eine Amputation, durch Entfernung von Organen oder Organteilen usw.), wird der verantwortliche Chirurg, schon aus juristischen Gründen, die Einwilligung des Patienten abwarten und dann erneut eine Operation beginnen. Doch er ist allein auf sich gestellt, wenn er während der Operation erkennt, daß eine sofortige Operationserweiterung, auch wenn sie die Lebensqualität des Patienten erheblich mindert, lebensrettend ist und der Patient eine Wiederholung der Operation nicht vertragen würde.

Für derartig verschärfte Entscheidungssituationen Lösungen anzubieten, ist unmöglich. Der einzige, der entscheiden kann, ist der operierende Arzt, der möglichst viele Umstände des Patienten einschätzen und sich in das hineinfühlen muß, was der Patient entscheiden würde, wenn er es könnte. Daß selbst diese „einsamen" Entscheidungen keine paternalistischen Entscheidungen sind, insofern sie sich unter schwierigsten Bedingungen an der Selbstbestimmung des Patienten orientieren, muß eingeräumt werden. Eingeräumt werden muß auch, daß der Chirurg die Situation, ohne die gebotene Sorgfalt zu verletzen, falsch einschätzen und Entscheidungen treffen kann, die der Patient nicht getroffen hätte. Eine Gesellschaft, die den Fortschritt der modernen Chirurgie will, muß dem Chirurgen helfen, das Dilemma auswegloser Situationen und notfalls das Scheitern einer Entscheidungsfindung zu ertragen.

Medizinischer Begleitungsauftrag der Chirurgie

Sicherlich erwartet der Patient vom Chirurgen zuallererst und oft allein, daß er sein „Handwerk" gut versteht. Doch eine Statistik der Patientenwünsche kann nicht der wesentliche Parameter sein, wie die Chirurgie ihren Handlungsauftrag gestaltet. Eindeutige Voraussetzung für den chirurgischen Eingriff ist die freie Zustimmung (informed consent) des Patienten. Frei kann sie nur in dem Maße sein, wie der Arzt oder andere in seinem Auftrag die notwendige sachliche *Information* bereitstellen und die *Zuverlässigkeit* und *Vertrauenswürdigkeit* der angekündigten medizinischen Maßnahmen garantiert. Ein Chirurg, der diese Verbindlichkeit und Vertrauenswürdigkeit nicht herstellt, wird seinem medizinischen Begleitungsauftrag nicht gerecht.

Seit sich die Medizin immer stärker vom Recht kontrolliert weiß, das auf die unabdingbare Notwendigkeit der Aufklärung hinweist und den Arzt darauf verpflichtet, wurde das Stichwort von der „*defensiven Medizin*" in die Debatte geworfen. Beklagt wird, daß die Medizin aus Gründen des Selbstschutzes zunehmend gezwungen sei, wegen der juristischen Überwachung der Aufklärung und Sorgfalt sich auf Standards zurückzuziehen, wo sie ohne diese Kontrollmechanismen individuellere und nichtstandardisierte Maßnahmen vornehmen würde. Die Medizin, besonders die Chirurgie, sei in eine Selbstschutz- und Verteidigungsposition manövriert worden, in der sie kranken Menschen, wie es eigentlich ihre Pflicht wäre, nicht effektiv genug und mit der geistigen Unterstützung der ganzen Gesellschaft helfen kann. Die Anklage besteht sicher zu recht, sie hat aber auch eine Kehrseite. Der Medizin war es über lange Zeit ihres naturwissenschaftlichen und technischen Aufschwungs nicht ausreichend wichtig, den kranken Menschen nicht nur zu *behandeln*, sondern auch zu *heilen*. Im Heilauftrag der Medizin liegt ein Begleitungsauftrag, sich ganzheitlich um das Wohl des Patienten zu sorgen: also darum, wie er körperlich gesund wird, wie er den neuen Gesundheitszustand verarbeitet, wie er zu sich selbst und zu seinen Mitmenschen steht, wie er wieder Sinn in seinem Leben finden und herstellen kann. Daß die Medizin viel von dem, was sie – besonders die chirurgische Medizin – kann, so lange nicht tut, wie die Menschen den Sinn dieser Maßnahmen nicht begriffen haben, ist eine humane Forderung. Dieses *Moratorium* kann genutzt werden, den medizinischen Begleitungsauftrag neu zu konzipieren und in praktikable Formen zu bringen. Vor allem auf zwei Gebieten ist Neubesinnung geboten:

1. Am *Bereich der Neulandmedizin* (← Humanexperiment – Heilversuch) hat die Chirurgie besonderen Anteil, wenn es sich darum handelt, neue oder ausgeweitete Operationsindikationen oder gar neue Operationstechniken auszuprobieren. Je riskanter der Eingriff wird, um so mehr ist der Patient angewiesen auf die Vertrauenswürdigkeit des Arztes, daß er technisch kann, was er verspricht, und daß er den hohen Einsatz des Patienten, in einen chirurgischen Heilversuch einzuwilligen, als etwas betrachtet, das er nicht für einen anderen Zweck, etwa für Fortschritt und Forschung, einsetzen darf.
2. *Außergewöhnliche Operationen*, wie etwa die Hemikorporektomie, die Entfernung der gesamten unteren Körperhälfte bei Patienten mit fortgeschrittenem Beckenkarzinom, oder andere Radikaloperationen, welche die innere und äußere Gestalt des Menschen erheblich reduzieren, scheinen vordergründig Leben zu retten. Doch ähnlich wie bei der (←) Intensivbehandlung oder bei der (←) Reanimation stellt sich das Problem, ob solche Maßnahmen sinnvoll sind, d.h. ob sie das Lebenkönnen des Patienten anzielen oder nur ein *Aufschieben des Sterbens*. Vergleichbare Fragen sind an eine Chirurgie zu stellen, die mit immer größerem Aufwand Organe ersetzt und transplantiert (← Organtransplantation), dabei aber die Aufgabe nicht wahrnimmt bzw. nicht wahrnehmen kann, die Menschen mit ihrem von der Technik geliehenen Leben zu begleiten. Gerade deswegen wird die Medizin oft mit einem Seitenblick auf das Reparaturproblem technischer Verbrauchsgüter als „Ersatzteilmedizin" karikiert.

Arbeitsmaterialien

Literatur

Betke K, Kern E, Rennert H (Hrsg) (1983) Leopoldina-Symposium: Der Arzt und die apparative Medizin. Nova Acta Leopoldina. Neue Folge. Nr. 249. Bd 55. Halle (DDR)

Bunker JP, Barnes BA, Mosteller F (eds) (1977) Costs, risks, and benefits of surgery. Oxford University Press, New York

Gödecke AG Berlin(1981) Freiburger Chirurgengespräch 1980. Ethische Probleme des chirurgischen Handelns. Die kolorektalen Polypen und Polyposen. Neue Wege der chirurgischen Therapie der Inkontinenz. Die chirurgische Versorgung frischer Handverletzungen. Braun, Karlsruhe

Mayer-Scheu J, Kautzky R (Hrsg) (1980) Vom Behandeln zum Heilen. Die vergessene Dimension im Krankenhaus. Herder – Vandenhoeck & Ruprecht, Wien Freiburg Basel Göttingen

Nissen R (1978) Fünfzig Jahre erlebte Chirurgie. Ausgewählte Vorträge und Schriften. Schattauer, Stuttgart

Seidler E (1981) Ethische Probleme des chirurgischen Handelns. Therapiewoche 31:2270–2278

Silomon H (Hrsg) (1983) Technologie in der Medizin. Folgen und Probleme. Hippokrates, Stuttgart

Zur Rechtslage

Chirurgische Eingriffe werden von der Rechtsprechung trotz aller Kritik – nicht nur aus der Ärzteschaft – als tatbestandsmäßige Körperverletzung (§§ 223, 230 Strafgesetzbuch) angesehen. Sie bedürfen einer besonderen Rechtfertigung, die in der Regel durch die Einwilligung des Patienten erfolgt. Wirksam einwilligen kann nur, wer in der Lage ist, Bedeutung und Tragweite des vorzunehmenden Eingriffs in seinem Für und Wider hinreichend zu beurteilen. Eine bestimmte Altersgrenze für diese Einwilligungsfähigkeit besteht nicht; auch Minderjährige können einwilligungsfähig sein. Nur für denjenigen, der selbst nicht wirksam einzuwilligen in der Lage ist, kann – bzw. muß – der nach familienrechtlichen Regeln zuständige gesetzliche Vertreter (Eltern, Vormund, Pfleger) entscheiden. Niemals legitimiert allein schon die Ausübung des Arztberufs zur Durchführung einer bestimmten Behandlung an einem bestimmten Patienten. Um dem Einwilligungsberechtigten eine sachgerechte Entscheidung zu ermöglichen, ist der Arzt verpflichtet, über die wesentlichen Punkte des Befundes, über Verlauf und Risiko der Therapie sowie über mögliche Behandlungsalternativen aufzuklären. Der Umfang dieser Aufklärungspflicht verhält sich umgekehrt zum Dringlichkeitsgrad des Eingriffs: Je leichter eine Behandlungsmaßnahme aufschiebbar ist und je weniger sie im Hinblick auf Erhalt oder Wiederherstellung der Gesundheit geboten erscheint, desto weiter reicht die Aufklärungspflicht. Der Patient kann auf seine Aufklärung verzichten, muß dies jedoch unzweideutig erklären. Auch kann und soll eine Information des Patienten unterbleiben, wenn und soweit durch Konfrontierung mit der Wahrheit eine seelische Beeinträchtigung zu befürchten ist, die schwerer wiegt als die durch ein solches Vorgehen in Kauf genommene Beeinträchtigung des Selbstbestimmungsrechts (← Wahrheit am Krankenbett).

Eine Einwilligung, die den dargestellten Anforderungen nicht genügt, ist unwirksam. Umgekehrt muß der Arzt grundsätzlich auch ein Veto des Patienten respektieren, das ihm unverständlich erscheint; er hat jedoch im Beratungsgespräch auf eine sachgerechte Entscheidung hinzuwirken. Bei gravierenden Fehlentscheidungen gesetzlicher Vertreter kann der Arzt zu einer Einschaltung des Vormundschaftsgerichts verpflichtet sein; in Eilfällen kann er sich auf dessen mutmaßliche Einwilligung berufen und die erforderlichen Maßnahmen ergreifen, bevor eine gerichtliche Entscheidung ergeht.

Eine wirksame Einwilligung berechtigt den Arzt nur zu einer kunstgerechten Durchführung des Eingriffs. Verschuldet er einen Behandlungsfehler, so kann er hierfür straf- und zivilrechtlich ebenso zur Verantwortung gezogen werden, wie bei einer Verletzung der Aufklärungspflicht. Beweisprobleme des Patienten im Kunstfehlerprozeß haben die zivilrechtliche Rechtsprechung dazu veranlaßt, an die Aufklärung – für die der Arzt beweispflichtig ist – immer höhere Ansprüche zu stellen. In jüngster Zeit deutet sich hier ein gewisser Wandel an, indem die Gerichte für die Haftung des Arztes zunehmend auf Verstöße gegen die Pflicht zu sorgfältiger Dokumentation von Befund und Therapie abheben.

Zur Problematik vgl.
Bundesgerichtshof (1958) Urteil vom 28.11.1957. Neue Jurst Wochenschr 11:267–268
Kern B-R, Laufs A (1983) Die ärztliche Aufklärungspflicht. Springer, Berlin Heidelberg New York
Steffen E (1983) Der „verständige Patient“ aus der Sicht des Juristen. Medizinrecht 1:88–92

Öffentliche Stellungnahmen

Siehe (←) Organtransplantation, (←) Behandlungsabbruch, (←) Sterbehilfe

Organtransplantation

Transplantation von Organen ist ein Gebiet der Medizin, das funktionsunfähige Organe bzw. Gewebe bei einem Patienten durch funktionsfähige Organe bzw. Gewebe lebender oder meist toter Spender ersetzt. Spender kann in manchen Fällen auch der Patient selber sein, etwa bei kleineren Hauttransplantationen. Mit zunehmender Bedeutung werden auch künstlich hergestellte Organe implantiert, um das ausgefallene Organ zu ersetzen. Ein Überblick über die wichtigsten heute möglichen Transplantationen soll nach einer Aufstellung von Eigler (1981) (Stand 1981) gegeben werden (s. S. 64).

Organ- und Gewebetransplantation ist oft die einzige Überlebenschance für sehr viele Patienten. Nach Angaben der EDTA (European Dialysis and Transplantation Association) für 1979 wurden allein in Europa über 100 000 Patienten registriert, die dialysiert wurden oder ein Nierentransplantat erhalten hatten. Gerade Nierentransplantation und Dialyse sind neben anderen Bereichen wie Bluttransfusion u. a. Beispiele dafür, wie die Transplantationsmedizin über das Experimentierstadium hinauswächst. Die wesentlichen medizinischen Schwierigkeiten sind auf dem Gebiet des künstlichen Organersatzes, ausreichend haltbare (Werkstoffe) und funktionstüchtige (Konstruktionstechnik) „Organe“ herzustel-

Organ bzw. Gewebe	Bedeutung als Heilmethode	Bemerkungen
Herz	Zunehmend	Wenige Zentren
Lunge	Sehr problematisch	Bisher keine Langzeiterfolge
Leber	Noch begrenzt	Wenige Zentren
Niere	+ +	
Pankreas	Am Beginn	
Darm	–	Nur Versuche
Blut	+ + +	
Knochenmark	+ +	
Augenhornhaut	+ +	Beseitigung von Blindheit
Gehörknöchelchen	+ +	Beseitigung von Taubheit
Knorpel	+	
Knochen	+	
Haut	?	Bei großen flächenhaften Verbrennungen

len, und auf dem Gebiet des natürlichen Organersatzes (lebende oder tote Spender), die Immunabwehr des Körpers gegenüber dem fremden Organ zu unterdrücken und die damit verbundenen Gefahren, z. B. Abwehrschwäche gegen Infektionen, zugleich einzuschränken. Vor allem die Experimentalsituation bringt die Notwendigkeit einer ehrlichen *Risiko-Nutzen-Abwägung* (← Humanexperiment – Heilversuch) mit sich und stellt die Ärzte vor die schwierige Forderung, ihr Forschungsinteresse und ihre Verantwortung für den Fortschritt der Medizin hintanzustellen, wenn es um das Wohl des einzelnen kranken Menschen geht. Dessen freie und auf möglichst umfassender Information beruhende Zustimmung ist dabei unbedingte Voraussetzung für die Entscheidung zur Transplantation.

Grundsätzliche ethische Bedenken

Ethische Bedenken gegen die Transplantation werden meist von einer Position aus vorgetragen, die das gegenwärtige Dilemma der Medizin gar nicht kennt. Bereits im Mittelalter (Thomas von Aquin) wurde das sog. *Totalitätsprinzip* entwickelt, das verbietet, die körperliche „Ganzheit“ des Menschen zu verletzen. Als Grund dafür wurde der natürliche Zweck der Organe angegeben, der nur im Gesamt aller Organe und ihrer Funktionen erfüllt ist. Diese Zielsetzung verdanke der Mensch der von Gott geschaffenen Natur. Später wurde die Begründung des Totalitätsprinzips nicht mehr mit theologischen und naturphilosophischen Argumenten gestützt, sondern mit dem Hinweis auf die unverletzliche Würde und Integrität des Menschen. Gedacht wurde dabei v. a. an Verstümmelungen und Verletzungen, die eine besondere Rolle spielen bei (←) Sterilisation und Kastration. Das gleiche Argument aber gilt auch für die Entnahme bzw. Einpflanzung von Organen, die trotz medizinischer Indikation eine *Verletzung bzw. Verfremdung der menschlichen Integrität* bedeuten.

Die endlosen Diskussionen zu diesem Thema haben ergeben, daß die Organtransplantation in einem anderen Zusammenhang steht als das Argument des

Totalitätsprinzips: sie will nicht den Spender verstümmeln, sondern den Organempfänger am Leben erhalten, das sonst in absehbarer Zeit zu Ende wäre. Der Sinn des alten Arguments kann heute darin gesehen werden, daß jede Art von Vergegenständlichung und Entfremdung des Menschen ausgeschlossen werden muß, bevor eine Transplantation als ethisch zulässig betrachtet wird. Menschen dürfen auf keinen Fall *Gegenstand von Experimenten* sein, selbst wenn damit ein gänzlich uneigennütziges, allen Menschen dienendes Ziel der Transplantationsforschung verfolgt wird. Ebenso muß gesichert sein, daß Transplantationspatienten ihren *Selbstwert* und ihre *Identität* nicht verlieren, wenn sie unter den Druck der Erwartungen geraten, eines ihrer Organe als lebender oder toter Spender herzugeben.

Durchaus zweideutig ist, daß man heute weitgehend auf *tote Spender* zurückgreift (← Begriff und Feststellung des Todes). Je mehr tote Spender genommen werden können – noch sind die Überlebenschancen von Nierenpatienten etwa, die Transplantate lebender (meist verwandter) Spender erhalten haben, besser –, desto mehr kann man das psychische und ethische Dilemma lebender Spender paariger Organe einschränken, desto mehr tritt aber auch die Forderung nach *Pietät* in den Vordergrund, man dürfe auf keinen Fall – es sei denn, der Tote habe das so verfügt – die Ruhe und Würde des Verstorbenen durch Organentnahme stören. Organentnahme dieser Art könne zu leicht den Charakter des „Ausschlachtens“ annehmen. Doch dieses Argument kann damit entkräftet werden, daß nicht schon die Organentnahme bei Verstorbenen ein pietätloser Akt in sich ist, sondern erst dann pietätlos wird, wenn man grundsätzlich die Identität des Toten zerstören und bezweifeln würde. Eine Organentnahme, die vorgenommen wird, weil sie der einzige Weg ist, einem Sterbenden das Leben zu erhalten, ist immer eine Lösung, welche die Not der Situation wendet und sich darum als Not-Lösung versteht. Pietätlosigkeit ist kein Merkmal, das einer Handlung anhaftet, sondern ist die Entscheidung des Handelnden, sich um die Würde des anderen nicht zu kümmern.

Organtransplantation erfordert einen hohen finanziellen Aufwand. Darum ist die Überlegung nicht von der Hand zu weisen, daß der Aufwand, der in diesem Bereich getrieben wird, anderen Bereichen der Medizin verloren geht. Dieses Argument muß bei der modernen Medizin (← Intensivbehandlung) immer in Betracht gezogen werden. Wer sich entscheidet, einen großen Anteil personeller und finanzieller Ressourcen z. B. in eine Kunstherzimplantation zu stecken, entscheidet sich damit zugleich dafür, sie anderen Bereichen vorzuenthalten, etwa der Notfallbehandlung kardiologischer Unfälle.

Das Problem der zu knappen Ressourcen führt in letzter Instanz zum Problem der *gerechten Verteilung der Ressourcen* und *Auswahl der Empfänger*. Gerade in der Bundesrepublik sind Wartelisten eine übliche Situation z. B. für Patienten, die eine herzchirurgische Behandlung (← chirurgische Behandlung) brauchen. In der (←) Katastrophen- und Wehrmedizin ist die Auswahlfrage (Triage) behandlungswürdiger Verletzter eine zentrale Frage geworden. Für die Transplantationsmedizin gilt als unlösbares Entscheidungsproblem, wer als Empfänger einer Dialyse oder eines Transplantats ausgewählt wird, wenn mehr Anwärter als Geräte oder Transplantate vorhanden sind. Die Entscheidungsfrage ist derart verschärft, daß bei demjenigen, der nicht für eine Dialyse oder eine Transplantation ausgewählt wird, die Überlebenschancen stark reduziert oder gänzlich aufgehoben sind. Medizinische Hilfe abhängig zu machen vom sozialen Status eines Patienten oder von der Bedeutung seines Überlebens für die Gesellschaft, widerspricht dem Grundsatz der Gleichheit und Würde jedes Menschen. Es dem Zufall zu überlassen, wer Hilfe bekommt und wer nicht, erscheint als unvernünftig und fatalistisch. Das Bemühen, die Kosten der geplanten Maßnahme so gering wie möglich zu halten, ist zu einseitig ökonomisch und übersieht die nichtquantifizierbaren Aspekte wie das Leid und die Verzweiflung der nichtausgewählten Patienten, die nichtvorhersagbaren Überlebenschancen dessen, der ausgewählt wurde, und die Auswirkungen solcher Entscheidungen auf die, die indirekt von diesem Problem betroffen sind. Die Entscheidung von der medizinischen Prognose des Patienten und der nosologischen Einordnung seiner Krankheit abhängig zu machen, kann als eine Lösung des Auswahlproblems angesehen werden, die *unter den extrem schwierigen Umständen am meisten Fairneß und Rationalität* ermöglicht und sich auf die Kompetenz des behandelnden Arztes stützt. Was diese Lösung trotzdem so unbefriedigend sein läßt, ist v. a. die Tatsache, daß die Entscheidung *für* einen Transplantat- oder Dialyseempfänger zugleich auch die Entscheidung *gegen* einen anderen ist; das Überleben des einen ist letztlich an den Tod des anderen gekoppelt. Welche innere Belastung das für den bedeutet, der in den Genuß der knappen medizinischen Ressourcen gelangt ist, kann hier nur angedeutet werden.

Das prognostisch-nosologische Entscheidungsmodell hat sich insofern durchgesetzt, als die Vergabe z. B. einer Niere für einen terminalen Nierenpatienten durch die für Europa zentrale Institution „Eurotransplant" geregelt wird. Über ein ausgezeichnetes Informationssystem werden jede Spenderniere und jeder mögliche Empfänger registriert und nach computergenauer Auswertung aller relevanten medizinischen Daten einander zugeteilt. Damit ist das Entscheidungsdilemma vom Arzt auf eine Institution verlegt worden, die in einem fairen und objektiven Verfahren eine Entscheidung trifft. Das Ungenügen daran muß sich der Unmöglichkeit bewußt bleiben, unter den gegenwärtigen Umständen ein besseres Entscheidungssystem zu entwerfen.

Probleme des Organspenders

Das medizinische Problem der Immunsuppression läßt sich in manchen Fällen verringern, wenn man verwandte lebende Spender paariger Organe gewinnen kann. Von keinem Menschen kann jedoch ein derartiges Opfer gefordert werden, zumal etwa die Hergabe einer Niere für einen Verwandten mit großen medizinischen Problemen für den Spender verbunden sein und der Erfolg der Transplantation nicht eindeutig gesichert werden kann. Auch die Organe nahe verwandter Menschen können abgestoßen werden, sie werden es auch in einem Drittel der Fälle. Weiterhin ist zu befürchten, daß der Spender in einen Erwartungsdruck gerät, der eine freie Entscheidung seinerseits unmöglich macht. Zwischen Spender und Empfänger – darüber liegen gesicherte Erkenntnisse vor – entsteht eine besonders intensive Verbindung: Leben des Spenders wird dem sterbenden Empfänger übertragen, was für beide die *Identifikation* erschwert, sie im *Kreislauf von*

„*Geben, Nehmen und Wiedergutmachen*“ (Fox u. Swazey 1974) einsperrt und *Selbstentfaltung* verhindert. So wird die Abstoßung des gespendeten Organs (rejection) als *Zurückweisung* und *Vernichtung* des Einsatzes erlebt. Daß in Ausnahmen ein lebender Spender diese *Selbsthingabe* riskiert, sollte nur dann als zulässig betrachtet werden, wenn der Empfänger dieses Opfer bewußt annimmt und beide mit dieser eigenartigen Dualunion umzugehen bereit sind.

Um solche Probleme zu vermeiden, verlegt sich die Medizin immer stärker darauf, auf Lebendspender ganz zu verzichten. Der Bedarf an Transplantaten könnte auch nur zu einem sehr kleinen Teil durch Lebendspender gedeckt werden, bei nichtpaarigen Organen könnte niemals Ersatz geschaffen werden. Ein erstes Problem ist sicher, daß die *Feststellung des Todeszeitpunkts* getroffen werden muß, ohne daß die Intention, frische Organe dem gerade Verstorbenen zu entnehmen, die Todesfeststellung beeinflußt. Zudem muß der *Kreislauf bei einem Toten aufrecht erhalten* werden, damit seine Organe verwendungsfähig bleiben. Gegen diese Praxis, nach Bedarf die Grenzen zwischen Leben und Tod zu verschieben, sperren sich die menschlichen Gefühle. Die heute verbindliche Rechtssituation fordert außerdem vom Arzt, im Augenblick des Todes die Hinterbliebenen um die Erlaubnis der Organentnahme zu bitten, sofern keine Einwilligung des Verstorbenen selbst (z. B. ein Organspendeausweis) vorliegt. Niemand sollte aber erwarten, daß Menschen in ihren Gefühlen aufgearbeitet haben bzw. in ihrer Situation der (←) Trauer nachholen, was medizinische Spitzenforschung an neuen Einstellungen und Verantwortungen verlangt. So stellt sich also die Frage, inwieweit man ungestraft die *moralische Sperre* der Menschen durchbrechen darf.

Probleme des Organempfängers

Organempfänger zu sein ist zunächst eine Frage des Überlebens, aber auch des Lebendürfens, wenn etwa ein jahrelang dialysierter Patient ein Transplantat erhält und damit wesentlich mehr Möglichkeiten und Freiheiten hat, sein Leben zu gestalten. Leben ist ihm wie ein *Geschenk*, aber nicht nur bildlich, sondern tatsächlich. Er darf leben, weil ihm jemand, der gerade verstorben ist, sein Organ geschenkt hat. Dieses Geschenk verpflichtet. Andererseits knüpft die Familie des Organspenders oft mit dem Organempfänger *familienähnliche Bande*. Dessen Weiterleben wird als Ersatz für den Tod des verstorbenen Familienmitglieds verstanden, der jetzt Lebende muß dessen Stelle einnehmen, in gewisser Weise dessen Leben leben und das tun, was die Familie einst vom Verstorbenen erwartete. Mit solchen Komplikationen muß man rechnen, und man muß sie in den Griff bekommen, wenn man wirklich will, daß durch Organtransplantationen Totkranken Leben ermöglicht wird: Leben auch in dem Sinne, ein *mit sich selbst identisches Ich* bewahren zu können.

Beratung, die sich die *vorbereitende Klärung von Gefühlen* zum Ziel setzt, die der Forderung nach Identität entgegenlaufen, gehört zu den selbstverständlichen Aufgaben der therapeutischen Helfer in der Transplantationsmedizin. Dazu gehört ein weiteres Problem: Ein Organempfänger, der noch in der *Ungewißheit* lebt, ob das neue Organ wirklich anwächst oder doch noch abgestoßen wird, muß auch mit dem Empfinden leben, das letzte Geschenk eines jetzt Toten zurückzuweisen, wenn er das Organ abstößt. Er fühlt sich dessen Opfer als nicht würdig. Transplantationsmedizin muß auch diesen Aspekt in ihre Behandlungs- und Nachsorgepläne einbeziehen.

Arbeitsmaterialien

Literatur

Eigler FW (1981) Transplantation (I). Medizinisch-wissenschaftliche Tagung des Verbandes der leitenden Krankenhausärzte Deutschlands auf dem 11. Deutschen Krankenhaustag in München am 20.5.1981. Arzt und Krankenhaus 6:342–346

Fox RC, Swazey JP (1974) The courage to fail. A social view of organ transplants and dialysis. University of Chicago Press, Chicago

Levy NB (ed) (1981) Psychonephrology, vol 1: Psychological factors in hemodialysis and transplantation. Plenum, New York London

Robinson BHW (1980) European Dialysis and Transplant Association, Proceedings of the 17th Congress. Pitman, London (vgl. auch die zurückliegenden Kongreßberichte)

Ziegler JG (Hrsg) (1977) Organverpflanzung. Medizinische, rechtliche und ethische Probleme. Patmos, Düsseldorf

Zur Rechtslage

Verschiedene Anstöße für ein Transplantationsgesetz sind im Gesetzgebungsverfahren an grundsätzlichen Differenzen über einen angemessenen Schutz des Persönlichkeitsrechts potentieller Organspender gescheitert. Die Bundesregierung hatte vorgeschlagen, eine Organentnahme von Toten nicht nur bei einer ausdrücklichen Einwilligung des Verstorbenen zuzulassen, sondern darüber hinaus auch dann, wenn trotz entsprechender Information kein ausdrücklicher Widerspruch erklärt wurde. Demgegenüber wollte der Bundesrat nicht auf die ausdrückliche, vom Spender zu Lebzeiten erteilte oder – nachrangig – von den nächsten Angehörigen ausgesprochene Einwilligung verzichten. Zum Schutz vor übereilten Organentnahmen sollte die Feststellung des Todes durch zwei unabhängige Ärzte erfolgen. Eine gesetzliche Regelung der sog. Lebendspende war nicht beabsichtigt.

Inzwischen haben Organspendeausweise immer größere Verbreitung gefunden, durch die der Träger sein Einverständnis mit einer postmortalen Organentnahme dokumentieren kann. Derartige Erklärungen gehen einem etwaigen späteren Veto von Angehörigen des Verstorbenen vor.

Vgl. zur Problematik:

Carstens T (1978) Das Recht der Organtransplantation. Lang, Frankfurt Bern Las Vegas

Deutsch E (1983) Arztrecht und Arzneimittelrecht, Kap. XVI (mit Abdruck des Wortlauts der genannten Gesetzesentwürfe). Springer, Berlin Heidelberg New York, S 198–213

Rüping A (1982) Für ein Transplantationsgesetz. Mensch Med Ges 7:77–84

Öffentliche Stellungnahme

Ethische Richtlinien zur Organtransplantation. Amerikanischer Ärztebund (1968)

Siehe Anhang, S. 187.

Psychiatrisch-psychotherapeutische Intervention

Das Aufgabenfeld der Psychiatrie läßt sich mit Dörner u. Plog (1978) folgendermaßen umschreiben:

- Der depressive Mensch (Depression, Manie, Zyklothymie),
- der gespaltene Mensch (Schizophrenie),
- der beziehungskranke Mensch (Neurose, „Psychopathie“, Psychosomatik),
- der suizidale Mensch (Krise, Krisenintervention),
- der abhängige Mensch (Sucht),
- der liebende Mensch (Schwierigkeiten der Sexualität),
- der körperkranke Mensch (körperbedingte Psychosyndrome),
- der geistig behinderte Mensch (Schwachsinn),
- der alte Mensch (Geronto-Psychiatrie),
- der junge Mensch (Kinder- und Jugendpsychiatrie).

Gegenüber dieser Vielfalt von Situationen und Erkrankungen eines Menschen, die eine psychiatrische und/oder psychotherapeutische Intervention erfordern, versagt die Aufteilung der Medizin in eine somatische und psychologische Medizin, gefordert ist „eine ungeteilte Seelenheilkunde mit verschiedenen Ansätzen“ (Degkwitz u. Kindt 1982). Solche Ansätze sind *soziologisch* („Sozialpsychiatrie“), d.h. insbesondere Veränderung des sozialen Umfeldes und (←) Rehabilitation des psychisch Kranken werden angestrebt; *biologisch* („biologische Psychiatrie“), d.h. Gründe der Erkrankung liegen nicht nur „außerhalb“ des Kranken, sondern in seinem biologischen Milieu, und *psychodynamisch* („psychologische Psychiatrie“, „dynamische Psychiatrie“), d.h. die in Frage kommenden Erkrankungen des Menschen liegen im Bereich der Psychodynamik, der in erster Linie behandelt werden muß. Diese grobe Skizze der Psychiatrie und ihrer Stellung in der Medizin verweist auf einen methodischen Pluralismus der psychiatrischen Interventionen.

Daß Psychiatrie nicht ohne psychotherapeutische Ansätze auskommen kann, ist nach dem Gesagten selbstverständlich. Die Trennung von Psychiatrie als vermeintlich vorwiegend somatischer Behandlung und Psychotherapie als Behandlung mit ausschließlich psychologischen Methoden ist heute überholt. Die geistigen Konzepte (z.B. Dualismus), die für die Auseinanderentwicklung von Psychotherapie und Psychiatrie im Laufe der Geschichte verantwortlich sind, bieten eine Sicht vom Menschen an, die praktisch und theoretisch unbrauchbar ist. Wichtig für die Psychiatrie ist vielmehr Antwort auf die Frage, welche Indikation für welche der vielen psychotherapeutischen Methoden bestehen und welche Methode dem Menschen in psychischer Not am besten hilft.

Nach einer Aufstellung von Kindt (1979) lassen sich die psychotherapeutischen Verfahren aufteilen in *„konfliktzentrierte Verfahren“* (z.B. Psychoanalyse, Gesprächstherapie, Psychodrama usw.), *„suggestive Verfahren“* (z.B. Hypnose, Hypnoanalyse usw.), *„übende Verfahren“* (z.B. autogenes Training, Verhaltenstherapie usw.) und *„erlebnisorientierte Verfahren“* (Gestalttherapie, Gruppendynamik usw.). Häufigster Anwendungsbereich dieser psychotherapeutischen Methoden sind die neurotischen und psychosomatischen Erkrankungen.

Das Problem der psychiatrisch-psychotherapeutischen Intervention ist die am Patienten orientierte Anwendung und Integration der einzelnen Ansätze und Methoden: Bei welcher Erkrankung bzw. bei welchem Patienten ist welche Behandlung am effektivsten? Konkrete Therapiepläne müssen die verschiedenen sozialen, psychologischen und biologischen Ansätze der Psychiatrie sowie die verschiedenen konfliktzentrierten, suggestiven, übenden und erlebnisorientierten Verfahren beachten. Was für den Patienten geeignet ist, was der behandelnde Arzt selber leisten kann und was die Umstände (Zeit, Dringlichkeit, ambulante oder stationäre Versorgung usw.) erfordern, geht in die Überlegungen zur *Therapieplanung* und *Indikationsstellung* ein. Darüber hinaus wird immer häufiger die Frage gestellt, ob eine psychiatrisch-psychotherapeutische Behandlung insgesamt eine *menschenwürdige Form* der Behandlung ist. Die *Zurechnungsfähigkeit* des Patienten, die *Legitimation* bestimmter Formen von Zwangsanwendung und die grundsätzliche *Ziel- und Wertsetzung* der psychiatrisch-psychotherapeutischen Intervention stehen dabei im Mittelpunkt des Versuchs einer Antwort.

Einsichtsfähigkeit und Zustimmung des Patienten

Medizin hat ihren Be-Handlungsauftrag vom Patienten und von der Gesellschaft. Behandlung durch einen Arzt ohne Einwilligung des Patienten gilt juristisch i. allg. als Körperverletzung. Gerade die *Einwilligung* des Patienten ist in der Psychiatrie ein besonderes Problem. Wenn man den zu Beginn zitierten Katalog von Situationen und Erkrankungen im Hinblick auf dieses Problem durchgeht, ist leicht einzusehen, daß in vielen Fällen die Patienten nicht oder nur eingeschränkt in der Lage sind, ihre Zustimmung zur Behandlung zu geben. Ihre Unfähigkeit zu einer vernünftigen und freien Entscheidung ist in verschiedener Ausprägung Kennzeichen ihrer Krankheit. Daraus ergibt sich die Ambivalenz der Psychiatrie, daß sie einerseits kranken Menschen helfen will und soll, andererseits ihre Patienten keine Einsicht in die eigene Hilfsbedürftigkeit (Krankheitseinsicht) haben oder der Psychiatrie das Motiv der Hilfe absprechen. Zwei Auswege werden der Psychiatrie kritisch entgegengesetzt: einmal die grundsätzliche *Ablehnung jeder Art einer bevormundenden Behandlung*, wie es z. B. die Antipsychiatrie propagiert, zum anderen die *Rechtfertigung von Zwang* (← Gewalt und Medizin), wenn er nur mit gesellschaftlich anerkannten Zielen übereinstimmt. Beide Auswege führen in Einseitigkeiten: der eine überschätzt die Fähigkeit des psychisch Kranken zu Einsicht und Einwilligung, der andere überzieht die Möglichkeiten der Gesellschaft, Zwang zu legitimieren, bzw. gibt sich mit Scheinlegitimationen zufrieden.

Die Überlegung, ob ein verhaltensgestörter, psychosomatisch, neurotisch oder psychotisch erkrankter, ein suizidaler (← Suizid), süchtiger (← Sucht/Abhängigkeit), lernbehinderter oder schwachsinniger (← Behinderung) Mensch einsichts- und einwilligungsfähig ist, hat den Sinn, allgemeine Kriterien für Einsichts- und Zustimmungsfähigkeit aufzustellen. Als unerläßliche Voraussetzungen können gelten: 1. ausreichendes Verständnis über Inhalt und Tragweite der Behandlung (*Intelligenz*), 2. Differenzierung erwünschter und unerwünschter Konsequenzen (*Unterscheidungsfähigkeit*) und 3. innere wie äußere Disposition, Stellung zu beziehen und Entscheidungen zu treffen (*Freiheit*). Prozesse von Einsicht und Zustimmung erfordern den Einsatz des Willens sowie kognitiver und emotionaler Anlagen, aber auch soziale Unabhängigkeit und Selbstbestimmung. Ein zentrales Problem der Psychiatrie liegt darin, im Einzelfall das Ausmaß verbliebener Einsichts- und Zustimmungsfähigkeit beim Patienten festzustellen und damit zu arbeiten.

Zwang und Freiheit

Je nach den Möglichkeiten des Patienten, seinen Zustand zu verstehen und in nötige Behandlungsmaßnahmen einzuwilligen, muß der Psychiater mehr oder weniger *Zwang* ausüben. Im Vordergrund der Diskussionen über die Zulässigkeit von Zwang stehen Problembereiche wie Zwangseinweisung, Zwangsjacke, Elektroschock, geschlossene Abteilung und Anpassung von Patienten durch psychotrope Medikamente. Bezweifelt wird in diesen Diskussionen meist nicht, daß Ausübung von Zwang legitim sein kann, wenn sie begrenzt und von der klaren Intention kontrolliert wird, Zwang aufzuheben, sobald er vom einsichts- und zustimmungsfähigen Patienten bzw. seinen Vertretern nicht mehr gebilligt wird. Zwangsbehandlung und -einweisung z. B. sind ethisch (und juristisch) zulässig, wenn sie nach einer vernünftigen Frist überprüft und bestätigt bzw. abgelehnt werden, sei es durch den Patienten selber, wenn sich sein Erkrankungsschub z. B. wieder gelegt hat, sei es durch einen Vormund bzw. eine dazu autorisierte Behörde. Sollte jedoch dieses System von *Begrenzung und Kontrolle des Zwangs* wirkungslos werden und tatsächlich Zwangsausübung sanktionieren, anstatt zu kontrollieren, dann besteht die Gefahr, daß – allgemein und im Einzelfall – Freiheit vernichtet wird und Unfreiheit sich etabliert. Das bedeutet: Rechtfertigung von Zwang ist ethisch nur möglich, wenn seine Begrenzung wirkungsvoll eingeplant ist. Davon, daß diese Bedingung erfüllt ist, hängt die ethische Zulässigkeit des begrenzten Zwangs ab.

Ein weiteres Beispiel ist das Verfahren der *Elektroschockbehandlung*, das bis vor wenigen Jahren häufig verwandt wurde. Die heftige Kritik daran bezweifelt nicht, daß bestimmte Zustände einer Depression z. B. behandelt werden müssen. Vielmehr kritisiert sie den Stil dieser Behandlung als Anwendung von brutalem Zwang, mit dem zwar abweichendes Verhalten normalisiert und auf ein erträgliches Maß („erträglich" für wen?) zurückgeschraubt werden kann, mit dem zugleich aber auch durch die Zerstörung von Hirnregionen Persönlichkeitsanteile endgültig vernichtet werden. Ähnlich lautet auch die Kritik an der *pharmakologischen Behandlung* in der Psychiatrie. Ihr ist es zweifellos zu verdanken, daß vielen Patienten Zwangsjacke, Einzelzelle oder geschlossene Abteilung erspart bleiben. Sie kann aber auch dazu führen, daß Psychiatrie und Gesellschaft sich die Auseinandersetzung mit dem konkreten psychischen Leiden ersparen und in eine sublime Art des humanen Terrors verfallen. Die Notlösung, einsichts- und zustimmungsfähige Kranke begrenztem und kontrolliertem Zwang auszusetzen, um ihnen zu helfen, darf niemals zu einer bequemen und als „normal" empfundenen Lösung werden. Psychiatrie kann nicht ohne Zwang in der Behandlung auskommen, aber der Zwang, den sie ausüben muß, darf nicht total werden. *Restbestände an Einsicht, Motivation und Zustimmung* müssen aktiviert und die Mitarbeit der *zurückgewonnenen gesunden Anteile* der Person angestrebt werden.

Werte und Ziele der psychiatrisch-psychotherapeutischen Intervention

Der Bereich psychischer Erkrankungen ist ein besonders sensibler Problembereich für jede Art von *Manipulation.* Begrenzung und Kontrolle von Zwang reichen dann nicht mehr aus, wenn sich in den Gestalten von Psychiater (Psychotherapeut) und Patient zwei Menschen gegenübertreten, die unterschiedliche Vorstellungen von den Zielen und Werten haben, welche die zu vereinbarende Behandlung tragen und leiten sollen. Die therapeutische Neutralität gilt für Entscheidungen und für Verhalten des Patienten und deren Respektierung durch den Therapeuten, der jede Form moralischer Bewertung und Verurteilung vermeiden muß. Dem liegt der Begriff der *Verfahrenswerte* zugrunde. Gemeint sind Werte, die grundsätzlich für die Art der Therapie und ihre Zielsetzungen verantwortlich sind. Solche Verfahrenswerte werden selten reflektiert und in der Therapie angesprochen. Als Beschreibung der psychiatrisch-psychotherapeutischen Verfahrensziele könnte folgende Wertauffassung gelten: Der Mensch soll ein *freies, vernünftiges* und *glückliches* Wesen sein und *selbstverantwortlich,* mit anderen Menschen in *Gegenseitigkeit* von Rechten und Pflichten verbunden, *erwachsen* und *phantasievoll* leben und handeln. Auf den ersten Blick erscheinen solche Werte als universal gültig, bei näherer Betrachtung zeigen sie deutlich ihre Abhängigkeit von einer bestimmten gesellschaftlichen *Entwicklungsstufe* und einem bestimmten *Menschenbild.* Sie sind unwichtig für Menschen aus Unterschichtmilieus und spannungsgeladen z. B. für stark religiös orientierte Menschen. Unübersehbar sind zudem die Spannungen zwischen einzelnen Werten wie „Freiheit" und „Gegenseitigkeit", „Vernunft" und „Phantasie", „Selbstverantwortung" und „Glück".

Beispiele sollen die Gefahr einer Manipulation des Patienten durch nicht hinterfragte Ziel- und Wertsetzungen des Therapeuten belegen: Nicht jeder Patient will ein *freier* Mensch im Sinne des Therapeuten werden. Er könnte z. B. eine bestehende *Abhängigkeit* (Hierarchie in Familienverband, Ehe, Beruf usw.) bejahen und möchte „nur" die psychisch belastenden Reibungsverluste vermeiden, aber nicht die bestehende Abhängigkeit zerstören. – Der Mensch sei ein glückliches bzw. auf Glück angelegtes Wesen, ist ein anderes Wertprinzip, das in der psychiatrisch-psychotherapeutischen Intervention eine Rolle spielt. Jedoch in konkreten Alltagskonflikten stellt sich für psychisch kranke wie „gesunde" Menschen das Problem, ob sie lieber *glücklich* oder *verantwortungsvoll* für sich und andere leben wollen. Verantwortung bedeutet oft auch Scheitern, Eingehen von Kompromissen und auf Widerspruch zu stoßen. Einer der Begründer der am Glück orientierten utilitaristischen Ethik, der Philosoph J. St. Mill, formulierte dieses Problem besonders drastisch als die Frage, ob einer lieber ein „unzufriedener Mensch" oder „ein zufriedenes Schwein" werden wolle.

Wozu der Mensch in der Therapie „gemacht" werden soll, kann in keinem Menschenbild ein für allemal verbindlich festgelegt werden. Trotz allen Gefälles zwischen Therapeut und Patient kann solch ein Ziel nur in *gemeinsamer Arbeit* gefunden werden, in der Therapeut und Patient sich gegenseitig respektieren. Ein solcher Respekt erfordert nicht die Nivellierung von Kompetenzen und Fähigkeiten, sondern nur die Achtung vor der Freiheit und Selbstbestimmung des anderen. Darum ist die Frage nach den Zielen und Werten, die für eine psychiatrisch-psychotherapeutische Intervention gelten, zugleich auch die Frage danach, ob der Prozeß der Gesundung vom Patienten frei und selbstverantwortlich mitgetragen werden kann. Wert- und Zielabsprachen – in welcher Form auch immer – erschweren zwar den Behandlungsvorgang, sie sind aber nötig als inneres Regulativ für den humanen Ansatz der Therapie.

Arbeitsmaterialien

Literatur

Degkwitz R, Kindt H (1982) Krank und psychisch krank. In: Degkwitz R, Hoffmann SO, Kindt H (Hrsg) Psychisch krank. Einführung in die Psychiatrie für das klinische Studium. Urban & Schwarzenberg, München Wien Baltimore, S 3–19 (Vgl. auch die weiteren Artikel!)

Döll HKA (1981) Philosoph in Haar. Tagebuch über mein Vierteljahr in einer Irrenanstalt. Syndikat Autoren- und Verlagsgesellschaft, Frankfurt

Dörner K, Plog U (1978) Irren ist menschlich. Oder Lehrbuch der Psychiatrie/Psychotherapie. Psychiatrie Verlag, Wunstorf

Engelhardt HT Jr, Spicker StF (eds) (1978) Mental Health: Philosophical Perspectives. Proceedings of the Fourth Trans-Disciplinary Symposium on Philosophy and Medicine (Galveston/Texas, 1976). Reidel, Dordrecht Boston

Fromm E (1954) Psychoanalyse und Ethik. Diana, Zürich

Hartmann H (1973) Psychoanalyse und moralische Werte. Klett, Stuttgart

Kindt H (1979) Psychotherapie. In: Seidler E (Hrsg) Wörterbuch medizinischer Grundbegriffe. Herder, Freiburg, S 282–289

Kruse L, Kumpf M (Hrsg) (1981) Psychologische Grundlagenforschung: Ethik und Recht. Huber, Bern Stuttgart Wien

Szasz TS (1978) Recht, Freiheit und Psychiatrie. Europa Verlag, Wien

Zur Einführung in die rechtliche Problematik

Aus rechtlicher Sicht sind zwei Tätigkeitsfelder der Psychiatrie hervorzuheben: Zum einen können viele gerichtliche Verfahren nicht ohne psychiatrisch-sachverständige *Begutachtung* entschieden werden, wobei Entscheidungen über psychiatrisch bedingte Rentenansprüche [vgl. dazu neuestens Foerster (1984)] sowie der Feststellung etwaiger Beeinträchtigungen der strafrechtlichen Schuldfähigkeit (§§ 20, 21 Strafgesetzbuch) besondere praktische Bedeutung zukommt. In der Vergangenheit hat es beträchtliche Verständigungsschwierigkeiten zwischen Recht und Psychiatrie um den für die Schuldfähigkeitsbeurteilung maßgeblichen Krankheitsbegriff gegeben [instruktiv dazu Schreiber (1981)].

Zum anderen begegnen sich Recht und Psychiatrie in der Aufgabe, psychisch Kranke notfalls vor sich selbst bzw. die Öffentlichkeit vor von ihnen ausgehenden Gefährdungen zu schützen. Dies kann Zwangsmaßnahmen bis hin zur *Unterbringung* in einem psychiatrischen Krankenhaus erforderlich machen. Da hiermit eine Beeinträchtigung der grundrechtlich geschützten Freiheit der Person verbunden ist, ist eine gesetzliche Regelung der Eingriffsvoraussetzungen und -befugnisse sowie eine richterliche Kontrolle im Einzelfall unerläßlich. [Zum Unterbringungsrecht der Bundesländer vgl. die – allerdings nicht mehr ganz aktuelle – synoptische Zusammenstellung bei Haddenbrock (1972).]

Die Zulässigkeit von Einzelmaßnahmen ist oft schwer zu beurteilen: Auch der psychisch Kranke hat in gewissen Grenzen die „Freiheit zur Krankheit" und darf nicht unverhältnismäßig ärztlicher Vernunfthoheit und staatlicher Gesundheitsvormundschaft unterstellt werden. Er hat aber andererseits einen aus dem Sozialstaatsprinzip folgenden Anspruch auf Schutz und Hilfe, der umso weiter reicht, je weniger er imstande ist, für sich selbst zu sorgen.

Hinsichtlich der *Psychotherapie* ist die rechtliche Stellung nichtärztlicher Psychotherapeuten bislang nicht geklärt (vgl. Mengert 1981). In Ermangelung einer staatlich geregelten Ausbildung ist die Berufsbezeichnung „Psychotherapeut" bislang rechtlich nicht geschützt. Solange die eigenständige Ausübung der Psychotherapie durch speziell ausgebildete Psychotherapeuten (insbesondere Diplompsychologen mit Zusatzausbildung) nicht gesetzlich geregelt ist, müssen Klienten befürchten, sich mit ihren Problemen fachlich unqualifizierten, aber umso geschäftstüchtigeren Personen auszuliefern.

Vgl. zur Problematik:
Foerster K (1984) Neurotische Rentenbewerber. Enke, Stuttgart
Haddenbrock S (1972) Unterbringung und Freiheitsentziehung aus psychiatrischer Sicht. In: Göppinger H, Witter H (Hrsg) Handbuch der forensischen Psychiatrie II. Springer, Berlin Heidelberg New York, S 1385–1426
Mengert P (1981) Rechtsmedizinische Probleme in der Psychotherapie. Lang, Frankfurt Bern Cirencester
Schreiber H-L (1981) Bedeutung und Auswirkungen der neugefaßten Bestimmungen über die Schuldfähigkeit. Neue Z Strafrecht 1:46–51

Öffentliche Stellungnahme

Erklärung von Hawaii. Weltverband für Psychiatrie (1977)

Siehe Anhang, S. 188.

Sucht – Abhängigkeit

Konsum von stimulierenden Mitteln im richtigen Maß (Alkohol, Nikotin, Koffein usw.) oder pharmakologischen Substanzen (Schlafmittel, Neuroleptika, Antidepressiva usw.), gebunden an die entsprechende medizinische Indikation, sind gesellschaftlich akzeptiert und sachlich hilfreich. Einsatz von LSD in den Versuchen von Grof u. Halifax (1980) an Sterbenden ist ein viel diskutierter therapeutischer Ansatz, mit dem das Sterben sowohl schmerzfrei und gefaßt erlebbar, als auch auf „spirituelle Neugier" wie religiöse Erfahrung hin transparent gemacht werden soll. Drogenkonsum wird in dem Moment zum Problem, wo er sich gegenüber dem ursprünglich auslösenden Moment verselbständigt und eine autonome Wechselbeziehung zwischen Bedürfnis und Befriedigung konstituiert. In der traditionellen Ethik galt das als der Umschlag von *Gebrauch* (usus) in *Mißbrauch* (abusus). Seit einer WHO-Erklärung (WHO-Expert committee on addiction producing drugs) von 1964 gilt darum die physische und psychische Abhängigkeit als das entscheidende Kennzeichen der Sucht. Als Umschreibung des Problems kann gelten: „Drogenabhängigkeit ist ein Zustand psychischer und physischer Abhängigkeit, hervorgerufen durch zeitweise oder fortgesetzte Einnahme von Pharmaka des Morphin-, Barbiturat-, Alkohol-, Kokain-, Marihuana-, Amphetamin- bzw. Halluzinogentyps“ (Jung, Banaschak).

Das Phänomen der Drogenabhängigkeit zeigt seine Problematik auf 4 verschiedenen Ebenen (nach Neville 1978): Abhängigkeit verändert und behindert 1. *Selbstwerdung und Lebensstil*, v.a. die Gestaltung von Selbstwertgefühl, Genußfähigkeit, Engagement und Freiheit, sie beeinträchtigt 2. die *interpersonalen Beziehungen*, d.h. die Selbst- und Fremdwahrnehmung wie den emotionalen Tiefgang und die Verbindlichkeit menschlicher Begegnungen, zeitigt 3. *ökonomische Auswirkungen*, da für Kontrolle, Therapie, Rehabilitation und Prophylaxe personelle und finanzielle Aufwendungen zu machen bzw. Ausfälle zu verbuchen sind, und belastet 4. die *soziale Kultur*, weil die Gesellschaft gezwungen ist, ihre Liberalität in Richtung von weniger Permissivität und mehr Restriktion zu verändern und so dem Symptom der Drogenkriminalität und -gefährdung zu begegnen. In welcher Weise Konsum und Mißbrauch zu bewerten sind, hängt davon ab, wie man dieses Phänomen deutet. Von den vielen Deutungstheorien ist die soziologische *Anomietheorie* besonders interessant. In seinen frühen soziologischen Überlegungen diagnostizierte E. Durkheim in der Gesellschaft häufig die Bereitschaft, Gesetze zu überspielen (Anomie), um leichter als vorgesehen an mehr als üblich heranzukommen. Solche anomischen Zustände produzieren „Tendenzen zu melancholischem Dahindämmern, zum aktiven Verzicht oder zu verzweifelter Apathie“ (E. Durkheim). Am Beginn der Drogenabhängigkeit steht nicht so sehr die kriminelle Absicht als vielmehr die melancholisch gefärbte Einsicht, daß die Möglichkeiten und Angebote des Lebens am Bedürfnis der Betroffenen vorbeigehen. Die Antwort der Drogensüchtigen ist mithin einfach: Rückzug ins eigene Ich (erweitertes Bewußtsein), Aufkündigung der bisher wichtigen Beziehungen und Aufbau eines neuen Wertsystems. In der Erlebnisstruktur der Abhängigen ist der Zusammenbruch programmiert. Der Philosoph W. Benjamin, der Selbstversuche mit Cannabisderivaten gemacht hat, spürte den „Tod als Zone, die um den Rausch herum ist“. Tod als Ekstase zeigt sich als Suchtthema auch im Suizid. Er stellt nicht nur den endgültigen Punkt der Selbstvernichtung einer ausweglosen Drogenkarriere dar, sondern gilt auch als *Symbol für Freiheit, Entgrenzung und Rückzug*.

Erst der *Zusammenbruch dieses Regelkreises* ermöglicht bei den Betroffenen die Einsicht in die eigene Therapiebedürftigkeit. Doch das Angebot der Therapie setzt beim Therapeuten ebenfalls die Einsicht voraus, daß das Leiden an der Gesellschaft und am Schicksal der eigenen Ichwerdung berechtigt ist, daß jedoch die Antwort darauf, die Drogenkultur, nur Scheinlösungen produziert. Darum kann man moralphilosophisch hinter der Drogenszene die Weigerung sehen, die ganze Schwere des Daseins auf sich zu nehmen und für dessen Veränderungen einzutreten: was antike Ethiker „Azedie“ (Akédeia) nannten, diskutiert heute noch z.B. der amerikanische Soziologe R. K. Merton als „acidy“.

Die Medizin ist vom Drogenproblem aufgrund der drei folgenden Konstellationen betroffen:

Mitverursachung des Drogenproblems

Seit einiger Zeit ist bekannt, daß gerade *Medikamentenabhängigkeit* durch die oft unbedenkliche Verordnung zentral wirksamer Substanzen ausgelöst wird. Alltägliche Schwierigkeiten wie Konzentrationsschwäche, Schlafstörungen, Gefühle von Überforderung und Streß, Depressionen und Sinnlosigkeitserfahrungen weisen oft auf grundlegende Störungen der Lebensführung hin, die aber nicht kognitiv und emotional aufgearbeitet, sondern nur *pharmakologisch überformt* werden. Psychisch führt das leicht zu einer Abhängigkeit von der Droge als „Krücke“, weil ohne Anstrengung und mit Zuverlässigkeit die störende Grundstimmung überspielt und d.h. eine Normalität vorgespielt werden kann, die oft über lange Zeit die gesellschaftlich erwünschte Funktionstüchtigkeit aufrecht erhält. Dem kommt entgegen, daß viele Ärzte weder die Zeit noch die Ausbildung haben, sich mit der Ausgangslage ihrer Patienten zu befassen. Darum wird die schnelle, aber wirksame pharmakologische Lösung des Problems bevorzugt. Unausweichlich sind die *Toleranzsteigerung*, die zur Erzielung des erwünschten medikamentösen Wirkprofils höhere Dosen nötig macht, und das sich *einengende Bewußtsein*, daß ein „normales“ Leben ohne medikamentöse Hilfe nicht möglich ist. Daß der Arzt so, ohne es zu wollen, die Drogenkarriere anstoßen kann, ist unmittelbar einsichtig. Allein 1981 wurden in Deutschland 44,5 Millionen Rezepte für Tranquilizer ausgestellt. Wichtig für den Arzt ist darum einerseits, die Pharmakodynamik besser einzuschätzen, um auf entsprechende Gefahren hinweisen zu können. Andererseits muß der Arzt auch Behandlungen kennen oder vermitteln können, die wie das autogene Training oder die verschiedenen Psychotherapieformen das Problem, das hinter dem Tablettenwunsch des Patienten steht, zentrierter angehen.

Anlaufstelle und Beratung als Funktionen der Medizin

Gleich ob es sich um Abhängigkeit von Alkohol, Tabletten oder harten Drogen handelt, der Arzt begegnet dem Abhängigen gelegentlich, wenn er wegen körperlicher Symptome in seine Praxis kommt. Äußerst ungünstig für ein *hilfreiches Gespräch* ist die Weigerung vieler Abhängiger, über ihr Problem überhaupt zu sprechen, weil sie es (noch) nicht für so wichtig halten, weil sie meinen, daß es niemanden etwas angehe, oder weil sie mit ihrer beginnenden Abhängigkeit keinerlei Krankheitseinsicht verbinden. Zum andern ist es für den Arzt schwer, die Drogenabhängigkeit zu erkennen, weil die vorgetragenen Symptome oft auch in andere Krankheitsbilder passen oder der labortechnische Nachweis entsprechender Substanzen oder Metaboliten durch ein Drogenscreening wohl auf Drogeneinnahme, nicht aber auf Abhängigkeit schließen läßt.

Immerhin geben die Kontakte zwischen dem Arzt und dem (noch nicht erkannten) Abhängigen zu überlegen, ob man nicht die Intensität solcher Kontakte verstärken müßte, damit auch der biographische Hintergrund der geschilderten Symptome beleuchtet werden kann und damit beide, Arzt und Patient, *keine*

Angst vor dem Thema der Sucht haben müssen. So wäre ein Ansatz dafür geschaffen, daß der Arzt Anlaufstelle für Menschen, die in das Problem der Abhängigkeit geraten sind, und kompetenter Berater für sie und/oder ihre Angehörigen sein kann. Für diese Aufgabe ist es besonders wichtig, daß der Arzt der weit verbreiteten Einstellung entgegentritt, die dem Suchtkranken moralisches Versagen vorwerfen möchte. *Schuldzuweisungen* sind therapeutisch höchst bedenklich und von der Sache her zu reduktionistisch.

Probleme der Therapie

Gesellschaft und Medizin tun sich zweifelsohne leichter, dem Arzt die Rolle des Therapeuten zuzuschreiben, als in ihm den Lebenberater zu sehen. Therapeutische Kompetenz und Mitverantwortung haben viele, z. B. Fachleute aus Psychologie/Psychotherapie und Sozialarbeit oder sog. Ehemalige, also Abhängige, die nach erfolgreicher Entziehung und Ausbildung an der Entziehung anderer Abhängiger arbeiten wollen. Wenn man die Phasen der Suchttherapie in Entzug, Erziehung und Rehabilitation sieht, liegt die therapeutische Kompetenz des Arztes zunächst v. a. in der ersten Phase, da mit dem Entzug des Suchtmittels auch die üblichen Entzugserscheinungen zu behandeln sind. *Entzug* ist medizinisch als Entgiftung zu sehen. In der zweiten Phase der *Erziehung zum Leben ohne Droge* ist der Arzt herausgefordert, die durch die Dauer der Suchtkrankheit entstandenen oder verstärkten Organschäden (z. B. toxische Veränderungen an Nieren, Leber und Nerven) so zu behandeln, daß der Abhängige auch physisch zu einem „normalen" Leben zurückfinden kann. Auf den Grad der Erkrankung und auf den Bedarf einer weiteren begleitenden Behandlung kommt es an, ob der Arzt auch in der Phase der *Rehabilitation* Begleiter des Patienten ist.

Bewußte Entscheidungen der Betroffenen, die wie Vorentscheidungen in Richtung der Drogenkultur wirken, aber auch Handlungs- und Gruppenzwänge, Zeitströmungen sowie Persönlich-Biographisches sind gerade im Phänomen der Abhängigkeit so verwoben, daß man sie nur miteinander angehen kann. Jede Therapieform, die von einer monokausalen Entstehungsgeschichte der Sucht ausgeht, ist darum unzureichend. Arbeit am Ich des Süchtigen muß begleitet werden von Milieugestaltung (← psychiatrisch-psychotherapeutische Intervention), Beziehungsklärung, Einübung neuer Verhaltensweisen, Aufbau existentieller Sensibilität und positiver Vorbildfunktion. Die verhältnismäßig niedrigen Erfolgsquoten der Suchttherapien haben sicher einen wichtigen Grund in der Schwierigkeit, das so *vielschichte Problem* der abhängig gewordenen Persönlichkeit in adäquater Weise anzugehen.

Am Beginn der Therapie stehen die Helfer in einer *paradoxen Situation.* Der Süchtige braucht seine Droge, um lebensfähig zu sein, doch mit jeder weiteren Drogeneinnahme verringert sich die Möglichkeit physischen Überlebens. Zu rascher Entzug wiederum kann beim Süchtigen zu einer Entzugsangst führen, die ihn in noch stärkere Abhängigkeit von der Droge treibt. Dieser Gefahr wollten Therapieversuche mit dem bei Morphinvergiftungen angewandten Antidot Nalorphin oder mit der 1965 von Dole u. Nyswander (in Biniek 1978) vorgestellten

Methadontherapie entgehen. Vor allem in den USA, aber auch in vielen europäischen Ländern werden Heroinsüchtige mit Methadon behandelt, einem vollsynthetischen Morphinderivat, dessen analgetische und euphorisierende, aber auch atemdepressive Wirkung stärker ist als die des Heroin. Jedoch der *kriminelle Hintergrund* der Heroinbeschaffung und die *Abhängigkeit von der „Nadel"* werden ersetzt durch ärztlich kontrollierte Dosen von Methadon, Möglichkeit der oralen Gabe und längerer Wirkungsdauer. In einer Langzeitbehandlung (ca. 1 Jahr) kann der Heroinsüchtige damit stabilisiert und sogar ein Stück weit resozialisiert werden. Aber ethische Fragen an die Methadonbehandlung machen solche Drogenerhaltungsprogramme zweifelhaft: ist es überhaupt ein Gewinn, die eine Droge durch die andere zu ersetzen? Kann man durch chemische Umpolung der Sucht die feste Motivation des Süchtigen, wieder gesund und suchtfrei zu werden, umgehen? Lassen sich solche Programme an straffällig gewordenen Drogensüchtigen, wie es in den USA in den 60er Jahren geschah, als gerichtlich verordnete Rehabilitationsmaßnahme durchführen? Ist nicht solch ein Drogenerhaltungsprogramm schließlich doch der reduktionistische Versuch, auf der Ebene der Körperchemie das zu bekämpfen, was ebenso psychische, soziale und geistige Gründe hat?

Arbeitsmaterialien

Literatur

Biniek E (Hrsg) (1978) Drogenabhängigkeit. Therapie und Rehabilitation. Wege der Forschung, Bd 458. Wissenschaftliche Buchgesellschaft, Darmstadt

Deutsche Hauptstelle gegen die Suchtgefahren (DHS) (1981) DHS-Informationsdienst 34; darin besonders die Artikel von Keup W (Drogen und Medikamente) und Schmidt HG (Alkohol, Tabak, Rauschmittel und Medikamente)

Faust V (Hrsg) (1983) Suchtgefahren in unserer Zeit. Alkoholkrankheit – Medikamentenmißbrauch – Nikotinabusus – Rauschdrogenkonsum – Polytoxikomanie (Compendium Psychiatricum). Hippokrates, Stuttgart

Grof S, Halifax J (1980) Die Begegnung mit dem Tod. Klett – Kotta, Stuttgart

Hermanns O (Hrsg) (1981) Sucht und Psyche. Aspekte psychischer Störungen in Verbindung mit Suchtverhalten. Freiburger Sozialtherapiewoche 1980. Lambertus, Freiburg

Neville R (1978) Drug use I: Drug use, abuse, and dependence. In: Reich WT (ed) Encyclopedia of Bioethics, vol 1. Collier Macmillan Canada, New York London, pp 326–334

Platt JJ, Labate C (1982) Heroinsucht. Theroie, Forschung, Behandlung. Steinkopf, Darmstadt

Smith DE (ed) (1979) Amphetamine use, misuse, and abuse. Proceedings of the National Amphetamine Conference, 1978. Hall, Boston Mass.

Szasz TS (1978) Das Ritual der Drogen. Das „Drogenproblem" in neuer Sicht: Sündenbock unserer Gesellschaft. Europa Verlag, Wien

Einführung in die rechtliche Problematik

Die rechtliche Problematik konzentriert sich auf zwei Fragenkreise: Einerseits geht es darum, inwieweit das Recht eingesetzt werden kann und soll, um dem Drogenkonsum entgegenzuwirken, andererseits geht es um den Umgang mit suchtkranken Personen. Die erstgenannte Aufgabe kann präventiv und/oder repressiv angegangen werden. Prävention bedeutet insbesondere, den Zugang zu Drogen zu reglementieren, um deren Mißbrauch zu verhindern. Repression beinhaltet v. a., den unerlaubten Umgang mit Drogen strafrechtlich zu verfolgen. Beiden Zielsetzungen dient das 1981 neu gefaßte Betäubungsmittelgesetz (Bundesgesetzblatt 1981 I, 681–703). Es regelt – ergänzt durch die für Ärzte und Apotheker besonders bedeutsame Verordnung über das Verschreiben, die Abgabe und den Nachweis des Verbleibs von Betäubungsmitteln (Bundesgesetzblatt 1981 I, 1427–1432) – die Voraussetzungen, unter denen bestimmte Suchtstoffe hergestellt, in Verkehr gebracht, abgegeben und erworben werden dürfen, und enthält Strafbestimmungen, die insbesondere den unerlaubten Erwerb, Handel und Besitz von Betäubungsmitteln sanktionieren. Gegen den Abusus von Alkohol und den Mißbrauch von Medikamenten, die nicht unter das Betäubungsmittelgesetz fallen, besteht jedoch nur ein begrenztes rechtliches Instrumentarium, etwa in Form von Beschränkungen bezüglich der Abgabe von alkoholischen Getränken an Minderjährige nach dem Gesetz zum Schutz der Jugend in der Öffentlichkeit (Bundesgesetzblatt 1957 I, 1058–1060) oder in Gestalt einer Kriminalisierung sozialschädlicher „Folgetaten“ (z. B. der alkohol- oder rauschmittelbedingten Fahruntüchtigkeit im Straßenverkehr).

Bezüglich des Umgangs mit Drogensüchtigen hat das neue Betäubungsmittelgesetz den in seiner Ausgestaltung umstrittenen Versuch unternommen, die Rehabilitationsbereitschaft durch die Möglichkeit zu stärken, bei kleineren drogenabhängigen Straftätern eine freiwillige Therapie an die Stelle der Strafvollstreckung zu setzen. Bereits in den 70er Jahren wurden vielerorts Drogenberatungsstellen und therapeutische Einrichtungen in freier und öffentlicher Trägerschaft geschaffen. Die ärztliche Behandlung von Suchtpatienten ist sozialversicherungsrechtlich der Krankenbehandlung gleichgestellt. Das Unterbringungsrecht (← psychiatrisch-psychotherapeutische Intervention) findet auch auf Personen Anwendung, die infolge ihrer Abhängigkeit von Rauschmitteln oder Medikamenten unterbringungsbedürftig sind.

Vgl. zur Problematik:
Eberth A, Müller E (1982) Betäubungsmittelrecht. Kommentar und Anleitung für die Praxis. Schweitzer, München

Öffentliche Stellungnahmen

Erklärung zum Gebrauch und Mißbrauch psychotroper Arzneimittel. Weltärztebund (1975/1983)

Stellungnahme zum Drogenmißbrauch. Weltgesundheitsorganisation (1980)

Siehe Anhang, S. 191–193.

Chronisches Kranksein

Chronische von akuten Krankheiten zu unterscheiden geht auf die antike Medizin zurück, die den langwierigen (chronischen) Krankheiten Unheilbarkeit beimaß und sich v. a. der Therapie akuter Krankheiten zuwandte. Der hippokratische Arzt sah im „Übergang einer akuten Krankheit in einen chronischen Zustand ein Versagen seiner Kunst" (Günther). Wahrscheinlich liegt es an der geringen klinischen Brauchbarkeit des Begriffs „chronisch", daß er heute keine konzeptionelle Bedeutung mehr hat. Mit dem Attribut „chronisch" stellt die moderne Medizin fest, daß bestimmte Krankheitsbilder (z. B. Leberzirrhose), Verläufe einer akuten Krankheit (z. B. Bronchitis) oder nicht ad integrum ausgeheilte Erkrankungen (z. B. Myokardinfarkt) chronisch sein oder werden bzw. chronische Folgen haben können. Dieser historisch-aktuelle Vergleich zeigt, daß ein *Panoramawandel der Krankheiten* stattgefunden hat. Anfang unseres Jahrhunderts waren „etwa 85% aller Krankheiten akute Erkrankungen, um 1980 nicht einmal mehr 10%" (Schipperges 1983). 1980 waren über zwei Drittel aller Todesfälle in der Bundesrepublik auf Tumorbildungen und Krankheiten des zerebrovaskulären Systems zurückzuführen, die in Art, Verlauf oder Ausheilungstendenz chronisch sind. In dieser Bilanz fehlen noch typisch chronische Krankheiten wie der Diabetes mellitus, Hochdruckkrankheiten, chronische Krankheiten von Leber, Niere und Intestinalbereich oder Krankheiten des Skeletts und des Bewegungsapparates.

Ein Beispiel, in dem sich der Panoramawandel der Krankheiten mit besonderer Leidensintensität für den Patienten verbindet, stellt die *chronische Nierenerkrankung* dar. Bei irreversiblem Verlauf mit Verlust der Nierenfunktionen wird eine Dialyse als extrakorporale Hämodialyse, Peritonealdialyse, Hämoperfusion oder Hämofiltration nötig. Dialyse leistet technischen Ersatz für die ausgefallenen natürlichen Funktionen der Niere um den Preis ständiger Abhängigkeit vom technischen Ersatz (← Organtransplantation). Ein weiteres Problem ist, daß die Chronizität und Chronifizierung von Krankheiten gerade bei *älteren* und *alten Menschen* besonders ausgeprägt ist und die Älteren und Alten bereits die zahlenmäßig stärkste Bevölkerungsgruppe in vielen Industrienationen stellen. Der Panoramawandel wird auch darin sichtbar, daß die Lebenserwartung der Menschen sehr stark gestiegen ist, was im einzelnen heißt, daß die Säuglingssterblichkeit auf gegenwärtig ca. 1% – um 1900 betrug sie noch über 20% – und die Mortalitätsrate bei Infektionskrankheiten auf unter 10% gesunken ist. Ethisch bedeutsam daran ist die *Diskrepanz zwischen Leben und Überleben*, daß also die Medizin „dem Leben neue Jahre geben konnte, ohne nun auch den Jahren neues Leben zu schenken" (Schipperges 1983). Darin liegt der Kern des Problems, daß die Medizin die Möglichkeiten des Überlebens erhöht, aber zugleich die Ratlosigkeit aufdeckt, wie dem Menschen zu helfen ist, der jetzt länger und anders krank ist als früher. Das Problem der Betreuung alter kranker Menschen ist damit in besonderer Weise berührt.

Als Umschreibung der chronischen Krankheit, die dieses Problem einbezieht, kann darum gelten: „Chronisch nennen wir eine Krankheit, die dem Betroffenen (und meist auch anderen Personen) für den Rest seines Lebens eine merkliche materielle oder immaterielle Last aufbürdet" (Raspe). Anhand dieser Definition lassen sich die wesentlichen Eigenheiten der chronischen Krankheit (nach Strauss, Gerson 1978) aufzeigen: 1. ihre *Langwierigkeit*, die freilich eine zeitliche Festlegung als unbrauchbar erscheinen läßt, 2. ihre *Ungewißheit* bezüglich Prognose, phasischem Verlauf und Therapie, 3. ihre „*Multimorbidität*", die in der Menge der Sekundärerkrankungen und in der Multiplizierung der Behandlungsquantität und -intensität besteht, 4. die Notwendigkeit *psychosozialer Begleitbehandlung*, 5. ihre verändernde *Wirkung auf das soziale Umfeld* des Patienten (z.B. Arbeitslosigkeit oder soziale Isolation) und schließlich 7. der *hohe Aufwand an Kosten*, angefangen bei den Kosten langfristiger Behandlung, Medikation und Überwachung bis hin zum Arbeitsausfall und zur Behebung sozialer Folgeerscheinungen.

Die ethische Analyse dieser Zusammenhänge verdichtet sich um die beiden Schlüsselbegriffe „Compliance" und „Coping".

Compliance

Compliance, die einverständliche Zusammenarbeit zwischen Helfer und Patient, steht zunächst vor der Notwendigkeit, daß die Arbeit mit chronisch Kranken eine andere Einstellung der Helfer erfordert, als sie in der Medizin üblich ist, die sich am Modell der akuten Krankheit orientiert. In der akuten Krankheit sind die Mühen, die ein Patient für die ständige Überwachung seiner Krankheit aufwenden muß, gemessen am Gewinn solcher Maßnahmen i.allg. zumutbar. Viele chronisch Kranke erleben mit der Zeit die Sinnlosigkeit solcher Maßnahmen, weil sie kaum Besserung spüren. Medizinische Maßnahmen können nur als sinnvoll erlebt werden, wenn die Compliance nicht nur die Einhaltung der medizinischen und pflegerischen Anordnungen bedeutet, sondern zugleich auch den Prozeß, in dem Arzt und Patient immer wieder neu den *Sinn* ihrer Mühen entdecken, *Verständnis* füreinander aufbringen und *Kompromisse* in der Höhe ihrer Erwartungen und Forderungen schließen müssen. Im englischen Sprachgebrauch gibt es die unterschiedlichen Konzepte von „cure" und „care", d.h. von kurativer Behandlung und Pflege und einer Behandlung und Pflege, die an Zuwendung zum Patienten und an Erhaltung von Lebensqualität (nicht an Gesundheit im Sinne der Normwerte) orientiert ist. Im deutschsprachigen Raum setzt sich langsam durch, die übliche kurative Rolle der Medizin durch die Figur des *Begleiters* zu ergänzen. Begleitersein erfordert Haltungen und Tätigkeiten wie Mitmenschlichkeit und Gegenseitigkeit, Einfühlung, Verzicht auf Dominanz und Bevormundung. Dahinter steht das Konzept der Beratung (englisch: counseling).

Coping

Eng mit der Compliance ist das Coping verbunden. Es bedeutet den *Umgang des Patienten mit seinem Kranksein.* Der Helfer muß den Copingstil des Patienten kennen, um einschätzen zu können, welcher Grad von Akzeptanz und Mitarbeit seitens des Patienten zu erwarten ist. Umgang mit dem eigenen Kranksein zeigt sich in den Bereichen: Leben, Krankheit und Medizin. Der Patient denkt, fühlt und handelt „in einer von der Krankheit geprägten Welt" (von Engelhardt 1983). Er verhält sich zu sich selbst, zu seinem Beruf, zu Familie und Umwelt konstruktiv oder negativ, Art und Verlauf seiner Krankheit akzeptiert oder negiert er bzw. unter- oder übertreibt beides, er ist kooperativ oder unkooperativ im Verhältnis zu den Institutionen und Personen der Medizin. Sein Verhalten hat Gründe, die die Helfer kennen sollten, wenn sie dem Kranken, gerade auch dem chronisch Kranken bei der Bewältigung seiner Krankheit helfen wollen.

Copingstruktur

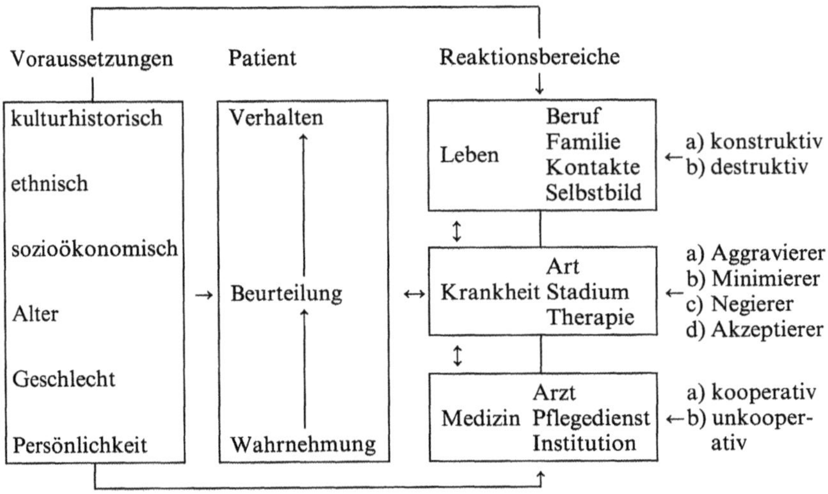

(Nach v. Engelhardt 1983)

Das Problem des Coping weist auf eine uralte Lebensphilosophie hin. Leben kann nur in dem Maße glücken, wie sich der Mensch vertrauend auf seinen „Urgrund" fallen lassen kann. „Urgrund" ist alles, was den Menschen trägt, auch wenn er in Krisen und Krankheiten seine normalen *Sicherheitssysteme verliert* oder wenn er mit *Aussichtslosigkeit* und *Verlust* konfrontiert wird. Dieser „Urgrund" ist dem Menschen immer schon vorgegeben, er kann ihn nicht schaffen, höchstens seine Beziehung zu ihm klären. Ob man diesen Urgrund „Natur", „Transzendenz", „Gott", „Materie", „Geschichte" oder „Selbst" nennt, ist dabei – philosophisch – zweitrangig.

Compliance und Coping geben 4 weitere ethische Problembereiche des chronischen Krankseins zu erkennen:

Normalität des chronischen Krankseins

Eine akute Krankheit ist eine Ausnahmesituation, von der aus der Kranke möglichst bald zur Normalität zurückkehren möchte. Für den chronisch Kranken ist das Kranksein alltäglich, mithin Normalität. Sich mit der Krankheit arrangieren,

„ein langfristiges Bündnis mit dem chronischen Leiden“ (Schipperges 1983) schaffen, sind Bedingungen des chronisch Kranken, der überleben und leben will. Nicht *Gesundwerden* kann sein realistisches Ziel sein, sondern *Zurechtkommen* mit seinem kranken, beschädigten Leben (← Behinderung).

Selbsthilfegruppen

Die gegenwärtige, westliche kulturhistorische Ausformung des medizinischen Systems hat dazu geführt, daß Elemente des medizinischen Auftrags aus der Medizin selber ausgegliedert wurden wie etwa die *Beratung der Lebensführung*. Über den Umweg der Selbsthilfegruppen wird dieses Element reaktiviert, weil gerade solche Gruppen darin ihre wichtige Funktion sehen (und nicht darin, eine Alternative zur medizinischen Behandlung zu sein): eine „gesunde“ Einstellung zur Krankheit zu finden, wieder Lust am Leben, auch am beschädigten Leben zu entdecken, in anderen Menschen und Schicksalsgenossen Ansprechpartner und Stabilisatoren zu sehen usw. (← Rehabilitation). In dieser Entwicklung läßt sich nicht nur die Abwendung von der professionellen Medizin erkennen, sondern auch und v.a. die Rückwendung zur Selbstverantwortung.

Selbstverantwortung des Menschen für die Art seines Krankseins

Nicht nur der professionelle Helfer ist verantwortlich für den Kranken, sondern *er selbst* mitsamt seiner Mitwelt hat es in der Hand, wie er mit seiner Krankheit lebt. Andere können zwar Hilfe anbieten, Hilfe annehmen kann nur er selber. Unter dem Aspekt der Selbstverantwortung wird die Krankheit zur Lebensaufgabe.

Chronisches Kranksein und Alter

Chronisches Kranksein bedeutet in jeder Phase des jungen, erwachsenen und alten Menschen einen wesentlichen Einbruch in die gesamte Lebensführung, weil dem Patienten nur wenig realistische Hoffnung auf Rückkehr zum Leben als Gesunder bleibt. (Die ethischen Probleme, die daraus entstehen, können hier nur angedeutet werden.) Mit der chronischen Krankheit leben heißt: bewußt mit der *Beschränkung und Endlichkeit des Daseins* leben. Diese Beschränkung und Endlichkeit werden beim alten Menschen eher akzeptiert als beim jungen, der sein Leben „noch vor sich hat“.

Eine besondere Nachbarschaft des chronischen Krankseins zum Alter ist festzustellen. Alterskrankheiten umfassen die somatische und psychische Desorganisation, die in einer Veränderung fast aller Organsysteme besteht und zu einer Wandlung im Fühlen, Denken und Sich-Verhalten führt. Altern ist biologisches Programm, seine Symptome können nicht nach dem Modell der akuten Infektionskrankheiten beseitigt, sondern nur gelindert oder ertragen werden. Die Helfer-Patient-Beziehung ist wesentlicher Faktor dafür. Wie aber alternde Menschen mit ihrem reduzierten Leben umgehen (coping), ist entscheidend dafür, ob Altern die Qualität des *Normalen* oder des *Pathologischen* erhält, ob es in *Selbstverantwortung* oder in *medizinischer Verwaltung* gelebt wird. Wenn man chronisches Kranksein und Alterskrankheiten so in gemeinsamer Perspektive betrachtet, drängt sich auch die Frage nach dem (←) Sterben auf. *Sterben* gehört als unaufhaltsame Verschlimmerung und zugleich als Erlösung zum Vorstellungskomplex des chronischen Krankseins.

Arbeitsmaterialien

Literatur

Datan N, Lohmann N (eds) (1980) Transitions of aging. Academic Press, New York
Engelhardt D von (1983) Bewältigungsprozesse bei chronischem Kranksein. In: Katholische Ärztearbeit Deutschlands (Hrsg) Chronisch-Kranke: Eine neue Herausforderung der Medizin. Bachem, Köln, S 83–92
Imhof A (1981) Die gewonnenen Jahre. Von der Zunahme unserer Lebensspanne seit dreihundert Jahren – oder – Von der Notwendigkeit einer neuen Einstellung zu Leben und Sterben. Beck, München
Radebold H, Bechtler H, Pina I (1981) Therapeutische Arbeit mit älteren Menschen. Ein Handbuch. Lambertus, Freiburg
Schaefer H, Blohmke M (1978) Sozialmedizin, 2. Aufl., Thieme, Stuttgart
Schaefer H (1979) Plädoyer für eine neue Medizin, Piper, München Zürich
Schipperges H (1983) Das Problem der Chronisch-Kranken im Dilemma der achtziger Jahre. In: Katholische Ärztearbeit Deutschlands (Hrsg) Chronisch-Kranke: Eine neue Herausforderung der Medizin, Bachem, Köln, S 7–27
Strauss A (1975) Chronic desease and the quality of life. Mosby, St. Louis
Strauss A, Gerson EM (1978) Chronic care. In: Reich WT (ed) Encyclopedia of Bioethics, vol 1. Collier Macmillan Canada, New York London, pp 156–159

Zur rechtlichem Problematik

Vgl. v. a. die Themen, auf die im Text verwiesen wurde: (←) psychiatrisch-psychotherapeutische Intervention, (←) Behinderung, (←) Rehabilitation – Nachsorge und (←) Sterbehilfe

Öffentliche Stellungnahmen

Vgl. die Texte bei den Stichworten, auf die vorher verwiesen wurde.

Behinderung

Zentrales Problem der Behinderung ist ihre Beziehung zur Krankheit. Behinderung ist keine Krankheit, auch wenn sie durch Krankheit entstanden ist, sondern die Verfassung eines Menschen, der aufgrund körperlicher, seelischer oder geistiger Einschränkungen „vorübergehend oder dauernd nur begrenzt in der Lage ist, die Probleme des alltäglichen Lebens zu lösen" (Cooke 1978). Wichtig ist der Grad der Behinderung als Unterscheidungsmerkmal. Das Recht der Bundesrepublik unterscheidet die Schwerbehinderten mit mehr als 50%iger Erwerbsminderung von den Behinderten, die mit einer 30–50%igen Erwerbsminderung den Schwerbehinderten – mit Abstrichen – gleichgestellt werden können. Ein anderes Unterscheidungsmerkmal ist die Rehabilitierbarkeit eines Behinderten, die nach den Chancen von Erziehung, Bildung oder bloßer Verwahrung eingestuft wird. Eine erste Gruppe bilden die *Körperbehinderten*, die unter Störungen der Sprach- und Sinnesorgane (z. B. Stummheit und Taubheit), des Bewegungs- und Stützapparates (z. B. Muskelatrophie), unter Spaltbildungen von Gesicht und Rumpf (z. B. Spina bifida) oder unter bleibenden inneren Krankheiten (z. B. des Herzens) leiden. Als weitere Gruppe sind die *seelisch und geistig Behinderten* zu nennen, die in verschiedenen Stärkegraden einen Ausfall psychischer und/oder geistiger Fähigkeiten aufweisen, der anlagebedingt sein kann wie etwa der Mongolismus (← genetische Beratung), aber auch später erworben werden kann durch einen Unfall mit einem Schädel-Hirn-Trauma, durch eine Stoffwechselerkrankung (z. B. bestimmte Diabetesformen) oder eine psycho-soziale Fehlentwicklung, die sich in gravierenden Verhaltensstörungen bis hin zu Psychosen zeigen kann. Aber man darf nicht vergessen, daß eine klare Zuordnung der Behinderten in die Gruppe der körperlich, seelisch oder geistig Behinderten vielfach nicht möglich ist, weil eine Behinderungsform, v. a. wenn sie in der frühen Entwicklungsgeschichte eines Menschen auftritt, oft andere Behinderungsformen nach sich zieht, z. B. eine Sehstörung führt zu einer Bewegungsbehinderung, Taubheit zu Sprachstörungen, zu psychischen Beeinträchtigungen oder zu Formen des Schwachsinns. Mehrfachbehinderungen sind darum in der alltäglichen Behindertenarbeit das übliche Erscheinungsbild.

Für die medizinische Ethik, die über die konkreten Bedingungen und Regelungen im Umgang der Helfer aus Medizin, Sozialämtern, Heil- und Sonderpädagogik, Sozialarbeit, Psychologie usw. mit den Behinderten nachzudenken hat, kommen folgende Problemkreise in näheren Betracht:

Anderssein

Was den Umgang mit Behinderten erschwert, ist die Wahrnehmung des Andersseins durch den Behinderten selbst und durch seine Umgebung. Der Behinderte spürt, daß er anders ist als die anderen, daß er z. B. vieles oder manches nicht kann, was die anderen können. Darin liegt ein Schlüsselerlebnis, insofern sich das Erlebnis des Andersseins zum Erlebnis des *Ausgeschlossenseins* verdichten kann. Das behinderte Kind merkt, daß es etwa bei Spielen seiner Altersgenossen nicht mitmachen kann oder gar ausgeschlossen wird, sich nicht in der üblichen Weise ausdrücken oder bemerkbar machen kann oder Sonderbedingungen im Spiel, im Kontakt mit anderen und in der Ausbildung braucht. Dem behinderten Erwachsenen ist es eine leidvolle Erfahrung, daß sein Anderssein ihn immer wieder an die *Grenzen des Kontakts* mit anderen Menschen führt, an denen er sich als unzureichend, unfähig oder gar nutzlos erlebt. *Einsamkeit*, die leicht zur Isolation werden kann, ist oft die Konsequenz dieser Selbsterfahrung.

Auch der nicht behinderte Mensch spürt den Unterschied zum Behinderten, sieht in ihm einen Störfaktor, auf den er Rücksicht nehmen muß, der ihn an der

Verfolgung seiner Ziele hindert oder ihm *Angst* und *Abscheu* einflößt vor der körperlichen, psychisch-geistigen und sozialen Mißgestalt. Seine Weltordnung, die oft ganz auf Normalität, Leistung, Anpassung und Glück ausgerichtet ist, wird bedroht und löst den bekannten Abwehrmechanismus aus, der die eigenen Schattenseiten auf den Behinderten *projiziert*, ihn *stigmatisiert* und damit aus der wohlproportionierten Welt der Normalen *ausstößt*. Selbst die so wichtige Funktion des Mitleids entartet unter dem Einfluß der Abwehr zu einer Art *Sentimentalität*, die einerseits über das Schicksal des Behinderten gerührt ist, aber andererseits sich sträubt, ihn zu akzeptieren, wie er ist. Echte *Akzeptanz* dagegen würde nicht versuchen, den Unterschied und das Leiden zu übersehen, sondern sich darum bemühen, diesen Unterschied und das Leiden klar zu sehen, ohne sie in Bewertungskategorien von „*minderwertig*" über Zwischenstufen bis hin zu „*lebensunwert*" umzufunktionieren. Erst aus dieser Akzeptanz heraus ist es möglich, zu helfen, ohne zu verletzen und zu erniedrigen, oder gar den Behinderten selbst über das Ausmaß fremder Hilfe entscheiden zu lassen.

Sexualität

Sexualität ist eine unabdingbare Funktion des Lebens, nicht einfach psychologisch-technisch „Libido-Abfuhr". Dimensionen wie Glücklichsein, Verantwortung für das eigene und das Glück des Partners oder die Erfahrung des Aus-sich-heraus-Kommens weisen auf die *existentielle Bedeutung* der Sexualität hin. Das gilt uneingeschränkt auch für den behinderten Menschen, weil Sexualität kein Recht ist, das einem Menschen aus irgendwelchen Gründen zu- oder abgesprochen werden kann. Gerade der Körperbehinderte ist in der Lage, diese Dimensionen der Sexualität bewußt zu erleben und zu suchen. Schwieriger ist es für den geistig Behinderten, der darauf angewiesen ist, daß andere ihn vor der Erfahrung bewahren, im sexuellen Kontakt ausgenutzt und innerlich verletzt zu werden, bzw. dafür Sorge tragen, daß etwa die nötigen Maßnahmen der Empfängnisverhütung ergriffen werden. Wo zeitlich begrenzte Unfruchtbarmachung durch antikonzeptionelle Mittel nicht zumutbar ist, etwa bei Unverträglichkeit, Unsicherheit oder Notwendigkeit ständiger Kontrollen, wird heute vielfach die (←) *Sterilisation* als Ausweg gesucht. Daß eine Sterilisation allenfalls dann vorgenommen werden kann, wenn andere Wege der Empfängnisregelung nicht möglich sind, dafür sprechen die Erheblichkeit des operativen Eingriffs, seine (noch bestehende) Irreversibilität und die oft fehlende Zustimmungsfähigkeit bzw. der Wunsch mancher Behinderter, eine Familie zu gründen. *Zwang* sollte hier möglichst ausgeschlossen sein, auch wenn er im Alltag oft nicht vermeidbar ist, weil ein Behinderter, besonders ein geistig Behinderter, seine eigenen Grenzen nicht sieht bzw. sehen kann. Darüber darf nicht vergessen werden, daß die Helfer nicht nur für die Restriktion in der Sexualität Behinderter verantwortlich sind, sondern sich positiv kümmern müssen um eine „*personale Kultur*" der Sexualität, d. h. um die Anbindung der Sexualität an die Verstehens- und Ausdrucksmöglichkeiten der jeweiligen Persönlichkeit. Auch der Arzt, der die entsprechenden Antikonzeptiva, Hormonbehandlungen oder gar den chirurgischen Eingriff der Sterilisation anordnet, muß sich diesem letztlich moralpädagogischen Ziel verpflichtet wissen.

Zustimmung zur medizinischen Behandlung

Bei der Sterilisation Behinderter ist das vordringliche Problem die *freie Zustimmung*, ein Problem, das bei den geistig Behinderten generell wegen der eingeschränkten Einsichtsfähigkeit in medizinische Eingriffe besteht. Für den geistig Behinderten, der selbst nicht entscheiden kann, muß die Einwilligung eines gesetzlichen *Vertreters* eingeholt werden. Je gravierender der Eingriff wird, desto fraglicher wird die Zustimmung durch einen Stellvertreter (proxy consent). Es läßt sich nicht genau sagen, welches Nutzen-Risiko-Verhältnis die Eltern bzw. der Vormund für ihre Entscheidung zugrunde legen dürfen, wie groß die „außerordentlichen" Maßnahmen zur Lebenserhaltung eines schwer erkrankten Behinderten sein müssen, ohne daß man in die Extreme von Überfürsorglichkeit einerseits und Behinderteneuthanasie andererseits gerät. Unklar bleibt, wie aufwendig die stabilisierenden Maßnahmen sein dürfen, die einer Verschlechterung im Zustandsbild des Behinderten vorbeugen oder entgegenwirken, wie etwa palliativmedizinische Eingriffe, neurochirurgische Maßnahmen oder prothetische Hilfe. Wichtig ist bei Entscheidungen dieser Tragweite, daß sie nicht Nützlichkeits- und Verwertungsmaßstäbe zugrunde legen: Unethisch wäre die Frage, ob es sich „lohne" oder ob es ein Behinderter „wert" sei, wenn man bestimmte Aufwendungen zu planen hat. Gültig und gut ist eine Entscheidung in diesem Problembereich, wenn sie die Maßstäbe anlegt, die für alle Menschen gelten: Maßstäbe der *Sinnhaftigkeit*, *Zumutbarkeit* und *Menschenwürde*.

Rehabilitation und Integration

Für Behinderte wurden durch verschiedene Gesetzeswerke die Möglichkeiten beruflicher und sozialer Integration bzw. Rehabilitation zunehmend verbessert. Gerade in diesem Bemühen zeigt sich der Wille unserer Gesellschaft, Behinderte nicht als Menschen zweiter Klasse zu behandeln. Wo ihre eigenen Möglichkeiten, ein Leben unter menschenwürdigen Bedingungen zu führen, nicht ausreichen, haben sie einen Anspruch auf Leistungen der Solidargemeinschaft. Solche Leistungen umfassen etwa medizinische, prothetische und heilpädagogische Maßnahmen, Ausbildung, berufliche Eingliederung (z. B. Umschulung, besonderer Arbeitsplatzschutz bis hin zur beschützenden Werkstatt), Unterbringungs- bzw. Wohnhilfe, Unterstützung bei kultureller Aktivität usw. Vordringlichste Frage beim gegenwärtigen Stand der Behindertenhilfe ist die, ob im Zusammenleben von „normalen" und behinderten Menschen der Aufbau von *Selbstvertrauen* und Gefühlen der *Akzeptanz* bzw. den Nichtbehinderten der Abbau von *Vorurteilen*, *Berührungsängsten* und *Abwehrhaltungen* gelingt. Aber auch wenn das gelingt, darf man nicht vergessen, daß viele Behinderte und viele ihrer Mitmenschen und Angehörigen unter der Behinderung leiden und über den Verlust wesentlicher Handlungs- und Erlebensmöglichkeiten trauern. Behindertenarbeit muß Platz lassen für *Leiden* und *Trauern*. Nur dann bewahrt diese Arbeit den Behinderten und ihren Helfern die auf das Religiöse hin offene Phantasie des heilen Lebens.

Arbeitsmaterialien

Literatur

Batshaw ML, Perret YM (1981) Children with handicaps. A medical primer. Brookes, Baltimore, Maryland

Cooke RE (1978) Mentally handicapped. In: Reich WT (ed) Encyclopedia of bioethics, vol 3. Collier Macmillan Canada, New York London, pp 1108–1113

Hahn M (1981) Behinderung als soziale Abhängigkeit. Zur Situation schwerbehinderter Menschen. Reinhard, München

Hale G (Hrsg) (1981) Handbuch für Körperbehinderte. Ein Ratgeber zur Alltagsbewältigung: Hilfsmittel, Anregungen, Adressen. Maier, Ravensburg

Macklin R, Gaylin W (eds) (1981) Mental retardation and sterilization. A problem of competency and paternalism. Plenum, New York London

Oy CM von, Sagi A (1977) Lehrbuch der heilpädagogischen Übungsbehandlungen – Hilfen für das geistig behinderte Kind. Maier, Ravensburg

Seifert KH, Stangl W (1981) Einstellungen zu Körperbehinderten und ihrer beruflich-sozialen Integration. Arbeiten zur Theorie und Praxis der Rehabilitation in Medizin, Psychologie und Sonderpädagogik, Bd 25. Huber, Bern Stuttgart Wien

Sporken P, Jacobi V, Arend A van der (1980) Die Sexualität im Leben geistig Behinderter. Patmos, Düsseldorf

Tews HP, Wöhrl H-G (1981) Behinderte in der beruflichen Rehabilitation. Strukturen – Prozesse – Ergebnisse. Belz, Weinheim Basel

Zur Einführung in die rechtliche Problematik

Hilfe für Behinderte ist eine sozialstaatliche Aufgabe. Von besonderer Bedeutung sind hier die Regelungen im arbeits- und versorgungsrechtlichen Bereich. § 10 Sozialgesetzbuch I enthält die Grundsätze des Rechts der Eingliederung Behinderter: „Wer körperlich, geistig oder seelisch behindert ist oder wem eine solche Behinderung droht, hat ein Recht auf die Hilfe, die notwendig ist, um

1. die Behinderung abzuwenden, zu beseitigen, zu bessern, ihre Verschlimmerung zu verhüten oder ihre Folgen zu mildern,
2. ihm einen seinen Neigungen und Fähigkeiten entsprechenden Platz in der Gemeinschaft, insbesondere im Arbeitsleben zu sichern."

Es geht mithin nicht nur um Wiederherstellung von Gesundheit und Arbeitsfähigkeit, sondern darum, dem Behinderten als menschlicher Persönlichkeit einen angemessenen Platz in der Gesellschaft zu sichern. Die konkrete Ausgestaltung dieser Grundsätze vollzieht sich in vielfältigen Regelungsbereichen (z. B. Kranken-, Renten- und Unfallversicherungsrecht, Kriegsopferversorgung, Sozialhilferecht, Schwerbehindertengesetz, Steuerrecht). Im Arbeitsleben besteht für Schwerbehinderte u. a. besonderer Kündigungsschutz und Anspruch auf zusätzlichen Urlaub von 6 Arbeitstagen im Jahr.

Geistig Behinderte bedürfen nicht nur der Hilfe, sondern auch eines wirksamen Schutzes, wenn sie außerstande sind, ihre Angelegenheiten selbst zu besorgen. Das rechtliche Instrumentarium hierfür bilden die Bestimmungen über Vormundschaft und Pflegschaft (§§ 1896 ff. Bürgerliches Gesetzbuch), wobei die Praxis heute vielfach bemüht ist, die mit Entmündigung und Vormundschaft immer noch verbundene Diskriminierung im Einzelfall durch Anordnung einer Gebrechlichkeitspflegschaft (§ 1910 Bürgerliches Gesetzbuch) mit entsprechend weitem Wirkungskreis zu vermeiden. Zu den Aufgaben von Vormund bzw. Pfleger gehört auch, bei Einwilligungsunfähigkeit der von ihnen betreuten Behinderten über die Durchführung medizinischer Maßnahmen zu entscheiden, wobei diese stets und nur dem Wohl der ihnen anvertrauten Personen verpflichtet sind. Daher bedürfen ärztliche Eingriffe gegen den „natürlichen“ Willen des Betroffenen einer besonders strengen Indikationsstellung.

Wichtige Rechtsquellen

Bundesversorgungsgesetz (Bundesgesetzblatt 1976 I, 1633–1663)
Schwerbehindertengesetz (Bundesgesetzblatt 1974 I, 1005–1021)
Sozialgesetzbuch I – Allgemeiner Teil (Bundesgesetzblatt 1975 I, 3015–3029)
Vgl. zur Problematik
Bundesarbeitsgemeinschaft für Rehabilitation (Hrsg) (1984) Die Rehabilitation Behinderter. Wegweiser für Ärzte. Köln
Eser A (1982) Konzeptionsverhütung und Schwangerschaftsabbruch bei geisitig behinderten Adoleszentinnen aus rechtlicher Sicht. In: Müller H, Olbing H (Hrsg) Ethische Probleme in der Pädiatrie und ihren Grenzgebieten. Urban & Schwarzenberg, München Wien Baltimore, S 105–125
Quambusch E (1981) Rechtsfragen bei der Betreuung geistig Behinderter. Fischer, Stuttgart New York
Thieler H (1982) Sozialrecht. Heymann, Köln Berlin Bonn München

Öffentliche Stellungnahme

Deklaration der allgemeinen und besonderen Rechte der geistig Behinderten. Beschluß der International League of Societies for the Mentally Handicapped (1968) und Vereinte Nationen (1971)

Siehe Anhang, S. 193.

Gewalt und Medizin

In ihrem fundamentalen politologischen Essay über „Macht und Gewalt“ geht Arendt (1981) davon aus, daß jede Gewalthandlung zwar wie alle Handlungen, die etwas bewirken wollen, „im Sinne der Zweck-Mittel-Kategorie verläuft“; aber diese Kategorie ist in den Gewalthandlungen so eigentümlich verzerrt, „daß die Vorrangstellung des Zwecks im Verlauf der Handlung verloren geht“. Wenn man das alte Prinzip, daß der Zweck die Mittel heilige, als Rechtfertigung und ethisches Prinzip versteht, ist es sicher falsch. Denn man übersieht, daß die Wahl der Mittel eine eigenständige Entscheidung ist, nicht nur eine (zweckrationale) Funktion der Ziel- und Zwecksetzung. Gewalthandlungen erzeugen eine besondere Art negativer Betroffenheit, die Abwehr und Gegengewalt provoziert, so daß die ursprünglichen Ziele immer bedeutungsloser werden gegenüber den Nebenwirkungen und der Instrumentalität der eingesetzten Mittel. Diese Konfusion der

Zweck-Mittel-Kategorie soll im Verhältnis der Medizin zur Gewalt verfolgt werden.

Bevor dieses Verhältnis skizziert wird, muß angemerkt werden, daß *Macht* und *Gewalt* auseinander zu halten sind. Wie in der Politik gerade der zur Gewalt greift, der mit der Macht, die ja aus Zustimmung und Anerkennung resultiert, nicht mehr rechnen kann, so fällt das Problem der ärztlichen „Macht", also seine Autorität, die Kraft seines Könnens, seine Fähigkeit zu überzeugen usw., nicht unter das Problem „Gewalt und Medizin". Denn Gewalt hebt die *Zweck-Mittel-Relation* auf, Macht ist eigentlich ihr Garant. Mit anderen Worten: erst der Arzt, der seine Macht bzw. Autorität verloren hat und nicht mehr mit der Anerkennung und Zustimmung seiner Patienten rechnen kann, wird sich zu Zwangsmitteln flüchten. Nur durch Gewalt kann er etwas Sinnvolles oder das, was er – und immer mehr nur (!) er – darunter versteht, erreichen. Bereiche der Gewalt, in die Arzt und Medizin verwickelt sind, lassen sich etwa so beschreiben:

Direkte Zwangsanwendung

Sie beginnt dort, wo der Arzt zunächst sehr unverdächtige Handlungen vollzieht, etwa bei der Impfung. Man sträubt sich zu Recht dagegen, die *Impfung* als Zwangsanwendung zu betrachten, wo man ihren Sinn einsieht und sie in Kauf nimmt zur Vorbeugung einer möglichen Pockenerkrankung, Kinderlähmung usw. Zwang verliert seinen Charakter der Gewaltanwendung, wenn er das Einverständnis oder die Einsicht der Betroffenen voraussetzen oder in stellvertretender Fürsorge vorwegnehmen kann. Das Kind etwa, das die geforderte Einsicht (noch) nicht hat und sich darum gegen die Injektion wehrt, wird oft mit der Notlüge überlistet, daß es doch gar nicht weh tue. Das gelegentliche schlechte Gewissen, das Arzt oder Schwester danach bekommen, betrifft natürlich die Notlüge, aber dann auch den zunehmenden Charakter von Zwang und Gewalt: ist er nicht der Medizin grundsätzlich unangemessen? Wieweit kann man auch in der Rolle des wohlmeinenden Stellvertreters gehen?

Deutlicher wird dieser Vorbehalt gegen Zwangsanwendung in der Medizin, wenn es um die *Blutentnahme* in polizeilichem Auftrag zum Nachweis von Alkohol am Steuer, um *Zwangseinweisung* von sich selbst und andere gefährdenden Personen in eine psychiatrische Abteilung (← psychiatrisch-psychotherapeutische Intervention) geht oder um *Zwangsernährung* von zumeist politisch motivierten Strafgefangenen oder Demonstranten im Hungerstreik. Eine Rechtfertigung der Zwangsernährung wird über folgende Konstruktion versucht: Wenn ein Mensch, z. B. ein Strafgefangener die Nahrungsaufnahme verweigert, ist er, falls geistig zurechnungsfähig, als autonomes Subjekt seiner Entscheidung zu respektieren. In dem Moment aber, da er wegen schon langandauernder Nahrungsverweigerung in den Zustand geistiger Einengung und Verwirrung eintritt, kann man nicht mehr sicher sein, daß er sein ursprüngliches Ziel auch jetzt noch aufrechterhalten würde. Die Hilfeleistungspflicht des Arztes tritt jetzt in Kraft, und er muß die künstliche Ernährung des Gefangenen, der nun Patient „ist", einleiten. Ähnlich argumentiert man beim Suizidpatienten (← Suizid), dessen Entscheidung, sich das Leben zu nehmen, nicht mehr respektiert werden kann, wo er infolge der

Verletzung oder Intoxikation nicht mehr in der Lage ist, seine Entscheidung zu bekräftigen oder zu widerrufen. Hier gibt die große Zahl der Appellsuizide dem Arzt recht.

Daß solchen ärztlichen Handlungen gegenüber oft der Vorwurf der Gewaltanwendung gemacht wird, liegt wohl an folgendem: 1. Die *Ziele* des Gefangenen, Suizidalen und anderer unterscheiden sich von denen des Arztes. 2. Wegen der fehlenden *Zustimmung* und *Einsicht* des Betroffenen bekommt die ansonsten unverdächtige Handlung des Arztes das Vorzeichen der Gewalt- und Zwangsanwendung. Gerade im Fall der Zwangsernährung bei Gefangenen sind die Diskussionen von einer Einigung weit entfernt. Der Weltärztebund plädiert in einem seiner Beschlüsse von Tokio (1975) dafür, daß Ärzte sich solchen Zwangsmaßnahmen verweigern sollen. Damit ist bereits der nächste Bereich von Gewalt und Medizin angesprochen.

Gewaltanwendung im Auftrag

In manchen, zumeist in totalitären Staaten werden Ärzte gezwungen, bei *Folterungen* mitzumachen. Gerade ihr medizinisches Wissen soll sicherstellen, daß die physischen und psychischen Foltermethoden ihren Zweck erfüllen: Erpressung von Geständnissen, Denunziation anderer Dissidenten, Verrat von Widerstandsplänen usw. Dabei muß der Druck auf den Gefolterten so dosiert werden, daß er einerseits seinen Willen zu schweigen aufgibt, aber nicht seinen Willen weiterzuleben. Auch Folterungen, die nur Rache nehmen, bestrafen oder Exempel statuieren wollen, werden durch medizinisches Know-how effektiver. Aus der Vergangenheit des deutschen Naziregimes ist bekannt geworden, daß in blinder Wissenschaftsgläubigkeit Ärzte Folterung jüdischer und anderer KZ-Insassen mit Menschenversuchen verbanden, um Prozesse bei Wundheilungen, Gasvergiftungen, Unterkühlungen usw. zu studieren. Sowjetrussischen Psychiatern wurde vorgeworfen – ihr nationaler Verband mußte darum den Weltverband der Psychiater 1983 verlassen –, daß sie *politische Gefangene* gegen ihren Willen behandeln, was de facto inhaftieren und foltern bedeutet. Auch aus der Geschichte der *Todesstrafe* läßt sich verschiedentlich eine Mitwirkung der Medizin belegen. In einigen Staaten der USA wird eine Beteiligung von Medizinern an der tödlichen Injektion erwartet, die als schmerzloser Eratz für den elektrischen Stuhl gilt. Wenn Ärzte, oft selber unter Zwang, im Auftrag übergeordneter Instanzen an solchen Akten mitarbeiten, bezieht sich die Anklage nicht nur und in erster Linie auf die Inhumanität von Folterung und Todesstrafe. Das ethisch verwerfliche an solchen Handlungen liegt darin, daß der Arzt seine therapeutischen Mittel zweckentfremdet: seinen Heilungsauftrag vertauscht er gegen den Auftrag, Menschen zu schädigen oder sie zu vernichten, und seine therapeutischen Mittel werden verfremdet unter dem Diktat politischer Ziele. Es gehört zu den ursprünglichen Selbstverpflichtungen der Medizin, ihr Wissen und Können nicht *gegen* irgendeinen Menschen anzuwenden.

Vorbeugung und Verhinderung von Gewalt

Ob es „höhere“ oder von Menschen ausgehende Gewalt war, die Medizin hat schon immer die Opfer solcher Gewalt behandelt. Wenn man z. B. die (←) psychiatrische Intervention als therapeutische Antwort auf soziale Gewaltverhältnisse im allgemeinsten Sinne versteht, dann sieht man zugleich auch die Schwierigkeit der Medizin, dem Anspruch gerecht zu werden, daß die bestehenden Gewaltverhältnisse ursächlich bekämpft werden müssen; alles andere könne nur bedeuten, daß Gewalt in ihrer Position gefestigt würde. Solche Überlegungen werden angestellt und von weiten Ärztekreisen vertreten hinsichtlich der medizinischen Aufgabe im *Kriegsfall* (← Katastrophen- und Wehrmedizin).

Zur bitteren Einsicht werden diese Überlegungen für viele Ärzte auch angesichts von *Kindesmißhandlungen, Mißhandlung* und *Vergewaltigung* von Frauen oder anderer physisch oder sozial Schwacher. Für die Bundesrepublik Deutschland zählt bzw. schätzt man, daß jährlich 30000–80000 Kinder körperlich und seelisch mißhandelt, 600–1000 dabei getötet werden. Das Aufdecken dieser Tatsachen stellt den Arzt vor spezifische Gewissensprobleme: soll er den Täter, der häufig aus der Familie des Kindes stammt, anzeigen und damit das Kind etwa noch der Rache des Angezeigten aussetzen? Soll er das Kind in die Hände von Fürsorgeinstitutionen übergeben? Soll er die Familie in noch größeres Elend stürzen, wenn etwa der Vater infolge seiner nachgewiesenen Mißhandlung eine Gefängnisstrafe zu verbüßen hat? Dabei hat er zu berücksichtigen, daß Gewalttäter meist selber Opfer von Gewalt sind, die ihnen zugefügt wurde. Den Menschen zu helfen, daß sie keine Gewalt mehr brauchen und daß die Fortzeugung von Gewalt im Kreislauf von Gewalt-Opfer-Gewalt schließlich unterbrochen wird, ist eine sozialutopische, in jüdisch-christlichen Traditionen beheimatete Idee, die auch dann gültig bleibt, wenn der Arzt nicht mehr leisten kann als nur die Auswüchse der Gewalt zu verhindern. Wenn es eine konkrete Lösung in Richtung auf das utopische Ziel gibt, dann muß sie von der ganzen Gesellschaft, nicht nur von den Ärzten getragen werden; sie erfordert Wachsamkeit und Sensibilität aller und v. a. ihre Kooperation.

Eine ethische Bewertung der skizzierten Problembereiche im Einzelfall hat davon auszugehen, wie stark die *Verstrickung* der Medizin in den Kontext von Gewalt bzw. wie stark die Möglichkeit einer Gegenwehr jeweils ist. Die generelle Begründung einer ethischen Bewertung basiert auf folgenden zwei Sätzen:

1. „*Macht bedarf keiner Rechtfertigung, da sie allen menschlichen Gemeinschaften inhärent ist.*“ (Arendt 1981)

Das hat zur Voraussetzung, daß man Macht in ihren Formen von Autorität, Wissen, Können, Überzeugungskraft usw. nicht als Vorformen von Gewalt verdächtigt. Vielmehr liegt in der Macht die Chance, Gewalt zu begrenzen und überflüssig zu machen.

2. *Gewalt ist „Abbruch der Kommunikation, welche das Medium jeder möglichen Rechtfertigung ist*“ (Spaemann 1972).

Wenn Gewalt da einsetzt, wo Macht, also die Überzeugungskraft durch Anerkenntnis bzw. Zustimmung anderer Menschen, aufhört, verzichtet sie bewußt auf die sittlichen Prinzipien von Freiheit und Vernunft. Moralische Rechtfertigung von Gewalt ist demnach unmöglich. Gewalt ist Herrschaft von Menschen über Menschen, und ein Mensch ist *autonomes Subjekt*, das sich selbst Gesetz und Ziel des Handelns gibt. Die religiöse Parallele zu dieser Philosophie ist die christliche Lehre von der „*Gottebenbildlichkeit*" des Menschen. Danach ist er nicht einfach gegenständliches Geschöpf, sondern hat Teil am Schöpfersein Gottes. Die Bibel verurteilt darum Gewalt gegen den Menschen als Gewalt gegen Gott.

Eine Medizin, die diese Prinzipien und Begründungen in ihren unvermeidlichen Umgang mit Gewalt einbezieht, kann ihren Anspruch auf Humanität selbst in einer inhumanen Welt bewahren. Ob Humanität überleben kann, hängt nicht nur von der Medizin ab, sondern von der Verständigungsbereitschaft *aller* Menschen. Auf Dauer muß die Medizin in ihr Konzept für den Umgang mit der Gewalt Strategien zur Förderung dieser Verständigungsbereitschaft einarbeiten.

Arbeitsmaterialien

Literatur

Amnesty International (1975) Bericht über die Folter. Fischer, Frankfurt

Arendt H (1981) Macht und Gewalt, 4. Aufl. Piper, München

Bettelheim B (1980) Erziehung zum Überleben. Zur Psychologie der Extremsituation. Deutsche Verlags-Anstalt, Stuttgart

Gaylin W, Macklin R, Powledge TM (eds) (1981) Violence and the politics of research. Plenum, New York

Leder KB (1980) Todesstrafe. Ursprung, Geschichte, Opfer. Meyster, München

Molinski W (Hrsg) (1979) Versöhnen durch Strafen? Perspektiven für die Straffälligenhilfe. Herder, Vandenhoeck & Ruprecht, Wien Freiburg Basel Göttingen

Spaemann R (1972) Moral und Gewalt. In: Riedel M (Hrsg) Rehabilitation der praktischen Philosophie, Bd 1: Geschichte, Probleme, Aufgaben. Rombach, Freiburg, S 215–241

Trube-Becker E (1982) Gewalt gegen das Kind. Vernachlässigung, Mißhandlung, sexueller Mißbrauch und Tötung von Kindern. Kriminalistik Verlag, Heidelberg

Zur Rechtslage

Die *Todesstrafe* ist in der Bundesrepublik abgeschafft (Artikel 102 Grundgesetz). *Impfpflicht* besteht – heute nur noch für einen begrenzten Personenkreis – nach Maßgabe des Gesetzes über die Pockenschutzimpfung (Bundesgesetzblatt 1976 I, 2326–2328). *Zwangsuntersuchung*, *Zwangsbehandlung* oder jedenfalls *Zwangsisolierung* von Patienten ist nur auf gesetzlicher Grundlage im vorrangigen Interesse der Allgemeinheit oder zum Schutze einzelner zulässig; hinzuweisen ist hier insbesondere auf das Bundesseuchengesetz (Bundesgesetzblatt 1979 I, 2262–2281), das Gesetz zur Bekämpfung von Geschlechtskrankheiten (Bundesgesetzblatt 1953 I, 700–706) und auf die Unterbringungsgesetze der Bundesländer, in denen die

Anwendung von Zwang bei der Behandlung psychischer Erkrankungen geregelt ist (← psychiatrisch psychotherapeutische Behandlung). Die Zulässigkeit von zwangsweisen körperlichen Untersuchungen und Blutentnahmen zum Zweck der Wahrheitsermittlung im Strafverfahren wird durch §§ 81 a, 81 c Strafprozeßordnung geregelt. Zur *Zwangsernährung* vgl. § 101 Strafvollzugsgesetz (Bundesgesetzblatt 1976 I, 581–604) sowie den die Möglichkeit einer Respektierung der freien Willensentscheidung vorsehenden Änderungsentwurf des Bundesrats (Bundesrats-Drucksache 442/82), der sich derzeit in der parlamentarischen Beratung befindet.

Vgl. zur besonders umstrittenen Problematik der *Zwangsernährung*

Nöldeke W, Weichbrodt S (1981) Hungerstreik und Zwangsernährung – Muß § 101 Strafvollzugsgesetz reformiert werden? Neue Z Strafrecht 1:281–285

Gesetzestexte

§§ 81 a und 81 c Strafprozeßordnung
§ 101 Strafvollzugsgesetz

Siehe Anhang, S. 171–172.

Öffentliche Stellungnahmen

Bill of Rights für Krankenhauspatienten in Amerika. American Hospital Association (1973)
Deklaration von Tokio (Richtlinien für Ärzte bei Folterungen usw.). Weltärztebund (1975)
Grundsätze ärztlicher Ethik im Zusammenhang mit der Rolle von medizinischem Personal, insbesondere von Ärzten, beim Schutz von Strafgefangenen und Inhaftierten vor Folter und anderer grausamer, unmenschlicher oder erniedrigender Behandlung oder Strafe. Generalversammlung der Vereinten Nationen (1982)

Siehe Anhang, S. 194–196.

Katastrophen- und Wehrmedizin

In einer Zeit, da man Katastrophen als schicksalhaftes Naturereignis und Krieg als „Fortsetzung der Politik mit veränderten Mitteln" (C. von Clausewitz) verstehen konnte, galt der medizinische Einsatz in solchen Situationen als Akt der Humanität oder Nächsten- bzw. Feindesliebe. Der Krieg wurde zwar bedauert, aber als notwendiges Übel hingenommen. Im Sinne der Humanität wurde Überparteilichkeit gefordert, die alle, nicht nur die Opfer einer Partei berücksichtigte. Auf dieser Erfahrung beruhte die Idee des J. H. Dunant, die eine Gründung von Zentralvereinen vorsah. Deren Aufgabe war: 1. Vorsorge in Friedenszeiten durch die Organisation personeller und materieller Hilfsmittel für die Verwundetenpflege im Kriegsfall und 2. Zusammenschluß nationaler Vereine zu einer internationalen Organisation. Das ist das Grundkonzept des *Roten Kreuzes*, dessen Idee 1864 durch die Unterzeichnung der ersten Genfer Konvention bestätigt wurde.

Katastrophen, zu denen auch kriegerische Auseinandersetzungen zu zählen sind, haben heute einen anderen Stellenwert. Vielfach lassen sie sich berechnen oder mit Hilfe von Krisenplänen in den Griff bekommen. Überdies sind viele Katastrophen vom Menschen selber verursacht, es stünde also in seiner Macht, sie zu verhindern. Jede Katastrophenhilfe muß sich darum die Frage gefallen lassen, ob es nicht klüger wäre, *Katastrophen zu verhindern* als die Not ihrer Opfer zu lindern. Das technische Raffinement der Rüstung ist so weit entwickelt, daß heute ein Krieg immer die Gefahr mit sich bringt, die ganze Menschheit und die Natur endgültig zu vernichten. Es wird wegen der politischen Blockbildung zudem immer schwerer, lokal begrenzte Kriege zu führen. In der Folge solcher Einsicht muß man zugestehen, daß eine Güterabwägung unmöglich ist, die den Sieg gegen die Opfer aufrechnet. Es gibt im Falle eines Krieges, insbesondere eines atomaren Krieges keine Sieger, nur Besiegte. Es wird darum überlegt (z. B. von den katholischen Bischöfen der USA in ihrem Hirtenwort von 1983), ob nicht die atomare *Rüstung an sich bereits unmoralisch* ist und nicht erst ihre Anwendung. Die traditionelle theologische und völkerrechtliche Konstruktion vom „*gerechten Krieg* (bellum iustum)“, der „gerecht“ genannt wird, weil bestimmte Kriterien für ihn sprechen, ist hinfällig geworden. Das Vernichtungspotential des modernen Krieges sprengt alle Maßstäbe von Kriterien und abzuwägenden Werten.

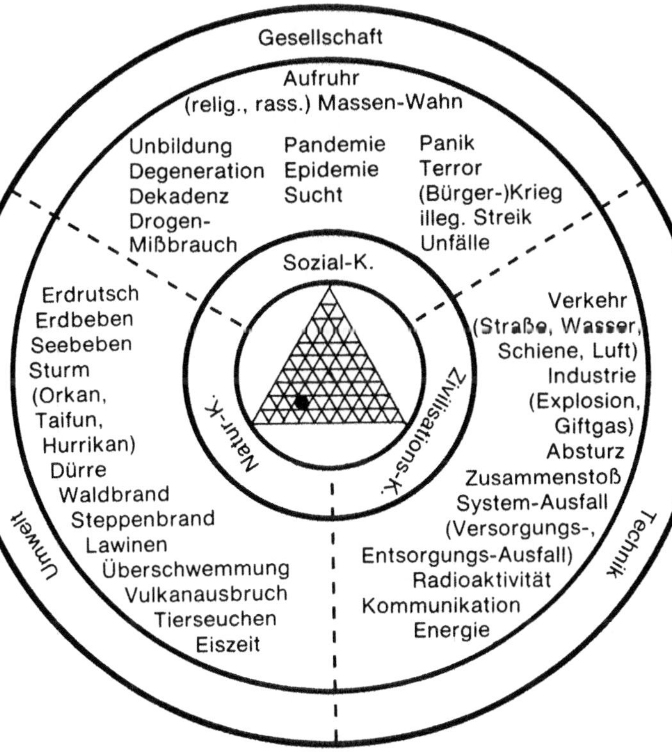

Katastrophenarten (Nach Compes, in Graf-Baumann u. Metrevelli 1980)

Da die Situation sich dermaßen gegenüber allem bisher dagewesenen verändert hat, ändert sich auch die Rolle der Medizin in möglichen Katastrophen und Kriegen. Nach wie vor ist sie natürlich mit der Not und Hilflosigkeit der Verletzten und Betroffenen konfrontiert, nach wie vor soll der Arzt darauf mit dem Einsatz aller Mittel und Kräfte antworten. Aber bereits in dieser konstanten Formel liegen wesentliche Probleme: Soll sein Einsatz dem einzelnen Leidenden gelten (*Einzelhilfe*) oder sich mehr auf die Ausbildung und Anleitung anderer Helfer erstrecken, also *multiplikatorisch* sein? Kann er sich auf *Notfallversorgung* beschränken oder muß er *alles* tun, was medizinisch sinnvoll und möglich ist? Wer entscheidet über die Art, wie der Arzt seine Hilfe organisiert, der Arzt selber, der Betroffene in seiner Not oder ein Krisenmanager? Die Hilfsmöglichkeiten werden meist begrenzt sein: *wem* soll er dann helfen, *wem nicht*, und wer kann das *entscheiden*? Bevor das näher überlegt werden kann, ist eine knappe Skizze der in Frage stehenden Fälle nötig.

Katastrophen sind in nahezu allen Bereichen der natürlichen und zivilisatorischen Umwelt möglich. Ihr Eintritt ist relativ plötzlich und das Ausmaß ihres Schadens so groß, daß die üblichen Hilfssysteme zusammenbrechen.

Bei solchen Katastrophen läßt sich i. allg. feststellen, daß jeweils eine größere Anzahl von Menschen zu Schaden kommt, für die es natürlich keine Eckdaten gibt. Einen ungefähren Überblick soll folgende Typisierung der Katastrophen geben in

1. Naturkatastrophen wie Erdbeben und Dürren,
2. Sozialkatastrophen, die sich z. B. durch Epidemien oder Bürgerkriege entwikkeln,
3. verkehrs- und kommunikationstechnische Katastrophen, die etwa durch einen Flugzeugabsturz oder den Ausfall eines regionalen Stromnetzes ausgelöst werden,
4. chemietechnische Katastrophen, wie z. B. eine Giftgasverseuchung,
5. radioaktive Katastrophen, die im Zusammenhang mit der Gewinnung und Entsorgung von Kernenergie oder bei Zwischenfällen anläßlich Transport, Lagerung oder Wartung atomarer Waffen entstehen können, und
6. Kriegsfälle, besonders atomar geführter Kriege, die unvorstellbar größere Schadensfolgen haben würden, als sie etwa von Hiroshima und Nagasaki (1945) bekannt wurden.

Organisation von Hilfe

Wenn das besondere Außmaß des Schadens zur Definition der Katastrophe gehört, ist das erste Problem die Bereitstellung hinreichender Hilfsmittel. Schon dieser Schritt der Krisenplanung setzt voraus, daß mit dem Eintreten von Katastrophen gerechnet wird. Aber in vielen Fällen, gerade bei radioaktiven Katastrophen oder im Kriegsfall, ist Krisenplanung nicht nur Umgang mit dem Unvermeidlichen, sondern *Einkalkulieren von Risiken*, die grundsätzlich vermeidbar wären. Denn bei der Entscheidung für nukleare Energiegewinnung, Entsorgung radioaktiver Stoffe, Nachrüstung mit atomaren Waffen usw. nimmt man den unwahrscheinlichen, aber tödlichen Zwischenfall in Kauf, um den Nutzen billiger und umweltfreundlicher Energie bzw. friedenssichernder Abschreckung zu erlangen. Aber eine Güterabwägung mit kaum vergleichbaren Gütern und Unwägbarkeiten kann kein ethisches Fundament abgeben. Jede Hilfe, so auch medizinische Hilfe, hat Not abzuwenden, aber es ist eine Not, die mehr oder weniger bewußt riskiert wurde.

Ob die Hilfeleistungspflicht des Arztes, die ja letztlich auf dem universalen Prinzip menschlicher Solidarität basiert, auch in diesen Fällen gilt, ist eine zwiespältige Frage. Dem (einzelnen) notleidenden Menschen gilt die Hilfeleistungspflicht nach wie vor, ob er selber oder andere seine Not verschuldet haben. Jedoch wird diese Hilfeleistungspflicht unterlaufen, indem durch die Krisenplanung für bewußt einkalkulierte Katastrophen die ärztliche Selbstverpflichtung zur Humanität ausgenutzt wird zur Aufrechterhaltung tendenziell inhumaner Entscheidungen. Inhuman sind sie nicht (nur), weil sie möglicherweise Menschenleben kosten, sondern weil sie nicht vom *Konsens* der Betroffenen getragen und nicht von einer soliden *Risikoabwägung* abgedeckt werden. Die Zwangsrekrutierung von Ärzten und anderen Helfern bzw. ihre generalstabsmäßige Zuordnung zu bestimmten Helfergruppen kann in diesem Zusammenhang als unethisch betrachtet werden. Denn nicht die Rationalisierung von Hilfe ist das ethische Problem, sondern die Ausnutzung von Hilfe für Zwecke, die dem Helferwillen eigentlich widersprechen.

Wenn Hilfe bei Naturkatastrophen, zumal über kulturelle und zivilisatorische Grenzen hinweg, geleistet werden soll, besteht ein besonderes Problem. Die Helfer bzw. ihre Einsatzzentralen können oft nur *unzureichend entscheiden*, welche Art von Hilfe die Betroffenen wirklich brauchen und akzeptieren können. Kooperation mit den Betroffenen ist unbedingt geboten. Denn nur so kann von vornherein geklärt werden, für welche Art von Verletzungen etwa welche Arten von Hilfe (Medikamente, Operationseinheiten, Nahrungsmittel usw.) benötigt werden. Falsch geplante Hilfe ist Verschwendung kostbarer Ressourcen.

Aufklärung der Bevölkerung

Aufklärung der Bevölkerung im Katastrophenfall ist einerseits Vorbedingung dafür, daß die Betroffenen ihre Lage richtig einschätzen, angemessene Schutz- oder Vorsichtsmaßnahmen treffen usw. Andererseits wächst die Gefahr, daß Aufklärung bei vielen zu *Panik* führt, also zu unangemessenen Reaktionen. So gesehen könnte man die bewußte Täuschung der Bevölkerung empfehlen, wenn Panik vermieden werden soll. Grundsätzlich würde eine solche Nützlichkeitserwägung übersehen, daß damit das Prinzip der freien Information, d. h. auch der politischen *Wahrhaftigkeit* überhaupt durchlöchert würde. In der Zeit nach der Katastrophe wäre das Vertrauen in die Zuverlässigkeit öffentlicher Information nachhaltig gestört. Zum anderen kann niemand hinreichend sicher voraussagen, ob die befürchtete Panikreaktion eintritt und ob sie sich wirklich so verheerend auswirkt. Bei solchen Einwänden sollte man die demokratische Regel offener Information auch im Katastrophenfall einhalten. Das Wie der Informationsvermittlung im konkreten Fall erfordert dann aber großes pragmatisches Geschick.

Bei der Aufklärung der Bevölkerung kommt der Medizin eine besondere Rolle zu, weil ihr Gebiet die medizinische Information über Vorbeugungs- und Heilungsmöglichkeiten ist. Von staatlicher Seite und von den Medien wird darum auf die Möglichkeit der medizinischen Versorgung im Katastrophenfall hingewiesen. Zunehmende Intensivierung der Katastrophenforschung in der Medizin bestätigt die Richtigkeit der Hinweise. Aber bei atomaren Katastrophen, ganz zu schweigen vom atomar geführten Krieg, ist die Medizin trotz der Anstrengungen der Wehrmedizin *machtlos*. Zu großer Optimismus bei einer Aufklärung dieser Art ist Betrug an der Öffentlichkeit, fördert eher die Risikobereitschaft, täuscht die Möglichkeit einer Begrenzung atomarer Katastrophen vor und schwächt letztlich den festen Willen der Menschen, Katastrophen und Kriege mit aller Macht zu verhindern.

Zentrale Elemente einer ehrlichen Aufklärung sind die Hinweise darauf, daß Medizin im Ernstfall nuklearer Katastrophen hilflos ist, weil es gegen Schädigungen durch nukleare Strahlung keine therapeutischen Mittel gibt, und daß der einzige Weg der Hilfe der Weg der *Verhinderung* und *Vorbeugung* von Katastrophen ist. Vorbeugung ist dabei nicht in dem Sinne gemeint, sich organisatorisch und geistig auf das Eintreten der Katastrophe einzustellen. Vorbeugung hat die Katastrophe im Vorfeld zu vermeiden. Wie eine solche Vorbeugung und Verhinderung durchzusetzen ist, wird von Gegnern und Befürwortern atomarer Bewaffnung und Energiegewinnung hart diskutiert. Die Medizin kann jedoch den Ausgang dieser Debatte nicht abwarten, sie muß sich bereits jetzt zum Prinzip von Vorbeugung und Verhinderung bekennen. Daß sie bei der Motivierung der Menschen für friedlichen Umgang miteinander und für den Verzicht auf wirtschaftliches Wachstum mitwirken muß, weil sozialer Unfriede und wirtschaftliches Wachstum unübersehbare Risiken mit sich bringen, ist als dringende und unabweisbare ethische Konsequenz aus den genannten Prinzipien anzusehen.

„Triage" – Probleme von Auswahl und Entscheidung

Je totaler eine Katastrophe ist, desto verhängnisvoller wirkt sich die *Begrenzung der medizinischen Ressourcen* aus infolge von Zeitdruck, mangelhafter personeller und instrumenteller Mittel, ungünstiger Randbedingungen und einer Überzahl von Hilfsbedürftigen. Wenn schon nicht unterschiedslos allen geholfen werden kann, die Hilfe brauchen, muß man entweder so lange helfen, bis die Mittel erschöpft sind, oder man muß von Anfang an die begrenzten Mittel so verteilen, daß sie möglichst effektiv eingesetzt werden. Die Erfahrung in den letzten Kriegen wurde Grundlage für ein Verteilungs- und Auswahlverfahren in der Katastrophen- und Wehrmedizin, das „Triage" genannt wird. Zweckrationalität wird diesem Verfahren zugeschrieben, weil bei begrenzten Ressourcen jede Auswahl an vernünftigen Kriterien wie Effektivität der Hilfe (Abstufung der Verletzungsgrade, Wiederverwendungsfähigkeit, Rehabilitationsfähigkeit usw.) gebunden sein muß.

Auswahl hilfsbedürftiger Patienten beinhaltet letztlich auch die Entscheidung, wer *überleben* darf bzw. soll und wer nicht. Der Arzt hat es grundsätzlich mit solchen Entscheidungen immer dann zu tun, wenn er über das Ausmaß oder den

Abbruch von Behandlungsmaßnahmen (← Chirurgische Behandlung, ← Organtransplantation, ← Sterbehilfe, ← Behandlungsabbruch) entscheidet. Seine Entscheidungen fallen nach klinischen Kriterien. Das Triageprinzip führt aber in das Auswahlverfahren der zu behandelnden Unfall- und Kriegsverletzten Kriterien ein, die nicht vorwiegend ärztlich sind. Nicht die Not- und Hilfsbedürftigkeit des Verletzten ist alleiniges Kriterium, sondern der *effektive Einsatz* der begrenzten Ressourcen, d.h. die Entscheidung ist ärztlich *und* ökonomisch. Darin liegt eine Gleichrangigkeit der Hilfsverpflichtung und der Verpflichtung zum ökonomischen Umgang mit den Hilfsmöglichkeiten.

Die Gefahr, die sich dabei abzeichnet, kann nicht abgewendet werden, indem man die Verpflichtung zur ökonomisch sinnvollen Hilfeleistung leugnet. Gefährlich ist jedoch jedes einseitige Verständnis von „ökonomisch“. Ökonomie als Lehre von der guten Haushaltung beinhaltete in der traditionellen Ethik immer auch die Aspekte von Klugheit und Gerechtigkeit. In den heutigen Diskussionen zur Katastrophen- und Wehrmedizin reduzieren sich der Aspekt der Klugheit auf Vermeidung von verschwenderischem Umgang mit Ressourcen und der Aspekt von Gerechtigkeit auf Vermeidung unzweckmäßiger Bevorzugung. Gerechtigkeit bzw. Fairneß und Klugheit sollen aber v.a. helfen, das zu erkennen, was der andere (hier: der Verletzte) braucht; sie sollen erst in zweiter Linie erkennen helfen, wo Verteilung und Auswahl verschwenderisch und ungleich werden. Wenn das Prinzip der „Triage“ – der Verdacht konnte bisher nicht zerstreut werden – den ärztlichen Heilauftrag zu einem ökonomischen, gesellschaftlichen und/oder militärischen Zielsetzungen verpflichteten Auftrag *reduziert*, dann ist es als Auswahlverfahren ethisch abzulehnen.

Arbeitsmaterialien

Literatur

Boyd K-M (ed) (1979) The ethics of resource allocation in health care. University Press, Edinburgh

Ebeling H (1983) Rüstung und Selbsterhaltung. Kriegsphilosophie. Schöningh, Paderborn München Wien Zürich

Glatzel N, Nagel EJ (Hrsg) (1981) Frieden in Sicherheit. Zur Weiterentwicklung der katholischen Friedensethik. Herder, Freiburg Basel Wien

Graf-Baumann T, Metrevelli S (Hrsg) (1980) Unfall- und Katastrophenforschung. Aktuelle sozialwissenschaftliche und medizinische Aspekte. Perimed, Erlangen

Koch ER, Vahrenholt F (Hrsg) (1982) Im Ernstfall hilflos? Katastrophenschutz bei Atom- und Chemieunfällen. Kiepenheuer & Witsch, Köln

Rebentisch E (Hrsg) (1980) Wehrmedizin. Ein kurz gefaßtes Handbuch mit Beiträgen zur Katastrophenmedizin. Urban & Schwarzenberg, München Wien Baltimore

Wissenschaftl. Beirat der Bundesärztekammer (1981) Zur Frage der ärztlichen Versorgung der Bevölkerung bei Kernkraftwerksunfällen. Deutscher Ärzte-Verlag, Köln-Lövenich

Zur Einführung in die rechtliche Problematik

Katastrophen fordern Gesetzgeber und Exekutive in doppelter Weise heraus: Es geht um Maßnahmen zu ihrer Verhütung (z.B. durch entsprechende Sicherheitsbestimmungen für Kernkraftwerke) ebenso wie um Vorsorge für den Fall ihres Eintritts. Zu dieser Vorsorge zählt insbesondere die Katastrophenschutzgesetzgebung der Bundesländer, die zum Teil Angehörigen der Gesundheitsberufe besondere Mitwirkungs- und Fortbildungspflichten auferlegt (vgl. z. B. § 24 Brand- und Katastrophenschutzgesetz Rheinland-Pfalz). Diese Gesetze regeln lediglich den zivilen Katastrophenschutz. Gerade in der Ärzteschaft heftig umstritten sind Bestrebungen, entsprechende Regelungen auch für – euphemistisch gesprochen – die „Anpassung der gesundheitlichen Versorgung an die besonderen Erfordernisse im Spannungs- und Verteidigungsfall" zu schaffen. Kritiker heben die auch als rechtspolitisches Argument bedeutsame Gefahr hervor, rechtliche Regelungen für den Fall militärischer Krisensituationen könnten diese kalkulierbarer und damit ihren Eintritt wahrscheinlicher machen.

Rechtliche Katastrophenvorsorge bedeutet jedoch auch, Regeln aufzustellen für den Fall, daß zwischen dem Bedarf an medizinischer Hilfe und den Möglichkeiten zur Hilfeleistung ein mehr oder weniger gravierendes Mißverhältnis besteht. Sofern die Situation eine Hilfeleistung überhaupt zuläßt, bedarf es gewisser Selektionskriterien im Sinne einer „Mangelverwaltung". Der Gesetzgeber hat hierzu bislang freilich geschwiegen. Es ist daher eine noch weitgehend ungeklärte Frage, inwieweit in derartigen Extremsituationen dem Arzt rechtliche Vorgaben gemacht werden können, ärztlichem Ermessen Raum gelassen werden muß oder sich ärztliche Entscheidungen den Anweisungen eines – zivilen oder militärischen – „Krisenmanagements" unterzuordnen hat. Die unter dem Stichwort „Triage" bekannten Selektionskriterien entstammen militärärztlicher Praxis. Auswahlprinzipien, die sich an irgendeiner Form von gesellschaftlicher Nützlichkeit orientieren, sind jedoch rechtlich keineswegs vorgegeben. Dem Primat des Lebensschutzes entspricht es, wenn in Katastrophensituationen der Lebenserhaltung möglichst vieler Patienten der Vorrang eingeräumt wird gegenüber der Praktizierung eines Behandlungsoptimismus, in dessen Genuß nur eine geringe Zahl versorgungsbedürftiger Personen kommen könnte.

Gesetzestexte
Aus §§ 22–24 Brand- und Katastrophenschutzgesetz Rheinland-Pfalz

Siehe Anhang, S. 172.

Öffentliche Stellungnahmen

Warnung vor den Gefahren des Krieges. Deutscher Ärztetag (1982)
Richtlinien für den Fall bewaffneter Auseinandersetzungen. Weltärztebund, (1956/1957/1983)

Siehe Anhang, S. 197–198.

Rehabilitation – Nachsorge

Rehabilitation findet überall da statt, wo Menschen wieder in ihre ursprüngliche Integrität zurückgeführt werden. Gleiches geschieht auch im Bereich der Medizin, die ihren Auftrag wie folgt versteht: Kranken und Behinderten durch Therapie einen dem Gesundsein ähnlichen Status zurückzugeben bzw. bei Menschen, die von Geburt an behindert waren ihn erst zu ermöglichen. Insofern haben Ärzte immer schon Rehabilitation geleistet. Aber insbesondere seit dem 2. Weltkrieg hat sich die Situation insofern geändert, als man zahlreichen Kriegsverletzten die Rückkehr in ihr früheres Leben ermöglichen mußte. Die Dringlichkeit dieser Rehabilitation verdichtete sich mit der Einsicht, daß die Folgen eines Krieges, der von den allermeisten Menschen als in höchstem Maße ungerecht verurteilt wurde, gerade die Kriegsopfer am härtesten traf. Zugleich waren die Verletzungen, derentwegen Rehabilitation unternommen werden mußte, in besonders deutlicher Verbindung körperlicher, seelisch-geistiger und sozialer Art. Das dazu entworfene Programm einer *ganzheitlichen Rehabilitation* wurde zum Modell auch für heutige Rehabilitationsmaßnahmen, die gleichsam der Testfall von Solidarität und Sozialität der Gesellschaft geworden sind. Heute ist der Kreis der Rehabilitanden weiter gefaßt. Es geht nicht mehr nur um die Leiden aus Kriegen, sondern um Behinderung jedmöglichen Ursprungs.

Der Medizin kommt bei der Rehabilitation eine zentrale Aufgabe zu. „Rehabilitationsmedizin ist die Integration aller Möglichkeiten der Diagnostik, der kurativen Medizin und der Prävention in eine gezielte ärztliche Hilfe zur Selbsthilfe für körperlich, geistig oder seelisch Behinderte zum Zweck ihrer optimalen Rehabilitation, d. h. ihrer bestmöglichen Eingliederung bzw. Wiedereingliederung in Familie, Arbeit, Beruf und Gesellschaft" (Jochheim u. Scholz 1975). In dieser Definition sind die zentralen Probleme enthalten:

Teamarbeit

Daß ein Arzt allein die Rehabilitation durchführen kann, ist die Ausnahme, weil eine Vielzahl von Aspekten berücksichtigt werden muß. Es geht darum, die Leistungsreserven des Betroffenen zu (re-)aktivieren, bzw. darum, deren Belastbarkeit überhaupt erst genau zu erkennen. Das erfordert *Zusammenarbeit* physio-, psycho- und sozialtherapeutischer Fachleute, zumal Spezialisierungen auf diesen drei Gebieten die nötige Effektivität der Maßnahmen gewährleisten. Jede Spezialisierung steht jedoch in der Gefahr, die Kompetenz für das Ganze der Maßnahmen zu verlieren. Diese Kompetenz soll in einer Zusammenarbeit, die nicht Nebeneinanderher-Arbeit ist, durch Zielabsprachen, Rückkopplungen und Koordination erhalten werden. Zum Hintergrund für diese Kooperation gehört auch die Erkenntnis, daß die kurativen Leistungen der Medizin nicht ausreichen, um einem Patienten, der dauernd oder vorübergehend nicht mehr zur Selbsthilfe in der Lage ist, seinen Stand im Leben zurückzugeben.

Verständnis von Krankheit und Gesundheit

Die Diskussion um den Gesundheits- und Krankheitsbegriff ist genügend weit fortgeschritten, damit sich sagen läßt: sozialtechnisch, etwa für die Kostenträger (Kranken-, Renten-, Unfallversicherung, Bundesanstalt für Arbeit, Sozialhilfe, Kriegsopferfürsorge und Altershilfe für Landwirte), sind Krankheit und Gesundheit abhängig vom Befund der physiologischen Funktionen. Der Arzt braucht darüber hinaus einen Krankheitsbegriff, der neben dem *Befund* das subjektive *Befinden*, neben der Physiologie auch die psychisch-geistige und soziale Seite von Gesund- und Kranksein umfaßt. Die Unterstützungswürdigkeit eines Menschen braucht ein Kriterium wie Erwerbsfähigkeit. Seine Helfer müssen die physischen, psychisch-geistigen und sozialen Gründe der Erwerbsunfähigkeit eruieren, um sie beseitigen zu können. Solche Gründe sind für den Helfer – auch für den sozio- und psychotherapeutisch unerfahrenen Arzt – nicht nur Randbedingungen, sondern wesentlicher Bestandteil von Gesundheit und Krankheit. Gesundheit ist nach der – freilich utopischen – WHO-Definition von 1957 der „Zustand vollkommenen körperlichen, geistigen und sozialen Wohlbefindens, und nicht allein das Fehlen von Krankheit und Gebrechen". Das Ergebnis einer medizinischen Therapie, gemessen an diesem Maßstab, kann oft kaum als Heilung, sie muß eher als Defektheilung bezeichnet werden. Wer wirklich Heilung oder Gesundheit als das zwar relative, aber doch ausgewogene Wohlbefinden – der Zentralbegriff antiker Ethik vom geglückten Leben liegt in der Nähe – anstrebt, darf nicht nur einen Teil des Heilungsprozesses planen. Angemessen ist dem nur umfassende *Hilfe zum Lebenkönnen*. Optimale Rehabilitation bedeutet nach der Eingangsdefinition „Eingliederung bzw. Wiedereingliederung in Familie, Arbeit, Beruf und Gesellschaft". Ob diese vier Bereiche die exklusiven Bedingungen des geglückten Lebens sind, ist sicher auch Sache der jeweiligen Weltanschauung und Lebensphilosophie, ihre praktische Bedeutung gibt sich in den konkreten Beispielen der Hilfe zu erkennen: für den Bereich des *Familienlebens* ist etwa an die finanzielle Unterstützung zu denken, die den Behinderten einen Verbleib im gewohnten Umkreis ermöglicht; zum Bereich von *Arbeit und Beruf* gehören Hilfen wie Umschulungen, Arbeitsplatzgarantien oder Behindertenwerkstätten; *Integration in die Gesellschaft* erfordert Teilnahme am kulturellen Leben, die durch Lese- und Hörhilfen oder etwa durch Behindertensport verbessert werden kann. Die Liste möglicher Hilfen wäre endlos fortzusetzen. Sie schöpft aus der ethischen Phantasie, die nach Möglichkeiten sucht, wie auch unter eingeschränkten Bedingungen Leben glücken kann.

Selbständigkeit des Behinderten

Gerade das Verständnis von Gesundheit als das Zielbild der Rehabilitation macht deutlich, daß nicht nur die Therapeuten über die Ziele nachdenken müssen, sondern daß der Behinderte letzten Endes selber über seine Rehabilitationsziele entscheidet. *Zielkonflikte* zwischen Therapeut und Patient/Rehabilitand sind nicht auszuschließen, sie sind sogar notwendig, weil Rehabilitation ansonsten nur Anpassungsleitung an eine vorgegebene Norm wäre. Einem solchen Problem begegnet man in jeder therapeutischen Arbeit, es markiert den Punkt, wo der Weg des Rehabilitanden in die *Selbständigkeit* beginnt oder auf dem Spiel steht. Das Problem spitzt sich zu, wo der Rehabilitand das Leben in (s)einer Familie, Leistungsbereitschaft und Anpassung an eine bestehende Gesellschaft oder Gruppe ablehnt. Allzuleicht sieht der Therapeut seine Ziele gefährdet und vergißt dabei, daß „seine Ziele" doch die Ziele eines autonomen Menschen sein müssen. Inwieweit Rehabilitationsarbeit diese Autonomie respektiert, muß dabei als Maßstab der Humanität von Rehabilitation gelten. Welchen Spielraum die Gesellschaft dem Arzt und den anderen Therapeuten läßt, wenn es um die Autonomie der Zielsetzung geht, ist zum einen sicher eine finanzielle Frage für die Kostenträger, zum anderen auch eine Frage an die Liberalität einer Gesellschaft.

Bevor diese Diskussion weiterverfolgt wird, muß noch auf das Problem der *Nachsorge* hingewiesen werden, die sicher weitgehend mit dem Bereich der Rehabilitation deckungsgleich ist. Nachsorge muß jedoch auch da stattfinden, wo eine Rehabilitation nicht mehr möglich ist. Nachsorge ist für die Medizin wichtig, weil sie weiß, daß die ärztliche Aufgabe nicht mit dem kurativen Therapieziel erledigt ist. Gesundsein bedeutet Lebenkönnen. Ziel der medizinischen Behandlung ist darum die Restitution des Patienten in sein Recht auf dieses Lebenkönnen. Zu diesem Selbstverständnis kommt die Einsicht hinzu, daß ein „auskurierter" Patient mit hoher Wahrscheinlichkeit wieder erkrankt, wenn die krankmachenden Faktoren, ob sie nun aus den Bedingungen der eigenen Physis und Psyche oder der sozialen, natürlichen und zivilisatorischen Umwelt stammen, weiter auf ihn einwirken. Nachsorge kann Sozio- und Psychotherapie erfordern, ständige Prophylaxe, Prothetik, weitere Behandlung zur Eindämmung irreversibler Krankheitsprozesse bzw. zur Vermeidung von Rezidiven. Eine besondere Art von Nachsorge findet statt, wenn ein Patient mit infauster Prognose, bei dem kurativ „nichts mehr zu machen ist", vom Arzt oder anderen Therapeuten inner- oder außerhalb der stationären Behandlung *Begleitung* auf seinem Wege zum (←) Sterben erhält.

Mit dem Stichwort „Sterben" ist in radikalster Weise die Frage gestellt, ob das Ausmaß rehabilitativer und nachsorgender Maßnahmen abnehmen darf mit dem Grad an „Nutzlosigkeit". Die Wichtigkeit der Rehabilitation wird wohl von niemand bestritten, solange der Nutzen für die Volkswirtschaft die Investitionskosten der Rehabilitationsträger, d. h. der Solidargemeinschaft, übersteigen. Wenn der Nutzen aber nur noch darin besteht, etwa für Schwerstbehinderte ein – vom Standpunkt der „anderen" – Minimum an Lebensglück zu erhalten, das vielleicht volkswirtschaftlich gesehen nutzlos ist, schwindet die Bereitschaft vieler (Steuerzahler oder Kostenträger), solche Rehabilitationsmaßnahmen mitzutragen. Auf der Karlsruher Therapiewoche 1982 wurde eine Studie zur Risiko-Nutzen-Abwägung für die Behandlung (Rehabilitation) leukämiekranker Kinder vorgelegt. Die Verfasser gestanden zu, daß der Gewinn an Lebensqualität für die Kinder in dieser Rechnung natürlich nicht zu veranschlagen sei. Trotzdem lasse sich die kostenintensive Behandlung dieser Kinder durch den wirtschaftlichen Nutzen rechtfertigen, den sie – bei hochgerechnetem Durchschnittsalter – infolge der Therapie einmal erwirtschaften werden. Dieser Hinweis soll auf eine Gefahr aufmerksam machen: Rehabilitation ist immer auch eine Frage von Finanzierbarkeit bzw. Nützlichkeit und einer möglichen Kollision mit anderen Aufgaben. Das ist zunächst ethisch neutral zu sehen. Nur muß jeder, der als

Arzt oder in anderen Funktionen an der Rehabilitation beteiligt ist, dafür Sorge tragen, daß Rehabilitation nicht zur *Ausbeutung* behinderter Menschen mißbraucht oder als Strategie eingesetzt wird, auch noch beschädigtes Leben in gesellschaftliche Verwertungszusammenhänge zu pressen. Denkbar ist der Fall, daß die Therapeuten den *Kreislauf von Verzweiflung, Resignation und Abhängigkeit* nicht aufbrechen können und der Behinderte in einer Haltung der Leistungs- und Nützlichkeitsverweigerung stecken bleibt. Kein Mensch darf zu bestimmter Normerfüllung gezwungen werden. Aber fraglich bleibt, ob die Gesellschaft gehalten ist, auch den zu unterstützen, der die *Anpassung* an ihre Ziele verweigert. Nach den Regeln der Fairneß bestünde diese Verpflichtung sicher nicht. Aber eine Gesellschaft, die ihre Menschen zum Glück, d.h. hier: ihre Behinderten zum relativen Glück der Rehabilitation zwingt, kann ihre diktatorischen Züge kaum verbergen.

Rehabilitation ist nicht nur Sache professioneller Hilfe. Unabdingbar ist die Mitarbeit des Behinderten selber. Das Erlebnis der Betroffenheit hat Menschen zu *Selbsthilfegruppen* zusammengeführt, in denen gerade das wichtig ist, was professionelle Therapeuten oft zu wenig berücksichtigen: auch der Behinderte ist voll als Person zu respektieren, die ein Recht auf ihre ganz persönliche Art des Fühlens, Denkens und Entscheidens hat. Selbst im Zustand der Behinderung ist sie niemals einfach Gegenstand der Hilfe. Die Selbsthilfegruppe der „Anonymen Alkoholiker" ist der Prototyp dieser Entwicklung. Es ist oft der Gruppe zu verdanken, daß ihre Mitglieder den schwierigen Lernprozeß von der Verzweiflung zum aktiven Willen, gesund zu werden, vollziehen (und nicht nur therapeutisch verordnet bekommen). Wohl für die meisten Formen der körperlichen, psychischen und sozialen Behinderung gibt es inzwischen Selbsthilfegruppen: für ehemalige Psychiatriepatienten, für Alkoholkranke ohne und nach einer Entziehungskur, für mammaamputierte Frauen, für ileo- und kolostomierte Patienten, für Eltern behinderter Kinder usw. Die Wichtigkeit solcher Selbsthilfegruppen läßt sich an ihrem Wert- und Arbeitskonzept erkennen. Nach Moeller (1978) setzen sie sich zum Ziel: Aufbau von

1. Selbstbestimmung gegen Fremdbestimmung,
2. Echtheit (Authentizität) gegen unangemessene Abwehr,
3. Hoffnung gegen Angst,
4. Solidarität gegen defekte Beziehungen.

Mit dem Grundsatz der *Selbstbestimmung* soll erreicht werden, daß der zu rehabilitierende Kranke oder Behinderte die Kraft findet, sein Leben wieder in eigener Regie zu gestalten. Er soll seine *Echtheit* zurückerlangen, indem er lernt, sich wieder Leistung und Verantwortung zuzutrauen und sie nicht aus Selbstmitleid oder aus dem oft vorgeschützten bzw. aufgezwungenen Gefühl der Minderwertigkeit als Zumutung und Überforderung zurückzuweisen. Damit in direktem Zusammenhang steht unter dem Zeichen wiederentdeckter *Hoffnung* der Prozeß, für sich selbst und andere in neuer Weise wichtig zu werden, die Angst vor Kontakten und Aufgaben, die Zukunft bedeuten, abzubauen. Grundlegend dafür ist, die *Solidarität* von Menschen in ähnlicher Situation zu erleben, die seine Probleme verstehen, Rückschläge und Ängste mit ihm teilen und ihn bei allen Schritten ermuntern. Diese Art von Solidarität muß an die Stelle des Mißtrauens treten, das ihm allzu oft von der gesunden Umwelt entgegengebracht wird, und die Ansätze zerstört, aus der Fatalität der zerbrochenen Lebensplanung herauszufinden.

Selbsthilfegruppen, die das leisten, erfüllen das Rehabilitationsziel, das für alle Helfer und Träger der Maßnahmen gilt. Förderung und Akzeptierung solcher Gruppen sollte darum auch von seiten der offiziellen Helfer und Träger unterstützt werden.

Arbeitsmaterialien

Literatur

Deppe-Wolfinger H (Hrsg) (1983) Behindert und abgeschoben. Zum Verhältnis von Behinderung und Gesellschaft. Belz, Weinheim Basel

Jochheim K-A, Scholz JF (Hrsg) (1975) Rehabilitation, Bd 1: Gesetzliche Grundlagen. Methoden und Maßnahmen. Thieme, Stuttgart

Jochheim K-A, van der Schoot P (Hrsg) (1981) Behindertensport und Rehabilitation. Schriftenreihe des Bundesinstituts für Sportwissenschaft, Bd 37. Hofmann, Schorndorf

Moeller ML (1978) Selbsthilfegruppen. Rowohlt, Reinbek

Pfleiderer A, Eissenhauer W (Hrsg) (1980) Probleme der Krebsnachsorge. Prognose, Begutachtung und Rehabilitation. Karger, Basel (darin bes. der Artikel von E. Seidler)

Schaefer H, Blohmke M (1978) Sozialmedizin. Einführung in die Ergebnisse und Probleme der Medizin-Soziologie und Sozialmedizin, 2. Aufl. Thieme, Stuttgart, S 382–464

Scholz JF (Hrsg) (1979) Rehabilitation als Schlüssel zum Dauerarbeitsplatz. Rehabilitationskongreß in Heidelberg 1978. Springer, Berlin Heidelberg New York

Zur Einführung in die rechtliche Problematik

Vgl. die Ausführungen und Literaturhinweise zu (←) Behinderung

Öffentliche Stellungnahmen

Vgl. die Texte bei den Stichworten, auf die vorher verwiesen wurde.

Lebensende

Wie auch bei den anderen Bereichen der medizinischen Ethik, also Forschung, Lebensbeginn und Lebenskrisen, ist das Lebensende kein Problem „in sich". Es beginnt erst da, wo man sich unterschiedlich zur Faktizität des Todes und zum Prozeß des Sterbens verhalten kann. Zum Problem gehört auch die Vermutung, daß eine verbindliche Regelung, welche der Verhaltensmöglichkeiten denn nun die richtigere sei, keineswegs mehr einleuchtend und selbstverständlich ist wie zu einer Zeit, als man im Tod den „Bruder" und „Gevatter" sah, ihm also mit weniger Angst und Schrecken begegnete als heute. Die Möglichkeiten der Medizin bzw. ihre Bereitschaft, im Bereich des Lebensendes tätig zu werden, sind eingebettet in die Diskussionen und Unsicherheiten der westlichen Kulturszene. Sie sucht nach Antworten auf Fragen, wie man Tod und Sterben zu beurteilen und mit ihnen umzugehen hat, nachdem sich unsere wissenschaftlich-technischen und metaphysischen Voraussetzungen geändert haben. Unsere Kultur fragt auch, welche Rolle der Tod im Leben des einzelnen und der Gesellschaft spielt und welche Konsequenzen es darum hat, wie realistisch, phantasievoll oder verdrängend sich die Menschen, also auch die Medizin, gegenüber dem Phänomen „Tod" verhalten. Genau diese Frageebene zeigt sich in den folgenden 7 Problembereichen:

- Behandlungsabbruch,
- Reanimation,
- Begriff und Feststellung des Todes,
- Sterbehilfe,
- Wahrheit am Krankenbett,
- Suizid,
- Trauerarbeit.

Die Themen „Suizid" und „Trauer" bereiten bei ihrer Einordnung in den Problembereich des Lebensendes besondere Schwierigkeiten. Beide sind nach heutigem Verständnis Ausdruck von Lebenskrisen und müßten darum eher dem vorhergehenden Punkt zugeordnet werden. Doch zentrales Problem für die Trauer ist die Endlichkeit des Lebens bzw. in letzter Instanz der Tod. Freud hat darum das alte römische Sprichwort „Si vis pacem, para bellum (Willst du den Frieden, rüste dich zum Krieg)" abgeändert in „Si vis vitam, para mortem (Willst du das Leben, rüste dich auf den Tod)". Das Thema des Todes spielt auch für den Suizid eine zentrale Rolle, weil der Suizident, der sich in einer tiefen Lebenskrise befindet, den Tod als Ersatz für ein Leben sucht, das er nicht mehr meistern kann.

Der Kampf der Medizin gegen den Tod (z. B. in der Reanimation) ist nicht deswegen gut oder schlecht, weil der Tod „in sich" etwas Böses (Sinnloses) oder

Weiterleben „in sich" etwas Gutes (Sinnvolles) ist. Die Wissenschaften, gemeint sind: Medizin, Theologie und Philosophie, die sich am meisten mit dem Phänomen „Tod und Sterben" beschäftigt haben, würden solcher Mythologie widersprechen. Leben ist nur solange etwas Gutes (Sinnvolles), für das sich zu kämpfen lohnt, als es die Herausforderung des Endes aushält. Das bedeutet in letzter Konsequenz: medizinisches Eingreifen am Lebensende kann in ethischer Hinsicht nur dann sinnvoll sein, wenn es akzeptiert, daß *Leben und Tod zusammengehören.*

Behandlungsabbruch

Im klinischen Alltag stellt sich das Problem des Behandlungsabbruchs in verschiedenen Situationen. Es ist denkbar, daß eine Behandlung zwar überlegt, dann aber doch nicht eingeleitet wird, weil sie an der Prognose für den Patienten nichts mehr ändern könnte; oder die aufgenommene Behandlung wird abgebrochen, weil eine Weiterführung zwecklos erscheint. Nicht in diesen Problembereich gehört der Behandlungsabbruch, der in nicht lebensbedrohender Krankheit durch den Patienten vorgenommen wird, wenn er z. B. verordnete Medikamente nicht weiter einnimmt. Dies gehört zum Problem der Patientencompliance. Schwieriger wird es, wenn jemand eine Behandlung verweigert, die einer sich entwickelnden malignen Krankheit vorbeugen soll. Das Problem wird jedoch noch zentraler, wenn seitens der Medizin eine Behandlung abgebrochen wird, die das Fortschreiten einer tödlichen Erkrankung verlangsamen soll, auch wenn am tödlichen Ausgang kein Zweifel besteht. Das hat zur Folge, daß sich die weitere medizinische Behandlung nur noch auf die Grundbedürfnisse des Patienten nach Nahrung, Sauberkeit, Wärme, Schlaf und Schmerzfreiheit erstreckt. Eine weitere Behandlung der Grunderkrankung oder hinzukommender Sekundärerkrankungen wie einer Pneumonie oder Herzschwäche bei einem terminalen Tumorpatienten unterbleibt. Auch Schmerzbekämpfung orientiert sich dann mehr am Bedürfnis des Patienten als an der Vermeidung negativer Nebenwirkungen, z. B. einer Abhängigkeit bei hohen Dosen von Analgetika der Morphinreihe.

Dies läuft auf ein bewußtes bzw. bewußt in Kauf genommenes *Sterbenlassen* des Patienten hinaus. Die vernünftige Entscheidung der verantwortlichen Therapeuten, dem todkranken Patienten durch eine weitere aggressive Behandlung neue Leiden zu ersparen oder durch palliativmedizinische Eingriffe zu erleichtern, ohne seine Grundsituation zu verbessern, kollidiert mit der Hilfeleistungspflicht des Arztes, die einen Behandlungsabbruch eigentlich ausschließt. Die folgenden Überlegungen sollen helfen, in diesem Teilproblem der (←) Sterbehilfe bzw. Euthanasie einen pragmatisch-vernünftigen Ausweg aus dem gekennzeichneten ethischen Dilemma zu finden. Vorab sei vor dem Mißverständnis gewarnt, als ginge es hier um den Konflikt zwischen Verantwortung (unnötiges Leiden zu vermeiden) und Prinzip (niemals zu töten). Auch ein ehtisches Prinzip ist Resultat pragmatischer Verantwortung, es ist aus konkreter Erfahrung entstanden und mit dem verantwortlichen Handeln mitgewachsen. Insofern geht es hier um die Neufestlegung des Geltungsbereichs, nicht um die Revision eines ethischen Prinzips. Das soll der folgende Aufriß verdeutlichen:

Entstehungsbedingungen des Problems

Grund für eine unterschiedliche Einschätzung des Behandlungsabbruchs früher und heute ist der 3fache Wandel 1. der medizinisch-technischen *Effektivität* einer Behandlung lebensbedrohender Krankheiten, 2. der *Sinngebung* menschlichen Lebens und 3. der *Leidensbereitschaft* des Patienten.

Die Möglichkeiten der naturwissenschaftlichen Medizin und Technik sind so angewachsen, daß heute erst spät der Fall eintritt, daß „nichts mehr zu machen ist". Während die therapeutischen Möglichkeiten ständig anwachsen, muß immer mehr bewußt entschieden werden, bis zu welchem Punkt der medizinisch-technische Aufwand sinnvoll ist bzw. wo er es nicht mehr ist. Diese Abwägung ist notwendig geworden, weil die Grenzen des Möglichen nicht mehr – gleichsam als etwas „Natürliches" – vorgegeben sind, sondern jeweils von Fall zu Fall sich anders ergeben. Der Verlust einer gewissermaßen „natürlich" erscheinenden Grenze wird erst dann zum ethischen Problem, wenn man die Forderung einsieht, daß neue Handlungsmöglichkeiten auch neue Möglichkeiten der Verantwortung brauchen. Vorausgesetzt es stimmt, daß die Gegenwart eine Diskrepanz zwischen Handelnkönnen und Verantwortenkönnen, also zwischen Technik und Ethik, aufweist, dann ist verständlich, daß die notwendige Abwägung, bis zu welchem Punkt medizinische Behandlung noch sinnvoll ist, unbefriedigend bleibt.

Ebenso ist ein Wandel in der Sinngebung des menschlichen Lebens eingetreten. Sinn galt als etwas, das der Mensch finden konnte, etwa in der Harmonie mit der Vernunft, der Natur, mit dem Schicksal, mit Gott usw. Philosophische Strömungen unseres Jahrhunderts rundeten das Gefühl ab, von religiösen Traditionen der Sinnfindung abgekoppelt zu sein. Seitdem gilt Sinn als etwas, das der Mensch herstellen muß. Sein Leben ist „Entwurf", sein Ziel nicht (vorher-) bestimmt, sondern er selber muß es bestimmen. Sinn ist dabei die Summe an Vernünftigkeit zwischen seinen eigenen Zielen und den Zielen anderer. Für die Situation des Behandlungsabbruchs läßt sich demnach sagen, daß der Sinn einer Behandlung von den Betroffenen jeweils selber positiv oder negativ festgelegt bzw. erfahren werden muß. Sie finden ihn nicht einfach in der Aussöhnung mit einem unabwendbaren Schicksal, das von einem persönlichen Gott gelenkt wird. Sie finden es vielmehr in dem, was sie aus der Situation machen können. Die Schwierigkeit der Medizin ist demnach nicht nur eine tatsächliche oder vermeintliche Grenzüberschreitung, sondern die Verknüpfung ihrer Entscheidung, zu behandeln oder die Behandlung abzubrechen, mit der Problematik der Patienten, in ihrer verbleibenden Zeit Sinn finden oder herstellen zu können.

Mit dem Sinn, den Menschen früher in der Akzeptanz des Schicksals finden konnten, war die Bereitschaft verbunden, das hohe Maß an Leiden zu ertragen, das ein langer Sterbeprozeß mit sich brachte. Dem Leiden auszuweichen bedeutete, auf die Möglichkeit zu verzichten, im Sterben letzten Sinn zu finden. Leiden wird heute oft als sinnlos erlebt, weil es den Zielen widerspricht, die sich Menschen gesetzt und für die sie große Opfer gebracht haben. Ziel des Fortschritts sei ein – wie auch immer verstandenes – glückliches Leben, Leiden sei dessen Gegensatz. Lebensverlängerung, die zugleich Leidensverlängerung ohne vergleichbaren Gewinn an Lebensglück beinhaltet, scheint darum für viele unzumutbar. Der Ruf nach Behandlungsabbruch ist somit unvermeidliche Anfrage an den Sinn von Leiden.

Ethische Fragen

Der Verweis auf diese Ebenen der medizinisch-technischen Effektivitätssteigerung, des Wandels existentieller Sinngebung und des Verlusts von Leidensbereitschaft deutet auf die Relativität des Problems. Seine Lösung hängt nicht vom Einschärfen universeller Normen ab, sondern davon, ob wir uns trauen, die praktischen Fragen zu beantworten, die auf den drei Ebenen gestellt werden:

Wo liegen Grenzen medizinischer Behandlungsmöglichkeiten?

Ein Menschenleben sei unbezahlbar, ist ein Gemeinplatz moderner Rechtfertigungsversuche für hohe Kosten im Gesundheitswesen. Aus der Unbezahlbarkeit eines Menschenlebens folgt aber noch nicht, daß es keine Grenzen in der Aufwendung für seine Erhaltung gibt. Sie besagt nur, daß ein Menschenleben nicht mit Geld- und Sachwerten aufzurechnen ist. Eine Grenze kann da liegen, wo die Kosten für die Erhaltung des einen Menschen so hoch sind, daß die Rettungschancen für andere geringer werden. Natürlich darf man nicht für eine fixierte Grenze von Höchstsätzen plädieren, damit alle, wenn nötig, das gleiche bekommen können. Das Maß muß im *einzelnen Patienten* selber gefunden werden, nämlich in der Überlegung, ob die vorgesehene bzw. überhaupt eine medizinische Behandlung ihm ein menschenwürdiges Leben ermöglicht. Dabei ist wichtig, was der Betroffene selber für „menschenwürdig“ hält und was die anderen als gültige Kriterien von Menschenwürdigkeit schützen wollen. Alle Maßstäbe dieser Art wie ordentliche und außerordentliche, sinnvolle und sinnlose, natürliche und unnatürliche oder vernünftige und unvernünftige Behandlungsformen bzw. -ziele sind natürlich subjektiv und unpräzise. Wer im vorliegenden Problem von der Ethik, also nicht von der Rechtswissenschaft, Entscheidungshilfen erwartet, darf nicht mit abrufbaren ethischen Kategorien rechnen, sondern muß bereit sein, über seine eigene vernünftige Argumentation, Erfahrung und Intuition die ethischen Kriterien der einzelnen Entscheidung autonom zu präzisieren.

Wo liegen die Grenzen für die Medizin, Selbstbestimmung und Sinngebung zu akzeptieren?

Sinn wird nicht vorgefunden, sondern aus dem Selbstentwurf des Menschen heraus entdeckt. Demnach kann der Mensch bestimmen, ob er leben oder sterben will. Ob es danach jedoch ein Recht auf den Suizid oder die freie Selbstbestimmung zum (←) Suizid bzw. die legitime Beihilfe zum Suizid (← Sterbehilfe) gibt, ist damit noch nicht entschieden. Zumindest wird eine Behandlung schwerkranker Menschen dort unzulässig, wo diese Menschen die Behandlung in einer klaren Willensäußerung ablehnen. Aber Fälle dieser Art sind selten so eindeutig, vielmehr sind Willensäußerungen von todkranken Menschen oft chiffriert und verzerrt. Der Schwerkranke, der unter dem Erleben einer leidvollen Behandlung ihren Abbruch fordert, hat sich unter Druck entschieden. Für viele Ärzte und Schwestern ist es unmöglich, solche Entscheidungen als freie und vernünftige Willensäußerung zu akzeptieren. Zudem wissen sie aus Erfahrung, daß manche Patienten am Ende froh waren, daß sie eine anfangs nahezu aussichtslose und schwer zumutbare Behandlung durchführen ließen. Eine Abwägung in diesem Problem kann sich also weder auf objektive Kriterien noch auf einheitliche Erfahrung berufen. Sie bleibt angewiesen auf *Intuition, Menschenkenntnis, Mut* zu immer neuer Erfahrung – und v. a. auf die *gemeinsame Überlegung* von Helfern, Patienten und anderen Betroffenen, unter welchen Bedingungen die Willensäußerung eines Menschen als bindend angesehen werden muß.

Wo liegen die Grenzen zumutbaren Leidens?

Genauso unpräzise wie die bisher vorgestellten Maßstäbe ist die letzte Frage. Auch hier geht es nicht darum, eine Zumutbarkeitsskala aufzustellen. Es ist entscheidend für den Arzt und die anderen Helfer, hinreichend sicher zu erkennen, ob der Patient in der bevorstehenden Behandlungsphase für sich selbst Sinn verwirklichen kann oder nicht. Eine solche Erkenntnis stützt sich wiederum nur auf Menschenkenntnis, Intuition, Erfahrung und auf Gespräche mit dem Patienten bzw. mit Verwandten und Freunden. Hierfür ist aber auch wichtig, ob andere Helfer, z. B. Psychologe, Sozialarbeiter oder Seelsorger in der Klinik, das mit dem Patienten erarbeiten können, was er in seiner Situation braucht, um durchhalten zu können: *Selbstvertrauen*, das *Angst reduziert*, und das Gefühl der eigenen *Integrität*, das *gegen Selbsthaß und Verzweiflung* mobilisiert werden soll.

Ein besonderes Problem bei der Überlegung, ob und wieviel Leiden zumutbar ist, bringt die Unausweichlichkeit des Todes mit sich. Der Wunsch nach Behandlungsabbruch ist nicht schon ein Zeichen dafür, daß der Patient den nahen Tod akzeptiert. Ebensooft erlebt man, daß Patienten den Tod dringend herbeisehnen, weil sie nicht länger als unbedingt nötig die drohende Nähe des Todes aushalten können. Für manchen ist der Tod der Gipfel an Absurdität, für andere ist er eine letzte Abrundung des Lebens. Theologische und philosophische Traditionen stellen sich oft den Tod als die letzte und schwierigste Aufgabe vor, die vielen einzelnen Erlebnissen und Entscheidungen vor Bedeutungs- und Belanglosigkeit zu retten.

Welche Bedeutung die letzte Lebensphase für den Patienten hat, ist zwar auch kulturell festgelegt, sie muß aber auch in konkreten Beziehungen erarbeitet werden und hängt darum in der Situation des Patienten weitgehend von seinen Helfern ab. Es ist also Sache der *Begleitung*, die von allen Helfern *gemeinsam* getragen wird, die Sinngebungsmöglichkeiten des Patienten in dieser Phase herauszufinden oder eben ein massives Sinnlosigkeitserlebnis – natürlich in Übereinstimmung mit dem Patienten – abzukürzen.

Die meisten Fachleute, die sich mit der normativen Frage des Behandlungsabbruchs beschäftigt haben, Juristen, Theologen, Philosophen, Ärzte usw., können sich darauf einigen, daß ein Behandlungsabbruch „erlaubt" ist, wenn er mit hinreichender Gewißheit der medizinischen Aussichtslosigkeit und nicht gegen den Willen des Patienten vorgenommen wird. Aber die Frage der Gewißheit wie die der Willensfreiheit sind mit objektiver Genauigkeit nicht zu beantworten, sondern nur aus der tatsächlichen Beziehung zum Patienten heraus zu erfahren. Weil die Grenzen zwischen passiver und aktiver (←) Sterbehilfe, also zwischen Sterbenlassen und bewußter Herbeiführung des Todes, fließend sind, müssen die verantwortlichen Helfer vermeiden, den Behandlungsabbruch zur billigen Lösung zu machen. *Sinnfindungsprobleme* im Klinikbetrieb können lästig sein. Zielpunkt jeder helfenden Begleitung in terminalen Phasen bleibt das geglückte Leben, zu dem auch das gute Sterben gehört. Ein Behandlungsabbruch kann nur dann auch ethisch legitim sein, wenn er die Verzweiflung des Sterbens verhindert oder wenigstens lindert und die *Würde auch des todkranken Lebens* schützt.

Arbeitsmaterialien

Literatur

Auer A, Menzel H, Eser A (1977) Zwischen Heilauftrag und Sterbehilfe. Zum Behandlungsabbruch aus ethischer, medizinischer und rechtlicher Sicht. Heymanns, Köln Berlin Bonn München

Baer LS (1980) Der Patient soll entscheiden. Patmos, Düsseldorf

Thielicke H (1979) Wer darf sterben? Grenzfragen der modernen Medizin. Herder, Freiburg

Winter A (ed) (1980) Life and death decisions. Thomas, Springfield

Wong CB, Swazey JP (eds) (1981) Dilemmas of dying. Policies and procedures for decisions not to treat. Proceedings of a 1979 Conference. Hall, Boston

Zur rechtlichen Problematik

Vgl. die Ausführungen und Literaturhinweise zu (←) Intensivbehandlung, (←) Begriff und Feststellung des Todes sowie (←) Sterbehilfe.

Öffentliche Stellungnahme

Richtlinien zum Abbruch kardiopulmonaler lebenserhaltender Maßnahmen unter besonderen Umständen. Ärztekammer und Anwaltskammer von Los Angeles County (1981)

Siehe Anhang, S. 200.

Reanimation

Die Reanimation ist eine alltäglich zu erbringende Leistung der (←) Intensivmedizin, Menschen in todesnahen Zuständen ihre vitalen Funktionen zurückzugeben. Medizinisch ist die Beschreibung des todesnahen Zustands sehr komplex, er wird beschrieben als „*klinischer Tod*", d. h. als Kreislaufstillstand mit Fehlen von Atmung und Karotispulsation, mit Erweiterung der Pupille und zyanotischer Hautverfärbung. Neuhaus u. Masshoff prägten dafür den Begriff der „*vita reducta*" (lat.: reduziertes Leben), das infolge einer Dysregulation lebenswichtiger Systeme durch Ausfall von Reaktionsbereitschaft („Reagibilität") und Reizbarkeit („Irritabilität") gekennzeichnet ist. Dieser Zustand läßt beides offen: den Rückweg ins Leben und das Fortschreiten in den Tod, wenn nicht irreversible Schädigungen vorliegen. Der rasanten Entwicklung der Intensivmedizin ist es zu verdanken, daß selbst Unfälle mit schweren Verletzungen, Verbrennungen und Vergiftungen nicht automatisch den Tod bedeuten und die Betroffenen nach intensiver Behandlung ihr Leben wieder weiterführen können. Dagegen ist das Beispiel des *appallischen Syndroms* bzw. der *Dezerebration* zu nennen, das durch Unfälle, Blutungen oder Tumore bedingt sein kann. Seine Symptome sind tiefes Koma, Dezerebrationsstarre mit Auftreten von spastischen Bildern und Streckkrämpfen. Doch es gibt keine sicheren Kriterien dafür, bei welchem Schädigungsgrad Reanimationen zu einem Erfolg führen, wie groß dieser Erfolg sein muß und wann nur irreversibles Sterben bzw. der Zustand zwischen Leben und Tod durch Reanimation für ungewisse Zeit verlängert wird. Das gegenwärtig zur Todesfeststellung (← Begriff und Feststellung des Todes) benutzte Hirntodkriterium kann oft hilfreich sein für die Entscheidung, bis zu welchem Punkt die lebenserhaltenden Maßnahmen der Reanimation fortgesetzt werden müssen. Ethisch relevant ist jene fundamentale Unsicherheit, die weniger auf medizinische Wissenslücken, sondern eindeutig auf die *Hilflosigkeit* zurückzuführen ist, Tod und Leben bzw. den Tod im Leben ohne Angst und in richtiger Einschätzung ihres Stellenwertes zu sehen. Reanimation bleibt eine Handlung auf dem Schnittpunkt von Lebenwollen und Sterbenmüssen, von Reversibilität und Irreversibilität, von Notwendigkeit und Freiheit des Lebens bzw. des Todes. Daher stammt ihre unvermeidliche Ambivalenz, in der die wünschenswerten und abzulehnenden Konsequenzen eng beieinander liegen.

Die innere Dramatik der Reanimation wurde weltweit diskutiert, als 1975 die 22jährige *K. A. Quinlan* 2mal nach Atemstillstand reanimiert wurde. Der Zustand nach der Reanimation wurde in den medizinischen Gutachten für die Gerichtsverhandlungen als „irreversibel komatös" beschrieben. Während anfangs alle Beteiligten auf die Segnungen der Reanimationsmedizin hofften, stellte sich bald heraus, daß das Ergebnis keineswegs mehr wünschenswert war: es bestand im Überleben eines Menschen, der von sich aus nicht mehr lebensfähig war, dessen physiologischer Status ihm nicht mehr die Möglichkeit gab, zu denken, zu fühlen, zu handeln und mit anderen Menschen zu kommunizieren. Der Supreme Court von New Jersey „gestattete" folglich in 2. Instanz etwa 1 Jahr nach Beginn der Intensivtherapie das Abstellen der lebenserhaltenden Apparate. Aber der vegetative Zustand der jungen Frau, dieses (biologische) Leben ohne (menschliches) Leben hat sich auch Jahre nach dem (←) Behandlungsabbruch nicht verändert.

Die Suche nach Möglichkeiten begann, solche negativen Auswirkungen der Reanimationstechniken zu begrenzen. Die Reanimationsunternehmen, die das Sterben der Politiker Franco und Tito um Wochen verlängerten, erhöhten die Sensibilität vieler Menschen gegenüber diesem Problem. „Das ‚Franco-Tito-Syndrom' ist der Hauptanlaß des Vorwurfs, die moderne Medizin sei ‚unmenschlich'" (Anschütz). Drei Wege wurden beschritten bei dem Versuch, Grenzen für die Reanimation zu finden: 1. durch die Verbesserung medizinischer Indikationen zur Reanimation, 2. durch Untersuchung der Rechte und Pflichten gegenüber Leben und Tod und 3. durch Sinn- bzw. Wertanalyse von Leben und Sterben.

Verbesserung medizinischer Indikationen zur Reanimation

Die vitalen Funktionen werden aufrechterhalten durch die Leistungen der Atmung und des Kreislaufs, eine direkte Störung der beiden führt zum Tod, ebenso kann eine Störung des Haushalts von Wärme, Säuren und Basen oder Wasser und Elektrolyten bzw. des Gehirns oder des Stoffwechsels den Tod herbeiführen. Durch eine Wiederbelebung soll dem Menschen die Zeit gegeben werden, die er braucht, bis sein Körper wieder *aus eigener Kraft* die Aufrechterhaltung und Steuerung der vitalen Funktionen übernehmen kann. „Eine Soforttherapie setzt also nicht die Diagnose der Grundkrankheit voraus, sondern erfordert die Suche nach der Störung, die die vitalen Funktionen beeinflußt" (Ahnefeld 1981). Bei der Reanimation geht es vielfach um *Sekundenentscheidungen*, die eine Abwägung des Für und Wider kaum zulassen. Zumal in der Unfallversorgung kann solch schnelles Handeln lebensrettend sein. Erst wenn das erstversorgte und reanimierte Unfallopfer in die Klinik abtransportiert ist, kann dort die Überlegung beginnen, ob wichtige irreversible Schädigungen z. B. des Gehirns vorliegen und weitere lebenserhaltende Maßnahmen ergriffen werden sollen. Wenn dagegen ein Patient im Verlauf einer Klinikbehandlung, z. B. einer Operation oder während eines stationären Aufenthalts, reanimiert werden muß, kann häufig davon ausgegangen werden, daß genügend diagnostische Erkenntnisse über die Grunderkrankung vorliegen. Die Ärzte haben die notwendigen Informationen, ob eine Reanimation nur einen *unaufhaltsamen Sterbeprozeß* verlängert, etwa bei einem Tumorpatienten im finalen Stadium, oder ob sie wirklich einen Aufschub gewährt, der die Ausheilung bzw. nachhaltige Besserung einer Grunderkrankung wahrscheinlich macht. Doch je komplizierter eine Grunderkrankung, z. B. ein polytraumatische Verletzung, ist, desto unsicherer wird eine Indikation zum reanimativen Eingriff, weil sein Erfolg unsicher ist.

Rechte und Pflichten gegenüber Leben und Tod

Von verschiedenen Seiten wurde der Begriff „*natürlicher Tod*" in die Debatte geworfen. Mit diesem Begriff sollte deutlich gemacht werden, daß jeder Mensch das Recht und den Zugang zu optimaler medizinischer Versorgung in dem Maße haben muß, daß er das „natürliche" Ende seines Lebens erreichen kann. Dementsprechend besteht auch eine Verpflichtung zur Erhaltung des Lebens, also auch zur Reanimation, damit Leben nicht vorzeitig beendet wird. Für andere gilt diese Forderung als Utopie, weil der Mensch seit eh und je an den vielfältigsten Krankheiten stirbt, ohne an sein natürliches Ende gelangt zu sein. Es muß also als „natürlich“ gelten, daß der Mensch eben keine natürliche Grenze des Lebens hat.

Über diese Diskussion hinaus, in der eine Entscheidung für eine der Positionen schwerfällt, hat der Begriff des „natürlichen Todes“ weiterhin seine Faszination. Denn er reklamiert einerseits den vorzeitigen Tod als etwas, was man bekämpfen muß, und wehrt sich andererseits gegen eine Praxis, die im Tod eine natürliche Grenze des Lebens übersieht. Einen bereits hirntoten Patienten am „Leben“ zu erhalten, damit der intrazelluläre Stoffwechsel in Gang bleibt, bis die benötigten frischen Organe für eine Transplantation (← Organtransplantation) entnommen werden können, nimmt das ethische Bewußtsein hin, aber nur unter der Bedingung, daß damit dem Transplantatempfänger Überleben und Weiterleben ermöglicht werden. Einen Patienten nach einem Suizidversuch (← Suizid) zu reanimieren, wird dann zum Problem, wenn eine Reanimation den Suizidanten in ein Leben zurückholt, das er aus psychosozialen Gründen gar nicht mehr leben und gestalten will bzw. kann. Die Reanimation darf nicht dadurch gerechtfertigt werden, daß die Gesellschaft – und an vorderster Front die helfenden Berufe – den Tod zum Tabu erklären. Reanimationen vorzunehmen, weil man den Tod eines Patienten nicht akzeptieren kann, seitens der Helfer oder auch seitens der Familie des Patienten, gilt als unrealistischer und unangemessener Versuch, eine natürliche Grenze zu ignorieren. Dagegen ist die Frage, wie weit die *Pflicht zur Lebenserhaltung* reicht, in einem weiteren Zusammenhang (← Behandlungsabbruch, ← Sterbehilfe) zu beantworten. Von manchen Anästhesisten jedenfalls wird die Ansicht vertreten, daß die Reanimation eine Behandlung ist wie jede andere und darum auch abgebrochen werden kann wie jede andere Behandlung. Die medizinische Verpflichtung gegenüber Leben und Tod reicht also im Fall der Reanimation nicht weiter als in jedem anderen Fall auch, sie ist mithin an die „natürliche“ Herausforderung von Hilfe gebunden.

Wenn hier von Natürlichkeit geredet wird, darf man das nicht im Sinne der naturrechtlichen Ethiktradition mißverstehen. Die Natur gilt in heutigen Diskussionen nicht als eine oberste Gesetzgeberin, und das, was sie „lehrt“, ist nicht auch schon das Gute und absolut Verpflichtende. Natur ist eher die Basis des Lebenkönnens. Wer Natur überspielt, verliert damit – wenigstens auf Dauer – die Möglichkeit des Überlebens. Der Reanimationstechnik eine Grenze zu setzen, ist darum eine Sache der realistischen Akzeptanz, daß man Leben nicht beliebig vermehren und verlängern kann ohne Rücksicht auf seine natürliche Basis.

Sinnanalyse menschlichen Lebens und Sterbens

Wer sich gegenüber Auswüchsen der Reanimationsmedizin auf eine natürliche Grenze beruft, muß sagen können, wie er diese Grenzziehung präzisieren will. In medizinischen, ethischen und religiösen Argumenten begegnet man immer wieder dem Begriffspaar „*ordentlich – außerordentlich*“ als Kennzeichnung von Behandlungsmaßnahmen. Zumeist ist daraus die Regel zusammengesetzt, daß es ein

Recht des Patienten auf bzw. eine Pflicht des Arztes zu „ordentlichen", aber nicht auf bzw. zu „außerordentlichen" Maßnahmen gebe. So einleuchtend die Regel ist, so undeutlich ist aber die Unterscheidung „ordentlich – außerordentlich". Im medizinischen Sprachgebrauch wird damit der standardisierte, sichere und kalkulierbare Bereich möglicher Maßnahmen abgesteckt. Philosophisch ist damit gemeint, daß „ordentlich" die Maßnahmen sind, die unter den gegebenen Umständen vernünftig sind, die Hoffnung auf Heilung wahrscheinlich machen und dem Patienten bezüglich Aufwand, Kosten und Verlust an Lebensqualität zumutbar sind. Der religiöse Zusammenhang der Sprachregelung von „ordentlich – außerordentlich" weist über den ethischen Sprachgebrauch hinaus auch noch darauf hin, daß es eine absolute Verpflichtung zur Lebenserhaltung nicht gibt. Denn diese Verpflichtung kann mit anderen Verpflichtungen kollidieren, und sie wird immer nur als Mandat Gottes als Herrn über Leben und Tod ausgeübt. All diese Unterscheidungen kommen darin überein, daß es „letztlich das Interesse des Patienten ist, das die Behandlung begrenzt, die er erhält: ein Interesse, das in seinem einmaligen Dasein und seiner einmaligen menschlichen und sozialen Umwelt begründet ist" (Dunstan 1981).

Damit ist klar, daß es vom ethischen Standpunkt aus keine allgemeine Regelung geben kann, ob und wann reanimiert werden soll. Diese Verpflichtung ist begrenzt. Sie hat abzuwägen, was bei der Frage, ob reanimiert werden soll oder nicht, wirklich im *Interesse des Patienten* liegt: seine Lebens- und Weltanschauung; seine Chancen, nach der Behandlung leben, nicht nur mit wenigen Restfunktionen überleben zu können; die Möglichkeit, daß eine reanimative Behandlung im Rahmen dessen bleibt, was der Patient, seine Familie und die Gesellschaft als tragbar empfinden. Auf jeden Fall sind *Nützlichkeitserwägungen* auszuschließen, die danach fragen, ob der Patient die Kosten wieder einbringt, die man jetzt für ihn aufwendet. Ein Mensch darf nicht in dieser Weise in Verwertungszusammenhänge gezwängt werden. Überlegungen, wie sinnvoll eine Reanimation ist, brauchen den Spielraum der subjektiven Abwägung, weil kein objektives Kalkül den Sinn, um den es hier geht, erfassen kann.

Wer diese Überlegungen als zu unklar empfindet, muß bedenken, daß der Arzt die Freiheit des Handelns braucht. Freiheit muß bedeuten, daß er auch *falsche Entscheidungen* gerade in undurchsichtigen Notsituationen treffen kann. Eine Gesellschaft, die das nicht riskieren will, muß, wenn sie konsequent ist, auf eine qualifizierte humane Medizin verzichten. Denn das Risiko der Reanimation läßt sich vorerst nur dadurch ausschließen, daß man ganz auf sie verzichtet. Aber das ist sicher nicht wünschenswert.

Weiterhin darf man den ethischen Beitrag zur Reanimationsregelung nicht dadurch überfordern, daß man ethische Normen verlangt und daraus eine „Checkliste" konstruieren will, die der Arzt auf der Intensivstation wie ein Vademecum bei sich trägt. Ethische Überlegungen sind untauglich, wenn sie in der Notfallsituation erstmalig angestellt werden. Sie können wichtige Entscheidungen nur dadurch beeinflussen, daß alle Beteiligten lange genug über ihr Problem – hier: die Reanimation – nachgedacht und gesprochen haben. Nur dann sind ethische Überlegungen sinnvolle Orientierungshilfen zur verantworteten Entscheidung.

Arbeitsmaterialien

Literatur

Über die unter den Stichworten „Behandlungsabbruch" und „Intensivbehandlung" aufgeführte Literatur hinaus brauchen nur wenige Titel genannt zu werden:

Ahnefeld FW (1981) Sekunden entscheiden. Notfallmedizinische Sofortmaßnahmen, 2. Aufl. Springer, Berlin Heidelberg New York

Dunstan GR (1981) Life, Prolongation of: Ordinary and Extraordinary Means. In: Duncan AS, Dunstan GR, Welbourn RB (eds) Dictionary of Medical Ethics. 2nd edition. Darton, Longman & Todd, London, pp 266–268

Feldman S, Ellis H (1975) Principles of resuscitation, 2nd edn. Blackwell Scientific Publications, London

Henke P (1980) Die Anfechtung des Arztes auf der Intensivstation. Fortschr Med 98:1841–1844

Lawin P (1981) Praxis der Intensivbehandlung, 4. Aufl., Thieme, Stuttgart New York

Rapin M (1980) Retrouver la vie. Histoire, pouvoire et limites de la réanimation. R. Laffont Éditions, Paris

Zur rechtlichen Problematik

Vgl. die Texte bei den Stichwörtern, auf die vorher verwiesen wurde, insbesondere (←) Behandlungsabbruch

Öffentliche Stellungnahmen

Vgl. die Texte bei den Stichwörtern, auf die vorher verwiesen wurde, insbesondere (←) Behandlungsabbruch

Begriff und Feststellung des Todes

Aus früheren Zeiten, v.a. aus dem 18. Jahrhundert liegen uns Zeugnisse vor über die tiefe Angst vieler Menschen vor einem Scheintod. Menschen fürchteten sich, daß ihr Tod nach zweifelhaften Kriterien beurteilt und sie demnach lebendig begraben würden. In seltsamer Weise ist diese Angst vor dem Scheintod ein modernes Paradigma geworden für Angst vor dem Tod überhaupt, die sich offensichtlich seit Ausgang des Mittelalters verstärkte, sowie für das Bewußtsein, daß biologischer und sozialer Tod in eine gefährliche Dissoziation geraten können. Die Todesfeststellung wurde in der Folgezeit Sache der Ärzte, die sich um Verbesserung der Feststellungsmethoden bemühten. In der Weiterentwicklung der damals beobachteten Todeskriterien gelten als die klassischen Zeichen des eingetretenen Todes die Verminderung bzw. der totale Ausfall von Körpertemperatur, Kreislauf, Atmung und Reflexen. Um die Mitte unseres Jahrhunderts entstand für die Medizin das Problem, für die (←) Organtransplantation oder für das Einstellen lebenserhaltender Maßnahmen (← Behandlungsabbruch, ← Reanimation) brauchbare und sichere Kriterien zu erhalten. Im Jahr 1968 stellte eine Ad-hoc-Kommission der Harvard Universität (USA) die sog. *Harvard criteria* auf, in denen erstmals als der „eigentliche" Tod eines Patienten nicht mehr einfach das Aufhören kardiopulmonaler Funktionen, sondern der „*Hirntod*" definiert wurde. Die Harvard criteria entfachten eine erneute grundsätzliche Diskussion über das, was denn der Tod überhaupt und der individuelle Tod eines Menschen insbesondere seien und ob Tod mit Hirntod gleichgesetzt werden könne. Diskutiert wurde auch darüber, ob die aufgestellten Kriterien sicher genug sind, damit nicht wegen der praktischen Notwendigkeit, über frische Organe zur Transplantation zu verfügen, der eingetretene Tod zu früh festgestellt wird. Ärzte in aller Welt arbeiteten an der Verbesserung der Kriterien und verfeinerten die Möglichkeit, etwa durch Gehirnangiographie, Axialtomographie, Echoenzephalographie usw. die Todesfeststellung sicherer zu machen.

Die medizinischen Standards in den einzelnen Nationen sind natürlich verschieden, aber im wesentlichen vergleichbar. Nur noch wenige Länder lehnen den Hirntod als letztes Kriterium ab. Der wissenschaftliche Beirat der Deutschen Bundesärztekammer legte 1982 seine „Entscheidungshilfen zur Feststellung des Hirntodes" vor. „Außer nach Aufhören von Atmung und Herzschlag" gilt der Tod als festgestellt, wenn die im folgenden zu nennenden Voraussetzungen gegeben sind, entsprechende Symptome beobachtet und eventuell ergänzende Untersuchungen vorgenommen werden:

1 Voraussetzungen

1.1 Vorliegen einer akuten schweren primären oder sekundären Hirnschädigung.

1.2 Ausschluß von Intoxikation, neuromuskulärer Blockade, primärer Unterkühlung, Kreislaufschock, endokrinem oder metabolischem Koma als mögliche Ursache oder wesentliche Mitursache des Ausfalls der Hirnfunktion im Untersuchungszeitraum...

2 Maßgebliche Symptome des Ausfalls der Hirnfunktion

Hirntod wird durch den irreversiblen Verlust der Großhirn- und der Hirnstammfunktion gekennzeichnet:

2.1 Bewußtlosigkeit (Koma);

2.2 Ausfall der Spontanatmung...;

2.3 Lichtstarre beider wenigstens mittel-, meistens maximal weiten Pupillen, wobei keine Wirkung eines Mydriatikums vorliegen darf;

2.4 Fehlen des okulozephalen Reflexes;

2.5 Fehlen des Kornealreflexes;

2.6 Fehlen von Reaktionen auf Schmerzreize im Trigeminusbereich;

2.7 Fehlen des Pharyngeal-/Trachealreflexes...

Das Vorliegen aller dieser Befunde muß übereinstimmend von zwei Untersuchern festgestellt werden...

3 Ergänzende Untersuchungen

3.1 Wird bei Vorliegen dieser Symptome 2.1 bis 2.7 und der Voraussetzungen 1.1 und 1.2 zusätzlich eine EEG-Untersuchung nach den technischen Richtlinien der Deutschen EEG-Gesellschaft durchgeführt und ergibt sich während einer kontinuierlichen Registrierung über mindestens 30 min eine hirnelektrische Stille (Nullinien-EEG), so kann – außer bei Säuglingen und Kleinkindern – der Hirntod ohne weitere Beobachtungszeit festgestellt werden. Bei Säuglingen und Kleinkindern bis zum zweiten Lebensjahr muß wegen der physiologischen Unreife des Gehirns die EEG-Registrierung nach 24 h wiederholt werden, bevor der Hirntod festgestellt werden kann...

3.2 Wurde bei einer zur Klärung der Art der Hirnschädigung durchgeführten beidseitigen Angiographie bei einem ausreichenden Systemblutdruck ein zerebraler Zirkulationsstillstand nachgewiesen, so kann – wenn die Symptome 2.1 bis 2.7 vorliegen – ebenfalls der Hirntod ohne weitere Beobachtungszeit festgestellt werden...

4 Zeitdauer der Beobachtung
Wenn auf das EEG verzichtet werden muß und wenn auch kein angiographischer Befund vorliegt, müssen die unter 2 aufgeführten Ausfallssymptome

▶ bei Erwachsenen und bei älteren Kindern
▷ nach *primärer* Hirnschädigung während mindestens 12 h
▷ nach *sekundärer* Hirnschädigung während 3 Tagen

mehrmals übereinstimmend nachgewiesen werden, bis der Hirntod festgestellt werden kann.

▶ Bei Säuglingen und Kindern bis zum zweiten Lebensjahr soll in allen Fällen mit primärer Hirnschädigung die Beobachtungszeit 24 h betragen.

Nachdem die Kriterien des Hirntodes gem. 2 mit 3 oder 4 von zwei Untersuchern vollständig dokumentiert worden sind, ist damit der Tod festgestellt.

(Quelle: Deutsches Ärzteblatt 79/1982, Heft 14 v. 9. 4. 1982, S. 35f.)

Soweit betrachtet erscheint die Todesfeststellung nur als Problem der klinischen Technik, weniger als ethisches Problem. Aber nach den gründlichen Analysen des kanadischen Philosophen Walton (1979) und der President's Commission (1981) kann man das Problem der Todesfeststellung jeweils auf der Ebene der technischen Standards, des Konzepts vom Tod und der Bewertung bzw. Bedeutung der Testergebnisse diskutieren.

Ebene der technischen Standards

Diese Ebene kann angemessen nur von medizinischen Fachleuten beurteilt werden. Welche Testmethode welches Ergebnis mit welcher Zuverlässigkeit erbringt, ist eine technische Frage, die sehr spezielles ärztliches, insbesondere neurologisches und anästhesiologisches Wissen voraussetzt. Auch eine Diskussion der Todesfeststellung unter medizinisch-ethischem Blickwinkel muß sich auf die Aussage von Fachleuten und Fachgremien verlassen können, welche die genannten technischen Standards für gut und hinreichend sicher ansehen. Widersprüche dagegen beziehen sich meist auf Standards früherer Jahre.

Ebene des Konzepts vom Tod

Was man unter dem Tod versteht, den die Fachleute mit den genannten Kriterien feststellen, ist allerdings eine Frage, die den Bereich der Medizin verläßt und nicht ohne eine Analyse von philosophischen, religiösen und ethischen Konzepten auskommt. Wohl die älteste Tradition hat ein Todesverständnis, das den Tod an dem Punkt festmacht, an dem die Seele den Menschen verläßt. Der Tod ist hier das *Aufhören des Lebendigseins.* Lebendigsein konnte in alten Kulturen als Teilnahme am sozialen Leben verstanden werden. Dort müssen etwa der Infantizid im ersten Lebensjahr oder der Gerontozid für alte Stammesmitglieder, die zur Selbstversorgung unfähig geworden sind, nicht als Tötung, eher als Ratifizierung des Nochnicht- bzw. Nicht-mehr-lebendig-Seins begriffen werden. Wenn auf differenzierteren Kulturstufen Atmung und Herzschlag als Lebenskriterien galten bzw. gelten, dann oft, weil Atem und Herzschlag und analog ihr Aussetzen religiöse Symbole für Leben und Tod waren und noch sind. Biologisches und anatomisches Wissen begann erst allmählich, das religiöse Konzept von Leben und Tod zu überformen.

Eine andere Gruppe von Todeskonzepten orientiert sich am *Gehirn des Menschen.* Die Wichtigkeit des Gehirns resultiert nicht daraus, daß es als Sitz des Geistes, des Bewußtseins oder der Vernunft angesehen wird. Das wäre sicher ein grobes anthropologisch-philosophisches oder gar theologisches Mißverständnis bzw. ein „überholtes (outmoded) philosophisches Denkmodell" (Veatch 1978). Das Gehirn gilt deswegen als zentrales Organ, weil es lebenswichtige Funktionen steuert, auch bzw. wenigstens zum Teil die Funktionen von Atmung und Herztätigkeit (*systemisches Konzept*), oder weil es das Ganze der Lebensfunktionen repräsentiert (*integratives Konzept*). Überwunden scheint heute auch der Versuch, nur einen Teil des Gehirns bzw. einen Teil der Hirnfunktionen als Lebenszeichen anzuerkennen, etwa das Bewußtsein (grob lokalisiert im Großhirn), die emotionale und motivationale Tätigkeit (grob lokalisiert in Kleinhirn und Hirnstamm) usw. Wichtig wurde vielmehr das *Großhirnkonzept*, weil es sich auf Kriterien wie Personalität und Individualität bzw. Identität stützte. Von daher wurde auch in vereinzelten theologischen Diskussionsbeiträgen über die Erlaubtheit von aktiver (←) Sterbehilfe auf dieses Konzept Bezug genommen. Ein grundsätzliches Argument gegen solche Überlegungen ist jedoch, daß man Personalität und Identität nicht als Eigenschaften eines Menschen wie „selbstbewußt" und „selbstsicher" verstehen darf, deren Vorhandensein oder Fehlen sich darum feststellen und folglich als Kriterien für den Zustand eines Menschen verwenden lassen. Personalität und Identität sind Potenzen oder geistige Anlagen des Menschen, die als Potenzen oder Anlagen auch dann noch „vorhanden" sind, wenn sie aufgrund von Krankheit oder Verletzung nicht in wahrnehmbaren Eigenschaften „aktualisiert" werden können.

Demgegenüber steht heute die wichtige Annahme, daß nur dann der Tod diagnostiziert werden kann, wenn die üblichen Zeichen des Lebens wie Wärme, Atmung, Kreislauf und Stoffwechsel durch den irreversiblen Ausfall des *gesamten Gehirns* („whole brain death") nicht mehr aufrechterhalten werden können. Das bedeutet: Tod läßt sich feststellen aufgrund der klassischen Anzeichen des Todes, also aufgrund des Fehlens von Atmung, Herzschlag, Temperatur und Reflexen. Diese Art der Todesfeststellung reicht in den meisten Fällen aus. Jedoch die außergewöhnlichen Bedingungen der Notfall- und (←) Intensivbehandlung erfordern zusätzliche Testmethoden, die den Tod auch dann noch feststellen können, wenn seine üblichen Zeichen technisch überspielt werden etwa durch reanimative oder rheologische Maßnahmen. Das führt zur letzten Problemebene:

Ebene der Bedeutung bzw. Bewertung der Befunde

Auf dieser Ebene ist die Kooperation medizinischen *und* allgemeinen Denkens gefordert, weil es nicht mehr nur um die technische Frage geht, welcher Test zu welchem Ergebnis führt, sondern um die Frage, welches Ergebnis welche Bedeutung und welches Verhalten zur Folge hat.

Die Frage nach der Bedeutung muß vorab geklärt werden. Die EEG-Nullinie als Todeskriterium zeigt – streng genommen – nicht den Tod an, sondern einen Zustand, von dem wir glauben oder „wissen", daß er so etwas wie Tod bedeutet. Der Unterschied stellt etwas Wichtiges klar: Ob der Test brauchbar ist, muß der medizinische Fachmann entscheiden; ob sein Ergebnis „Tod" bedeutet, ist auch Sache rechtspolitischer Entscheidungen und geht darum alle Menschen an. Es ist die Entscheidung, ob nach einer mehrfach abgeleiteten EEG-Nullinie ein Mensch als Toter behandelt werden soll. Der Hirntod „ist" nicht der Tod des Menschen, sondern ist das wichtigste Symptom dafür, daß in dem konkreten Menschen keine vitalen Funktionen mehr ablaufen. Wann er gestorben ist oder stirbt, was ja sicher auch ein *existentielles* Ereignis höchster Wichtigkeit ist, bleibt der Technik verborgen. Wie sich die Helfer gegenüber dem „hirntoten" Körper eines Menschen zu verhalten haben, ist dann noch eine eigens zu beantwortende Frage.

Das Problem der (←) Organtransplantation ist in diesem Zusammenhang als das wohl wichtigste Verhaltensproblem anzusehen. Die Transplantationsmedizin hat die Erfahrung gemacht, daß die Chancen für eine erfolgreiche Transplantation mit dem Frischezustand des Transplantats steigen. Ein Spender, der bis zum Zeitpunkt einer schweren akuten Hirnverletzung gesund war, erfüllt diese Bedingung. Doch dort beginnt das Problem, wo über den festgestellten Hirntod hinaus rheologische Maßnahmen getroffen werden, damit der Frischezustand des Organs erhalten bleibt. Hat der in dieser Weise behandelte Mensch nun als Leiche oder als Lebender zu gelten? Da philosophisch letztlich nicht entscheidbar ist, was dieser Mensch eigentlich „ist", ob Lebender oder Toter, bringt hier die Wissenschaft ihre eigenen Kriterien durcheinander. 1982 wurde – wissenschaftlich belegt – der Fall berichtet, in dem bei einer jungen Frau mit kortikalem Tumor der Hirntod festgestellt wurde, sie aber wegen einer bestehenden Schwangerschaft in der 18. Woche noch ungefähr einen Monat rheologisch behandelt wurde, bis der Fetus extrauterine Überlebenschancen hatte und durch Kaiserschnitt geboren werden konnte. Mit Sicherheit ist auch in diesem Fall nicht zu entscheiden, ob solche Maßnahmen ethisch gut oder schlecht sind.

Daß die Überlegungen zur Todesfeststellung mit dem Hinweis auf fundamentale Unsicherheiten in der Frage enden, was trotz und nach der Feststellung des Todes für die medizinischen Helfer zu tun bleibt, ist nicht zufällig. Auf der einen Seite zeigt sich, daß Kriterien der Todesfeststellung es zu ermöglichen scheinen, die notwendige Entscheidung aus dem Bereich eigener Verantwortung und Bewertung herauszunehmen und zu einem objektiv-sachlichen Problem zu machen; den Tod festzustellen ist dann Sache standardisierter Kriterien. Ob er wirklich eine Grenze des Machbaren ist, muß damit als Frage an die Persönlichkeit des Helfers weitergegeben werden: welche Stellung der Tod in seinem eigenen Leben und seinem religiösen oder nichtreligiösen Menschenbild hat.

Arbeitsmaterialien

Literatur

Ariès P (1980) Geschichte des Todes. Hanser, München Wien
President's Commission (ed) (1981) Defining Death: A report on the medial, legal and ethical issues in the determination of death. (For the Study of Ethical Problems in Medicine and Biomedical Behavioral Research). Washington (U.S. Gouvernment Printing Office) July 1981
Rabanus-Maurus-Akademie (Hrsg) (1979) Stichwort: Tod. Eine Anfrage. Knecht, Frankfurt
Scherer G (1979) Das Problem des Todes in der Philosophie. Wissenschaftliche Buchgesellschaft, Darmstadt
Schwardtländer J (Hrsg) (1976) Der Mensch und sein Tod. Vandenhoeck & Ruprecht, Göttingen
Veatch RM (1978) The whole-brain-oriented concept of death: An outmoded philosphical formulation. In: Beauchamp TL, Walters LR (eds) Contemporary issues in bioethics. Dickenson, Encino Belmont, pp 267–276
Walton DN (1979) On defining death. An analytical study of the concept of death in philosophy and medical ethics. McGill – Queen's University Press, Montreal

Einführung in die rechtliche Problematik

Obwohl das Recht an den Tod vielfache Rechtsfolgen knüpft und dabei häufig auf den genauen Todeszeitpunkt Wert legt (z. B. für die Erbfolge), gibt es eine Legaldefinition des Todesbegriffs ebensowenig wie eine gesetzliche Festlegung der Kriterien, anhand derer der Tod eines Menschen festzustellen ist. Außerhalb der Reanimations- und Transplantationsmedizin ist es auch heute noch rechtlich durchaus praktikabel, sich mit der Feststellung der klassischen Todeszeichen zu begnügen. Durch die landesrechtlichen Vorschriften des Bestattungs- und Leichenschaurechts wird eine Karenz zwischen festgestelltem Todeszeitpunkt und Datum der Beerdigung sichergestellt. Eines direkten Nachweises des vom Recht prinzipiell als maßgeblich akzeptierten Hirntodes bedarf es daher in der Regel nicht. Wo es aus medizinischen Gründen auf eine möglichst frühzeitige und zugleich verläßliche Diagnose des (Hirn-)Todes ankommt, müssen jedoch aus rechtlicher Sicht „hirnlebensgefährliche" Verfahren ausscheiden, die das Ergebnis, welches es lediglich nachzuweisen gilt, selbst herbeiführen können. Derartige Bedenken werden insbesondere gegenüber der Angiographie erhoben.

Vgl. zur Problematik:

Fritsche P (1979) Grenzbereich zwischen Leben und Tod, 2. Aufl., Thieme, Stuttgart
Horn E (1974) Todesbegriff, Todesbeweis und Angiographie in juristischer Sicht. Internist (Berlin) 15:557–561

Öffentliche Stellungnahme

Deklaration von Sydney. Erklärung über den Tod. Weltärztebund (1968)

Siehe Anhang, S. 202.

Sterbehilfe

Hilfe im und zum Sterben wird umso nötiger, als die allgemeine Akzeptanz des Faktums „Tod" schwindet und medizinische Technik eingesetzt wird, um den Tod aufzuschieben (← Intensivbehandlung, ← Reanimation). Dank der modernen Medizin und einer allgemeinen Gesundheitsfürsorge und Vorsorge wird das *Sterbenmüssen* hinausgeschoben, zugleich aber wird das *Sterbenkönnen* zum Problem. Der „gute Tod" – die ursprüngliche Bezeichnung in der griechischen Antike „euthanasia (*Euthanasie*)" ist zusammengesetzt aus den Wortstämmen „eu (= gut)" und „thánatos (= Tod)" – ist die Idee, das Sterben als unentrinnbares Schicksal der Menschen erträglich zu machen. Doch auch in der Antike bestand insbesondere für Ärzte und ihre Helfer das ethische Problem, wie weit ein helfender Eingriff in das Sterben gehen konnte. Im Mittelalter und in der frühen Neuzeit entstand eine Literaturgattung, die ursprünglich für den Seelsorger des Sterbenden, später auch für den Laien selbst verfaßt wurde, mit dem Titel *„ars moriendi* (= Kunst des Sterbens)". Mit Hilfe dieser Kunst sollte das Bedrängende und Schreckliche des Sterbens gemildert werden. Der Begriff „Euthanasie" ist heute vor allem durch die Praktiken des Dritten Reiches kriminalisiert, die „Kunst des Sterbens" in Vergessenheit geraten. Nach wie vor aktuell ist jedoch das Thema, wie gutes Sterben gelingen kann. Diskutiert werden diesbezüglich

1. der *Sterbebeistand* „als die Summe ärztlicher, pflegerischer und seelsorgerischer Maßnahmen, die dem Sterbenden die physischen und psychischen Nöte des natürlichen Sterbens erleichtern" (Seidler 1979);
2. die *Verkürzung* des Sterbens als unbeabsichtigte Folge des Sterbebeistands z. B. durch psychologische Maßnahmen zur Förderung der Sterbebereitschaft des Moribunden, durch Schmerzbekämpfung usw.;
3. die *Unterlassung* lebensverlängernder Maßnahmen beim sterbenden Patienten bzw. deren Abbruch (← Behandlungsabbruch) und
4. gezieltes *Beenden* bzw. Töten von Leben als „Töten auf Verlangen", „Töten aus Mitleid (mercy killing)" oder sogar als eigenmächtige vorsätzliche Tötung des Sterbenden durch einen Helfer wie auch als (←) Suizid.

Die 4 Kategorien der Sterbehilfe werden oft zusätzlich als *„aktiv"* bzw. *„passiv"* oder als *„direkt"* bzw. *„indirekt"* klassifiziert. Diese Klassifizierungen machen eine erste Voreinschätzung des Handelns am Lebensende möglich. Mit dem Begriffspaar „direkt-indirekt" wird nach dem Handlungsziel gefragt, inwieweit eine medizinische Maßnahme als Hauptwirkung (direkt) oder als Nebenwirkung (indirekt) Leben verkürzt. Mit dem anderen Begriffspaar wird die Handlungsweise gekennzeichnet, ob der Zweck der Lebensverkürzug durch zielgerichtete Mittel (aktiv) oder durch Unterlassen (passiv) angestrebt wird. Sie beantworten jedoch nicht die Frage, wie aktiver oder direkter von passivem oder indirektem Eingriff abzugrenzen ist.

Zunächst muß man feststellen, daß aus klinischer Erfahrung wie auch aus theoretischer Argumentation die *Zulässigkeit einer passiven Sterbehilfe* bejaht wird. Dazu rechnen einige Maßnahmen des Sterbebeistands, (←) Behandlungsabbruch und Verzicht auf lebensverlängernde Maßnahmen, wo ihre Erfolglosigkeit als sicher angenommen werden kann. Die positive ethische Beurteilung eines solchen Vorgehens ist darin begründet, daß der aktive Wille, Maßnahmen *gegen* das Leben einzuleiten, fehlt. Selbst dem Unterlassen lebensverlängernder Maßnahmen, das unzweifelhaft eine positive Entscheidung zum Handeln ist, fehlt das entscheidende Moment *gegen* das Leben gerichteter Intention: Verzicht auf Lebensverlängerung ist in der Qualität der Entscheidung anders als der Entschluß, mit oder ohne Willen bzw. mutmaßlichen Willen des Sterbenden Leben zu beenden. Verzicht auf Lebensverlängerung und Behandlungsabbruch lassen dem Sterben seinen natürlichen und irreversiblen Verlauf, Maßnahmen der aktiven Sterbehilfe bestimmen und verändern ihn. Auch wenn sich klinische Entscheidungen im Umgang mit Sterbenden selten in dieser Weise klar differenzieren lassen, sollen im folgenden die Begründungen für die ethische Zulässigkeit bzw. Unzulässigkeit von Maßnahmen der Sterbehilfe diskutiert werden.

Das Argument von der Pflicht des Arztes

Die Zulässigkeit der aktiven, wenn nicht gar jeder Sterbehilfe wird mit der Behauptung bestritten, daß jedwede Form von Lebensverkürzung und Lebensbeendigung der ärztlichen Verpflichtung widerspricht, nicht zu schaden bzw. nichts zu tun, was nicht der Heilung dient. Die Argumentation ist überzeugend, weil nichts „zulässig" sein kann, was der vorher genannten Zulässigkeitsvoraussetzung, der Pflicht zu heilen, widerspricht.

An dieser Argumentation bleibt jedoch dreierlei unklar, 1. ob man tatsächlich von der Pflicht zu heilen ausgehen kann und – wenn ja – woher sie dann stammt, 2. ob diese Pflicht nicht kultur- und zeitbedingten Wandlungen unterworfen ist und 3. ob nicht auch Formen zumindest der passiven und indirekten Sterbehilfe als Teil der ärztlichen Verpflichtung aufgefaßt werden müssen. Die *Verpflichtung, zu nützen und nicht zu schaden*, gehört zu den „elementare(n) Konstanten" (Seidler 1979) der medizinischen Tradition. Diskutiert wird daran nur, wie diese Verpflichtung aufgefaßt werden muß. Am überzeugendsten ist die Deutung der Pflicht zu heilen aus der grundlegenden Erfahrung des Arztes: Menschen, die leiden, fordern ihn zur Hilfe heraus, und auf diese Herausforderung antwortet der Arzt mit seiner Zusicherung, helfen zu wollen und zu können. Die Anerkennung dieses Not-Hilfe-Kontrakts bezeichnet man als Pflicht bzw. Verpflichtung. Welcher Art die Hilfe sein muß, kann man nur von Fall zu Fall klären, aber die grundsätzliche Pflicht zu helfen bleibt.

Die Verpflichtung zu heilen wurde im Laufe der Geschichte oft widersprüchlich interpretiert. In der griechischen Antike gab es immer wieder neben anderslautenden Aufforderungen den Rat an Ärzte, eine aussichtslose Behandlung abzubrechen oder erst gar nicht aufzunehmen. Auch heute wird bei der Frage nach der Zulässigkeit der Sterbehilfe diese Verpflichtung verschieden ausgelegt. Zwar erkennen alle die Pflicht zu heilen an, aber füllen die Pflicht jeweils mit anderem Inhalt. Darum ist die Deutung dieser Pflicht von Zeit und Kultur, aber auch von individuellen und kollektiven Überzeugungen, Maximen, Erfahrungen, Erwartungen usw. abhängig. Eine Stellungnahme für oder gegen Sterbehilfe bleibt darum immer zeitgebunden.

Weil *Sterben zum Leben gehört*, ist die Qualität des Sterbens eine Qualität des Lebens. Heilen wird nicht einfach als Möglichkeit verstanden, einen Krankheitszustand wesentlich zu verändern. Heilen ist mehr als „Behandeln", es ist ein Handeln, das die Lebensmöglichkeiten des Kranken verbessert. Dazu zählt die mitmenschliche Begleitung ebenso wie Schmerzbekämpfung oder Abbruch lebensverlängernder Maßnahmen. Maßnahmen dieser Art können als heilende Maßnahmen verstanden werden, weil sie der „Lebensqualität" des Sterbenden dienen, ohne ihm zu widersprechen.

Befürworter der aktiven Sterbehilfe führen oft das Argument an, daß *aktive Lebensbeendigung aus humanitären Gründen* zulässig sein muß und, wenn überhaupt jemand, dann der Arzt verpflichtet sei, eine solche Hilfe zu leisten. Daß es Fälle gibt und immer wieder geben kann, in denen aktive Sterbehilfe verlangt und das Mitleid der Helfer provoziert wird, läßt sich nicht leugnen. Aber Mitleid und humanitäre Gesinnung betreffen das Motiv und nicht den ganzen Kern der Handlung, zu dem doch auch andere Momente zählen wie Beteiligung anderer an der Handlung, Einschätzung der Umstände und Konsequenzen, Auswirkungen auf vergleichbare Situationen usw. Darum kann das humanitäre Motiv niemals einzige Legitimation ärztlichen Handelns sein.

Das Argument von der Pflicht des Arztes wird oft dahingehend modifiziert, daß man den Arzt auf *ein uneingeschränktes Recht des Sterbenden* verpflichten will, über Weiterleben- und Nicht-Weiterleben-Wollen zu entscheiden. Unbestreitbar ist, daß er das Recht und die Möglichkeit zu solchen Entscheidungen hat, aber dieses Recht kann nicht uneingeschränkt sein. Es hat immer da seine Grenze, wo die gleiche Autonomie anderer berührt wird, hier also das Selbstbestimmungsrecht des Arztes und anderer Helfer, nur das zu tun, was sie vor sich selber vertreten können. Berührt wird auch das Recht bzw. die Pflicht einer Gesellschaft, möglichst für alle ihre Mitglieder umfassenden Lebensschutz zu gewähren. Sobald sie in einigen Situationen, etwa beim Sterben den Lebensschutz ins Belieben der einzelnen stellte, bestünde die Gefahr, daß der Schutz des Lebens relativ wird. Das Recht des Sterbenden auf Selbstbestimmung fordert aber von allen Helfern Verzicht auf „paternalistisches" Verhalten. Die physische Abhängigkeit des Sterbenden von seinen Helfern darf nicht dazu führen, ihm auch geistige Abhängigkeit und Bevormundung zuzumuten. Eine Helfer-Patient-Beziehung, die beides berücksichtigt, nämlich Abhängigkeit *und* Freiheit des Sterbenden, ist die „Begleitung".

Begleitung wird das Modell einer Beziehung genannt, die sich am Bild orientiert, jemand auf seinem Weg zu begleiten. In dieser Beziehung ist von vornherein festgelegt, wer den Weg gehen muß und wer nur mitgeht, d.h. wer den, der den Weg gehen muß, nur begleitet. Der erstere bestimmt über Tempo, Richtung, Umwege, Pausen, Zwischenaufenthalte und Ziel des Weges, der Begleiter berät dabei, bietet seine Fähigkeit in dem einen oder anderen Problem an, und v.a. schenkt er dem anderen seine Anwesenheit, die ihn ermuntert und ihm das Gefühl gibt, nicht allein zu sein, auch wenn er allein und nicht sein Begleiter diesen Weg gehen „muß". Die Begleitung des Helfers ergibt sich nicht aus der gleichen Leidensintensität und Richtung des Weges, sondern sie kommt aus der freien Entscheidung des Helfers, den, der den Weg des Sterbens gehen muß, zu begleiten. Dem Helfer kommt danach nicht die Aufgabe zu, über den Weg zu bestimmen, den doch der andere zu gehen hat, er kann höchstens Orientierung und Rat anbieten ohne ein Recht darauf, daß der andere sie annimmt, und er kann ihm zusichern, auch in schwierigen und unangenehmen Situationen bei ihm zu sein. Begleitung ist *Solidarität*, keine Entmündigung des Sterbenden: er darf nicht einfach dem Begleiter die Verantwortung überlassen, weil es so leichter für ihn ist, und er muß auf seinen Rat und die angebotene Orientierung ernsthaft eingehen. Ehrlichkeit und Vertrauen müssen gegenseitig sein. „Die Figur des Begleiters" (Mayer-Scheu 1980) wurde dem Selbstverständnis des Seelsorgers entlehnt, weil Begleiten keine Frage des Berufs, sondern der menschlichen Aufmerksamkeit ist.

Das Argument von der Unantastbarkeit des Lebens

Zu dieser Argumentationsfigur lassen sich v.a. zwei Spielarten angeben. Eine erste Art, das Modell der *„quality of life"*, bejaht die Unantastbarkeit, fügt aber hinzu, daß man das todgeweihte Leben nicht in jedem Fall in einem qualitativen Sinne als „Leben" bezeichnen kann. Leben sollte hier nicht einfach biologisch verstanden werden, sondern als etwas, das durch menschliche Qualitäten gekennzeichnet ist wie Fähigkeit zu Selbstbewußtsein, Personalität und Kommunikation. An dieser Benennung von Qualität wird deutlich, daß hier nicht so sehr an das Töten auf Verlangen gedacht ist, sondern eher an das bewußte Beenden oder Abkürzen von Sterben. Die Entscheidung zur Sterbehilfe wird in dieser Argumentationsreihe am Vorhandensein verbleibender Qualitäten abgelesen. Darum muß sich diese Position fragen lassen, ob dann nicht in letzter Konsequenz auch bestimmte Geisteskranke oder Behinderte getötet werden dürfen, wenn ihnen etwa die Qualität des Bewußtseins fehlt.

Eine zweite Position bejaht ebenfalls die Unantastbarkeit des Lebens, aber läßt keine Ausnahme zu. Leben nach Qualitäten zu bemessen verstößt dagegen, daß Leben grundsätzlich der Verfügungsgewalt des Menschen entzogen bleiben muß. Denn das Leben als unergründliche Gegebenheit liegt vor jeder Entscheidung, ist gewissermaßen etwas „Heiliges". Die Position wird darum *„sanctity of life"* genannt.

Sterbehilfe steht wegen dieser Vorannahmen in der Nähe des Tötens. Die klassischen Ausnahmen vom absoluten Tötungsverbot sind das Töten in Notwehr, im Kriegsfall und als Todesstrafe, sie betreffen den Bereich medizinischen Handelns nicht, unterliegen aber prinzipiell den gleichen Prämissen. Sterbehilfe im Raum der Medizin ist nach diesen Überlegungen nur dann möglich, wenn sie in keiner Weise intendiert ist, vielmehr ein anderes Handlungsziel, etwa die Schmerzbekämpfung, eine Beschleunigung des Sterbeprozesses bewirkt, aber diese Nebenwirkung nicht sicher vorhersagbar ist (doppelte Wirkung). Ebenso wäre ein Absetzen der Behandlung nur dann zulässig, wenn daraus nicht notwendig eine Verkürzung des Lebens resultiert. Die Schwäche dieser Position zeigt sich in ihrem Umgang mit Situationen, die sich gegen eine eindeutige Regelung sperren. Sie scheint davor zurückzuschrecken, daß Menschen tatsächlich Macht über Leben und Tod haben. Das Problem ist also, wie Menschen mit ihrer Macht umgehen und verhindern wollen, daß Macht in Extremsituationen mißbräuchlich eingesetzt wird: für eine *Lebensverlängerung*, die nur zu qualvoller Sterbensverlängerung führt, und für ein *Töten aus Mitleid,* das sich nur durch seine bestenfalls nachfühlbare Motivation von der Aggression unterscheidet.

Prinzipielle, praktikable und eindeutige Lösungen gibt es in diesem Problem nicht. Die konkrete Verantwortung des Arztes und anderer Helfer kann sich nur an ethischer und praktischer Erfahrung orientieren:

- Gut ist, was Sterben *erträglich* macht und dazu beiträgt, das Ende des Lebens auch zur Erfüllung des Lebens werden zu lassen.
- Maßnahmen, die Sterben ohne Chance einer Reversibilität des Prozesses *unnötig verlängern,* sollten unterbleiben.
- Maßnahmen, die geeignet sind, Leben *eindeutig zu beenden,* können nicht gebilligt werden.
- *Fehlentscheidungen* des Arztes und der anderen Helfer können nicht ausgeschlossen werden, weil sie in einem Bereich von Unsicherheiten und mehrdeutigen Regeln handeln müssen. Bei der Beurteilung ihrer Entscheidung muß darauf Rücksicht genommen werden.

Arbeitsmaterialien

Literatur

Doudera AE, Peters JD (eds) (1982) Legal and ethical aspects of treating critically ill patients. AUPHA, Michigan Washington

Eid V, Frey R (Hrsg) (1978) Sterbehilfe. Oder: Wie weit reicht die ärztliche Behandlungspflicht? Grünewald, Mainz

Engelke E, Schmoll H-J, Wolff G (Hrsg) (1979) Sterbebeistand bei Kindern und Erwachsenen, Enke, Stuttgart

Hiersche H-D (Hrsg) (1975) Euthanasie. Probleme der Sterbehilfe. Eine interdisziplinäre Stellungnahme. Piper, München Zürich

Illhardt FJ (1980) Sanctity of Life – Quality of Life. Grundfiguren medizin-ethischer Argumentation. Arzt Christ 26:201–214

Mayer-Scheu J (1980) Vom „Behandeln" zum „Heilen". Die Aufgabe von Theologie und Seelsorge im Krankenhaus. In: Mayer-Scheu J, Kautzki R (Hrsg) Vom Behandeln zum Heilen.Die vergessene Dimension im Krankenhaus. Herder, Vandenhoeck & Ruprecht, Wien Freiburg Basel Göttingen, S 74–180

Seidler E (1979) Ethik. In: Seidler E (Hrsg) Wörterbuch medizinischer Grundbegriffe. Herder, Freiburg, S 76–84

Sporken P (1981) Hast du denn bejaht, daß ich sterben muß? Eine Handreichung für den Umgang mit Sterbenden. Patmos, Düsseldorf

Troschke J von, Schmidt H (Hrsg) (1983) Ärztliche Entscheidungskonflikte. Falldiskussionen aus rechtlicher, ethischer und medizinischer Sicht. Enke, Stuttgart (darin die einzelnen Beiträge des Abschnitts II/C: Passive und aktive Sterbehilfe, S 71–100)

Einführung in die Rechtslage

Auch hinsichtlich der Sterbehilfe steht der Jurist vor der Aufgabe, äußerst vielfältiges ärztliches Handeln mit einem allzu groben Raster bewältigen zu müssen.

Dem umfassenden strafrechtlichen Tötungsverbot, welches – wenngleich in abgeschwächter Form – auch die Tötung auf Verlangen (§ 216 Strafgesetzbuch) mitumfaßt, steht eine die Grenzen zwischen Leben und Tod auflösende „Apparatemedizin" gegenüber. Nach heutigem Diskussionsstand können folgende Grundsätze als anerkannt gelten: Das Menschsein im Sinne der Tötungstatbestände endet mit dem Hirntod (←Begriff und Feststellung des Todes). Rechtlich geht es daher bei der Sterbehilfe nur um ärztliches Handeln vor diesem Zeitpunkt. Hinsichtlich der in Betracht kommenden ärztlichen Handlungen ist zu unterscheiden: Kein Problem stellen Maßnahmen (auch Unterlassungen) dar, die sich nicht lebensverkürzend auswirken. Umgekehrt ist die gezielte *aktive Lebensverkürzung* unzulässig, es sei denn, sie stellt sich als unbeabsichtigte Nebenfolge einer auf Schmerzlinderung gerichteten Therapie dar. Es bleibt der besonders bedeutsame Bereich des Sterbenlassens („passive Euthanasie") durch Verzicht auf lebensverlängernde Maßnahmen. Hier sind die rechtlich einfachsten Fälle leider zugleich die praktisch seltensten: Der ausdrücklichen Einwilligung des Patienten kommt kaum Bedeutung zu. In der Regel geht es um Behandlungssituationen, in denen der Patient zur Abgabe einer wirksamen Einwilligungserklärung gar nicht mehr imstande ist. Unter welchen Umständen sog. Patiententestamente als verbindlicher Indikator für den mutmaßlichen Willen des Patienten (← Intensivbehandlung) anzusehen sind, ist bislang noch nicht abschließend geklärt. Angehörige des Patienten sind selbst nicht entscheidungsbefugt, können aber mitunter zur Ermittlung des mutmaßlichen Willens beitragen.

Die in der Praxis ungleich häufiger anzutreffenden Situationen stellen die Frage nach der Zulässigkeit des einseitigen, d. h. weder von einer ausdrücklichen noch von einer mutmaßlichen Einwilligung getragenen (←) Behandlungsabbruchs. Hierzu wird rechtlich wie folgt unterschieden: Besteht – unwiderrufliches Einsetzen des Sterbeprozesses vorausgesetzt – ein gravierendes Schmerzlinderungsinteresse, so kann dies das Unterlassen von sowohl lebens- wie leidensverlängernder Maßnahmen im Interesse des Patienten rechtfertigen. Besteht dagegen – etwa infolge Bewußtlosigkeit – kein Schmerzlinderungsbedürfnis, kann ein Behandlungsabbruch unter dem Gesichtspunkt der Unzumutbarkeit weiterer Lebenserhaltungsmaßnahmen zulässig sein. Diese Unzumutbarkeit kann sowohl auf Seiten des Patienten („menschenwürdiges Sterben") als auch auf Seiten der behandelnden Ärzte (Verfehlung des ärztlichen Heilauftrags bei weiterem Handeln) bestehen. Weithin noch ungelöst ist, inwieweit darüber hinaus ein einseitiger Behandlungsabbruch auch unter dem Gesichtspunkt der Unverhältnismäßigkeit von Aufwand und potentiellem Erfolg zulässig sein soll. Hier sind die Abgrenzungskriterien noch alles andere als klar; doch ist man sich einig, daß auch dies nicht außer Betracht bleiben kann.

Vgl. zur Problematik:

Auer A, Menzel H, Eser A (1977) Zwischen Heilauftrag und Sterbehilfe. Heymans, Köln Berlin Bonn München

Baronin v. Dellingshausen U (1981) Sterbehilfe und Grenzen der Lebenserhaltungspflicht des Arztes. Mannhold, Düsseldorf

Möllering J (1977) Schutz des Lebens – Recht auf Sterben. Enke, Stuttgart

Öffentliche Stellungnahme

Richtlinien für die Sterbehilfe. Bundesärztekammer und Schweizerische Akademie der medizinischen Wissenschaften (1979)

Siehe Anhang, S. 202.

Wahrheit am Krankenbett

„Wahrheit am Krankenbett" ist die kurze Formulierung eines Problems, das Ärzte oder Angehörige anderer therapeutischer Berufe oft als das Dilemma erleben, ob sie nämlich dem infaust erkrankten Patienten die Wahrheit sagen sollen oder nicht. *Aufklärung* ist notwendige Voraussetzung dafür, daß eine medizinische oder überhaupt eine therapeutische Behandlung im Einklang steht mit Selbstbestimmung und Selbstverantwortung des Menschen. Die Frage lautet demnach nicht, ob der Arzt aufklären soll oder nicht. Sie zielt vielmehr auf das, *was* eigentlich die Wahrheit ist, die mitgeteilt werden soll, *wieviel* von dieser Wahrheit dem Patienten zugemutet werden kann bzw. wieviel er für seine Entscheidung und Einwilligung in die vorgeschlagene Therapie braucht, *wie* man dem Patienten die Wahrheit sagen kann und über *welche Personen* diese Mitteilung geschehen soll.

Das Besondere am Komplex der Wahrheit am Krankenbett ergibt sich durch die Beobachtung, daß eine Nachricht *verarbeitet* werden muß. Der Patient versteht sie nicht schon, wenn er kognitiv und akustisch eine Aussage aufnimmt, er versteht erst richtig, wenn er die Wahrheit (Bedeutung) der Aussage emotional und existentiell akzeptiert, also gute oder zumindest keine aufbäumenden Gefühle mehr hat, sobald er an die Nachricht denkt, und bereit ist, für seine weitere Lebensplanung Konsequenzen aus der Nachricht zu ziehen. Dieses Akzeptieren einer Nachricht, also der Wahrheit, die der Arzt zu sagen hat, wird um so schwerer, je einschneidender sie ist. Sie reicht von der ärztlichen Mitteilung einer beginnenden Sehschwäche, die nur noch durch eine Brille ausgeglichen werden kann, bis hin zur Mitteilung einer Krankheit, deren Verlauf zu einer bleibenden Behinderung (← chronisches Kranksein) führt, eine riskante Operation (← Chirurgische Behandlung, ← Humanexperiment – Heilversuch) erfordert oder den nahen Tod wahrscheinlich macht. Die Wahrheit am Krankenbett besteht somit weniger aus der Diagnose, sondern v.a. aus der *Prognose*. Erst die Prognose macht im eigentlichen Sinn die Bedeutung und Schwierigkeit aus, diese Wahrheit zu akzeptieren, weil sie die Bedeutung für das eigene Leben angibt.

Wenn die Wahrheit über das eigene Leben derartige Wichtigkeit für den schwerkranken Menschen hat, ist die *Angst des Arztes bzw. der Helfer* vor dieser Wahrheit verständlich, weil sie fürchten müssen, daß der Patient alle Hoffnung auf Besserung verliert, die Bereitschaft zur Kooperation und seinen Lebenswillen aufgibt, weil er an Besserung und Überleben nicht mehr glauben kann. Wo es „nichts mehr zu machen" gibt, dort – so glauben viele Helfer – haben sie keine

Aufgabe mehr. Der Angst der Helfer vor der Wahrheit werden auch tiefenpsychologische Hintergründe unterlegt, z.B. das „Helfersyndrom“ (Schmidbauer). Es bedeutet die Angst, daß die Helferrolle der Angehörigen helfender Berufe nicht gefordert wird und darum das Ich des Helfers die eigene „Nutzlosigkeit“ und „Hilflosigkeit“ erlebt. Helfen zielt nach Schmidbauer oft nicht nur auf die Hilflosigkeit des anderen, sondern kompensiert auch das eigene bedrängende Gefühl, als Helfer zu versagen. Für eine ethische Bewertung der Frage nach der Wahrheit am Krankenbett ist es wichtig zu wissen, daß Strategien, die Verpflichtung zur Wahrheit zu verwässern, möglicherweise Versuche sein könnten, die eigene Angst des Helfers vor der Wahrheit zu besänftigen. Macher-Ideologie als Maske der Hilflosigkeit versperrt die Einsicht, daß es auch Hilfe gibt, die da beginnt, wo es „nichts mehr zu machen“ gibt.

Der Arzt kann *niemals mit ausschließender Sicherheit* wissen, ob die Diagnose wirklich „stimmt“ und seine prognostischen Vorhersagen eintreffen. Ihr Wahrheitsgehalt ist vorwiegend statistisch und gründet auf der Erfahrung vieler Fälle. Es geschieht immer wieder, daß Patienten auf die Mitteilung der Wahrheit depressiv, verzweifelt oder sogar suizidal (← Suizid) reagieren. Darum hat es im Laufe der Medizingeschichte häufig Empfehlungen gegeben, die Wahrheit nicht in voller Härte zu sagen, sondern sie zu verschleiern, sie über Angehörige dem Patienten mitzuteilen oder ganz zu verschweigen bzw. direkt zu verfälschen. Der englische Arzt und Ethiker Thomas Percival etwa begründete 1803 seine Regel der behutsamen, notfalls verschleiernden Wahrheitsmitteilung mit dem Grundsatz, der Arzt sei der „Diener der Hoffnung und des Wohlergehens für den Kranken“, nicht sein Richter. Konkrete klinische Erfahrungen und die Präzisierung der eigenen Aufgabe führten zur pragmatischen Regelung der Wahrheitsfrage, die das taktische Wie der Wahrheitsmitteilung in den Vordergrund stellte. Oberstes Gesetz war und ist dabei immer, dem Kranken nicht die Hoffnung und den Lebenswillen zu rauben. Für die Befürworter der pragmatischen Lösung gilt jedoch das ethische – besser: ethisch bedenkliche – Gesetz, daß der Zweck (hier: die Schonung des Patienten) die Mittel (hier: die verschleiernde oder gar falsche Aussage) heiligt.

Obwohl sich die praktische Phantasie der Ärzte auf brauchbare Lösungen der Wahrheitsfrage konzentriert, ist aber trotzdem oft die Hemmung zu spüren, eine direkte *Falschaussage* (*Lüge*) zu empfehlen. Lüge in diesem Sinne kommt meist nur als Notlösung in Betracht, wenn es keine andere Möglichkeit gibt, den Patienten auf annehmbare Art mit der Wahrheit bzw. einem Teil der Wahrheit zu konfrontieren. Wahrheit ist für den Arzt offenbar doch eine unbedingte Herausforderung. Ihr sollte der Arzt, wenn er schon nicht die Wahrheit sagen kann, wenigstens in einer Art *tröstenden Begleitung* bis zum Schluß treubleiben. Dieser Ersatzlösung begegnet man in frühneuzeitlichen Texten ebenso wie heute. Eine häufig so bezeichnete „Lüge“ des Arztes kann und konnte keine letztgültige Lösung sein, zumal eine Falschaussage oft verhindert, daß sich der Patient positiv zu seiner letzten Lebensphase stellt. Wenn er die Wahrheit nicht weiß oder nicht einmal ahnt, hat er keinen Anlaß, sich um seine unerledigten Geschäfte zu kümmern: um Versöhnung mit Gott, wenn er religiös ist, Aussprache mit Angehörigen, Abschied von Freunden, Regelung des Nachlasses oder noch nicht abgeschlossener wirtschaftlicher Angelegenheiten usw. In der Wahrheit liegt der Schlüssel für ein Sterben, das wirklich Abschließen und bewußtes Beenden des

Lebens sein könnte. Aber auch die kategorische Regel, nie die Unwahrheit zu sagen, läßt den Arzt im Zweifel zurück, ob er nun dem Patienten nützt oder schadet.

Weder die Verantwortung für die Hoffnung des Patienten noch die unbedingte Herausforderung durch die Wahrheit lassen sich gegenseitig abwägen, also kann man nicht eindeutig für oder gegen direkte Wahrheitsmitteilung Stellung beziehen. Drei grundsätzliche Überlegungen müssen in dieser Frage zusätzlich bedacht werden:

Verpflichtung zur Wahrhaftigkeit

Wenn man unter Wahrheit, wie es die Spielarten der philosophischen „Korrespondenztheorie" der Wahrheit tun, vorwiegend die Übereinstimmung (Korrespondenz) zwischen Befund (Sache) und Aussage versteht, versteht man nur einen Teil dessen, worum es geht: nämlich darum, mit dem Patienten aufrichtig umzugehen. *Aufrichtigkeit oder Wahrhaftigkeit* bedeutet die Bereitschaft, echt und nicht nur in einer bestimmten Rolle in ein Gespräch einzutreten, diese Position durchzuhalten und nicht mit dem Patienten ein Spiel zu treiben, das deswegen nicht fair sein kann, weil es nur einer, der Arzt bzw. ein anderer Helfer, wirklich durchschaut. Der Patient ist dabei der Betrogene, weil er meint oder wünscht, es handle sich bei dem Spiel um Wirklichkeit.

Gespräch als Voraussetzung der Wahrheit

Die wahrheitsgetreue Mitteilung der Diagnose ist nicht das einzige und wichtigste Problem des Patienten. Er will und muß wissen, was diese Diagnose für ihn bedeutet, wie sie sein Leben verändert oder gar vernichtet, was er da noch tun kann und was er von anderen zu erwarten hat. Mitteilung der Wahrheit ist nicht das Problem einer sachlichen Auskunft, sondern Beginn oder Ziel eines möglicherweise *langen und wiederholten Gesprächs.* Insofern gilt nicht nur der Satz „Das Gespräch ist Voraussetzung der Wahrheit", sondern auch umgekehrt: Wahrheit ist Voraussetzung des Gesprächs; denn Gespräch und Wahrheit lassen sich nicht „herstellen", sondern „ereignen" sich: die Wahrheit im Gespräch und das Gespräch in der Wahrheit. Wichtig an einem Gespräch sind die Geduld und die Bereitschaft der Gesprächspartner, im Gespräch zu bleiben, d.h. nicht in Konversation abzurutschen und das Wichtige im Gespräch wachsen zu lassen, bis es vielleicht eines Tages die „ganze Wahrheit" ist.

Wahrheit als Voraussetzung der Selbstgestaltung

Häufig wird die Szenerie der Wahrheitsmitteilung verschoben, indem man fragt, wieviel an Wahrheit der Patient „vertragen" kann, ohne mit Depression, Verzweiflung oder Gedanken an (←) Suizid darauf zu reagieren. Die Helfer fühlen sich dabei in der aussichtslosen Rolle, Wahrheit angemessen dosieren zu müssen.

Wahrheit ist aber keine chemische Substanz, die man bis zum Äquivalenzpunkt titrieren kann. Sie soll dem Patienten Klarheit darüber bringen, wozu er die verbleibende Zeit oder die noch offenstehenden Möglichkeiten nützen kann. Nur wenn er das weiß, kann er auch als Sterbender über die *Gestaltung seiner letzten Lebensphase selber bestimmen.* Die Frage, wieviel man dem Patienten zumuten kann, ist insofern nicht nur die Frage nach der „Verträglichkeit" der Wahrheit. Das Problem der Zumutbarkeit umfaßt auch die Zumutung der Selbstverantwortung.

Die Frage, wo der Patient in seiner Bereitschaft zum Wissenwollen steht bzw. was er an Information braucht, um über sein eigenes Leben bestimmen zu können, ist eine Sache intensiven Zuhörens. Die Fähigkeit zum Zuhören ist auch an anderen Punkten der klinischen Behandlung nötig, etwa bei der Erstellung einer guten Anamnese. Der Patient fragt immer nach der Wahrheit, wenn er nach seinem Zustand, seinen Aussichten und seinen Verhaltensmöglichkeiten fragt. Seine Fragen sind oft verschlüsselt, bedienen sich symbolischer Sprache, werden in „analoger Kommunikation" (Watzlawick), Körpersprache (Berne), Gesten usw. vorgetragen. Hilfestellung beim Verstehen dieser Sprache des Schwerkranken steht dem Arzt etwa aus den Bereichen von Pflege, Psychologie, Psychiatrie und Seelsorge bereit.

Eine Sondersituation in der Wahrheitsfrage schafft das *schwerkranke Kind,* das über seinen Zustand aufgeklärt werden soll. Kommunikation, die üblicherweise eine kognitiv strukturierte Kommunikation ist, muß beim Kind scheitern. Denn „Krankheit", „Sterbenmüssen" und „Tod" werden von Kindern je nach Altersstufe verschieden verstanden. Die Therapeuten eines todkranken Kindes müssen sich auf eine symbolische Kommunikation einlassen, die viel näher an unmittelbaren Erlebnissen, Bildern, Gefühlen und Wünschen liegt als die der Erwachsenen. Das „Todeskonzept in der Kindheit" (Bürgin 1978), Vorstellungen des Kindes über seinen Körper, seine „Glaubensinhalte und Phantasien über die Bedeutung der Krankheit" (Bürgin 1978) müssen nicht in Richtung auf die Wahrheiten der Erwachsenen verändert werden. Nur innerhalb seiner Konzepte, Vorstellungen und Phantasien kann ein Kind Wahrheit aufbauen. Das Beispiel des Kindes kann auch für die klinische Arbeit mit Erwachsenen hilfreich sein. Erwachsene „haben" nicht einfach ein objektiveres Bild von der Welt, vom Körper, von der Krankheit und vom Tod, geschweige denn vom „eigenen" Tod, sondern wie für das Kind ist die schwere Krankheit ein wichtiger Anlaß für den Erwachsenen, seine Konzepte, Bilder und Vorstellungen bewußter und differenzierter zu machen.

Wahrhaftigkeit als „Echtheit" und „Authentizität" (Buber 1979) sind, besonders in der Gesprächspsychotherapie wichtig geworden. *Echtheit* gilt als eine der drei zentralen Voraussetzungen dafür, daß der Patient/Klient sich seinem Therapeuten öffnet und sein Problem darstellen kann ohne die Angst, daß der Therapeut seiner Offenheit nur *„professionell"* begegnet, d.h. in nur rollengebundener Interessiertheit. Wahrhaftigkeit ist gerade durch die praktische und theoretische Erarbeitung der Gesprächstherapie mehr als nur eine der alten Tugenden; sie ist die praktisch effektive Haltung eines Menschen, der daran interessiert ist, daß das Wichtige zur Sprache kommt.

Wie erheblich das Gespräch im Umgang mit Sterbenden ist, wurde für unsere Zeit durch die Arbeit der Psychiaterin und Sterbeforscherin Kübler-Ross (1982) neu beschrieben. In ihren Untersuchungen arbeitete sie heraus, daß schwerkranke Menschen, mit der Wahrheit über ihren Zustand konfrontiert, eine stufenweise Entwicklung durchmachen. Diese Geschichte beschreibt sie in den Phasen des Nicht-wahrhaben-Wollens (1), des Zorns (2), des Verhandelns (3), der Depression (4) und der Annahme (5). Es handelt sich dabei um die Differenzierung einer Verlustreaktion (← Trauer), die verschärft wird durch die Einsicht, das Leben zu verlieren. Für die ethischen Überlegungen zur Wahrheit ist es unwichtig, ob die Phasen, ihre Reihenfolge, Nützlichkeit usw. zu Recht behauptet werden. Mit vollem Recht aber kann man davon ausgehen, daß ein Gespräch, nicht nur ein Wortwechsel notwendig ist, damit der Schwerkranke oder Sterbende die *Wahrheit seiner Situation* findet. Jeder Gesprächspartner, der den Schwerkranken und Sterbenden nicht dort begegnet, wo sie gerade innerlich stehen, verfehlt sie. Denn er übersieht, daß jedes Verstehen einer Wahrheit einen oft *mühsamen und langen Lernprozeß* bedeutet, und er versperrt dem Schwerkranken die Wahrheit, wenn er ihn damit überfordert oder sie ihm vorenthält.

Die Hinweise auf das Gespräch, die Wahrhaftigkeit und die Selbstbestimmung sollen kein Ausweg aus einem sonst unlösbaren Dilemma sein. Die klinische Situation zielt nicht auf eine Auskunft zur Frage, was die Wahrheit ist, sondern auf Orientierung bei der schwierigen Aufgabe, dem Patienten das zu sagen, was er braucht, und es ihm so zu sagen, daß er es auch wirklich verarbeiten kann. Daß so etwas nur im *Gespräch*, in *Wahrhaftigkeit* und in Respekt für die *Selbstbestimmung* des Gesprächspartners gelingen kann, ist der hier vorgelegte Lösungsvorschlag. Wer das anerkennt, relativiert nicht das Wahrheitsproblem. Er weiß, daß die Wahrheitsmitteilung kein Sachproblem ist, also ein Problem, das nur die Sache oder die sogenannten „Pflichten" angeht: etwa „was" die Wahrheit ist, ob man sie sagen „muß" oder verschweigen „darf" oder ob beides möglich ist. *Wahrheit ist eine Frage an die Qualität und den Stil einer Begegnung zwischen Menschen.* Wenn man diese Lösung bejaht, versteht man auch die Maxime eines englischen Ethikers des 18. Jahrhunderts, Thomas Gisborne: Der Arzt ist frei, „wenig zu sagen, aber das Wenige sollte er wahr sein lassen!"

Arbeitsmaterialien

Literatur

Die beiden Standardwerke von *E. Ansohn* (Die Wahrheit am Krankenbett. Pustet, München 1965) und *H. Gödan* (Die sogenannte Wahrheit am Krankenbett. Wissenschaftliche Buchgesellschaft, Darmstadt 1972) haben den Durchbruch zu einer „patientenorientierten" Lösung noch nicht vollzogen

Bok S (1978) Lying: Moral choice in public and private life. The Harvester Press, Hassocks

Buber M (1979) Das dialogische Prinzip, 4. Aufl., Schneider, Heidelberg

Bürgin D (1978) Das Kind, die lebensbedrohende Krankheit und der Tod. Huber, Bern Stuttgart Wien

Glaser GB, Strauss A (1974) Interaktionen mit Sterbenden. Beobachtungen für Ärzte, Schwestern, Seelsorger und Angehörige. Vandenhoeck & Ruprecht, Göttingen
Goldie L (1982) The ethics of telling the patient. J Med Ethics 8:128–133
Kübler-Ross E (1982) Verstehen was Sterbende sagen wollen. Einführung in ihre symbolische Sprache. Kreuz, Stuttgart
Raspe H-H (1983) Aufklärung und Information im Krankenhaus. Vandenhoeck & Ruprecht, Göttingen

Zur Einführung in die rechtliche Problematik

Aus rechtlicher Sicht ist das Thema „Wahrheit am Krankenbett" keine auf das Lebensende beschränkte Frage. Vielmehr ergibt sich aus dem Erfordernis einer inhaltlich irrtumsfreien Einwilligung, daß dem Patienten vor jeder Entscheidung über eine ärztliche Maßnahme das zu einer selbstbestimmten Entscheidung notwendige Wissen vermittelt werden muß (← chirurgische Behandlung). Dies muß nicht stets auch eine genaue Mitteilung der Diagnose mitbeinhalten, da deren Kenntnis nicht unbedingt Voraussetzung für eine eigenverantwortliche Therapieentscheidung ist. Dieser Grundsatz erfährt im Interesse des Patienten eine Ausnahme: Seiner Information bedarf es nicht, soweit eine dadurch zu befürchtende Gefährdung seines Befindens gravierender sein könnte als die durch das Verschweigen in Kauf genommene Beeinträchtigung seines Selbstbestimmungsrechts. Freilich müssen für eine derartige Gefährdung konkrete Anhaltspunkte vorliegen; vage Vermutungen oder pauschale Annahmen genügen nicht. Auch rechtfertigt nicht allein schon die Sorge, der Patient werde seine Einwilligung in einen objektiv indizierten Eingriff verweigern, einen Aufklärungsverzicht. Selbst ein lebensgefährlich Kranker kann triftige und achtenswerte Gründe haben, eine Operation abzulehnen, auch wenn er nur durch sie von seinem Leiden befreit werden könnte. Durch seine Aufklärung erst wird der Patient in die Lage versetzt, zu prüfen, ob diese der Ebene abstrakten Gedankenspiels entstammenden Gründe dem harten Boden der konkreten Entscheidungssituation standhalten. – Auch was die *Form* der Aufklärung anbelangt, kann der „Schonungsgrundsatz" Bedeutung erlangen und ein zeitlich wie inhaltlich gestuftes Vorgehen verlangen, das sich am allmählich wachsenden Informationswunsch des Patienten ausrichtet.

Nach diesen Grundsätzen ist auch das Problem zu lösen, inwieweit der Patient ein Einsichtsrecht in seine Krankenunterlagen hat. Unter Hinweis auf Selbstbestimmungsrecht und personale Würde des Patienten spricht der Bundesgerichtshof dem Patienten dieses Recht prinzipiell zu, beschränkt es jedoch auf objektive Daten (naturwissenschaftlich konkretisierbare Befunde und Niederschriften über Umstände und Verlauf der Behandlung) und betont ausdrücklich, daß der Arzt aus schwerwiegenden therapeutischen Gründen Informationen zurückhalten darf und muß, deren Kenntnis dem Patienten voraussichtlich ernsthaft zu Schaden gereichen würde.

Vgl. zur Problematik:

Deutsch E (1981) Theorie der Aufklärungspflicht des Arztes. Versicherungsrecht 31:293–297
Kern B-R, Laufs A (1983) Die ärztliche Aufklärungspflicht. Springer, Berlin Heidelberg New York Tokyo
Lilje H (1980) Ärztliche Dokumentationspflicht und Informationsrechte des Patienten. Chirurg 51:55–61

Öffentliche Stellungnahmen

Vgl. die Texte bei den Stichworten, auf die vorher verwiesen wurde.

Suizid

Beim Thema „Suizid“ ist die Wahl des entsprechenden Begriffs eine wichtige Vorentscheidung. „Selbstmord“, „Freitod“ und „Suizid“ sind die gebräuchlichsten Ausdrücke. „*Selbstmord*“ macht eine moralische Aussage, weil das Sich-Töten als „Mord“ qualifiziert wird, also als etwas, das ethisch und juristisch als besonders verwerflich gilt. „*Freitod*“ besagt, daß der Tod frei gewählt wurde. Der Begriff „*Suizid*“ greift auf das Bild „Sich selbst zu Boden strecken“ zurück und ist vorwiegend in fachsprachlichen Zusammenhängen zuhause, d. h. er beschreibt und analysiert, anstatt wie die anderen Begriffe zu interpretieren und zu werten. Darum sollen die Begriffe „Suizid“ und „Suizidhandlung“ bevorzugt werden, die den Suizid als Handlung eines Menschen sehen und nicht als neurotische oder unmoralische Leistung bzw. Fehlleistung.

Die statistischen Angaben von 1982 verzeichnen in der Bundesrepublik 13 379 Suizide bzw. Suizidversuche, die Suizidrate (Suizid pro 100 000 Einwohner) nimmt Jahr für Jahr zu. Sie lag 1965 bei 20,0 und 1978 bei 22,2. Suizide bei Männern sind doppelt so häufig wie bei Frauen (2:1), bei Suizidversuchen ist es umgekehrt. Wichtig ist die Altersverteilung der Suizidhäufigkeit: die meisten vollendeten Suizide werden für die Altersgruppe von 60–70 registriert, die meisten Suizidversuche bei Menschen zwischen 24 und 44 Jahren. Unter den Todesursachen steht der Suizid bei männlichen Weißen zwischen 15 und 90 Jahren in den USA sogar an zweiter Stelle. Die Suizidhäufigkeit zeigt deutliche Abhängigkeit von der beruflichen Stellung: je höher die Stellung, desto höher die Suizidrate. Ein weiterer Parameter ist die Konfessionszugehörigkeit, weil die Konfession die Offenheit oder Geschlossenheit einer Gesellschaft prägt. Indizes wie Anonymität, Orientierungslosigkeit, Unsicherheit und Konfusion bezüglich Rollen, Erwartungen und Regeln scheinen die Suizidrate zu erhöhen. Der Zustand der Gesellschaft kommt in den Blick, etwa der Grad an Industrialisierung, Schichtdurchlässigkeit, sozialer und rechtlicher Sicherheit usw. Nach den Untersuchungen von Stengel ist der familiäre Hintergrund, also die „Broken-Home-Situation“, signifikant für das Entstehen von Suizidhandlungen, insofern sie der Prototyp für ein Leben in Beziehungskrisen ist.

Der empirische Anteil am Problem „Suizid“ kann die Bedeutung nicht erfassen, die der Suizid für den hat, der ihn – sei es als Bilanz oder als Appell – in jedem Fall als eigene, wenn auch möglicherweise als psychologisch unfreie Entscheidung begeht. Genau in dieser Ambivalenz erscheint der Suizid dem Arzt. Die Phänomenologie des Suizids bleibt im Unklaren. Der Suizid kann als ein Problem des Lebensendes gesehen werden, weil das Erschreckende an ihm die tatsächliche oder doch wenigstens riskierte *Endgültigkeit* der Suizidhandlung ist. Moderne Medizin wird immer erfolgreicher die Endgültigkeit des Suizids bekämpfen. Doch Sinn und Zukunftsperspektiven erhält der Suizidant in mitmenschlichen Beziehungen, nicht durch medizinische Intervention. Andererseits kann der Suizid auch als Ausdruck einer *Krise* gesehen werden, in der nicht eigentlich das Totsein, sondern ein Leben ohne die bisher als unlösbar empfundenen Schwierigkeiten gesucht wird. Die ethische Frage ist also: Muß die Medizin den Suizid bekämpfen, um dem Suizidenten eine Chance zu erfüllterem Leben zu geben? Oder darf sie eigentlich nicht eingreifen, weil sie letztlich die Entscheidung jedes Menschen, also auch des Suizidanten, respektieren muß?

In den meisten Untersuchungen gilt als unbestritten, daß der Suizid nicht so sehr eine gültige Entscheidung des einzelnen ist als vielmehr der Ausdruck einer psychischen Konstellation, die zu angemessener Problemlösung unfähig macht. Den berühmtesten Einwand gegen sozialpsychologische Erklärungen dieser Art formulierte der französische Philosoph Jean Améry (1976). Er geht davon aus, daß man die Suizidhandlung falsch versteht, wenn man nur nach ihren psychosozialen Motiven fragt. Die Entscheidung zum Suizid sei kein Krankheitssymptom, zumindest nicht in erster Linie. Jeder Suizident, mag sein Motiv naiv oder in höchstem Maße depressiv sein, gibt dem *Augenblick der Entscheidung* unendliche Bedeutung, weil er nichts von seiner Handlung zurücknehmen will und kann. „Im Moment vor dem Absprung zerreißt der Suizident eine Vorschrift der Natur" (Améry 1976), die besagt, daß man leben „muß".

Diese Regel ist fragwürdig und muß näher bedacht werden. „Leben, weil man eben lebt" ist ein unbefriedigendes Argument, „Leben, weil ich mich dafür entschieden habe" ist dagegen eine menschenwürdige Antwort auf die Frage der suizidalen Situation. Wenn der Suizident sich entscheidet, das Leben zu beenden, weil er aus seinem Leben nichts mehr machen und sich zu dieser Restgestalt von Leben eigentlich nicht mehr bekennen kann, tut er etwas existentiell Bedeutsames: er trifft eine Entscheidung, ob sie nun „negativ" oder „positiv" ist.

Wie auch immer eine ethische Stellungnahme zum Suizid begründet wird, keine Position kommt zustande ohne eine Klärung der Frage, ob sich im Suizid die *Verfügungsvollmacht* des Menschen über sein Leben ausdrückt oder eher die *Hilflosigkeit* des Menschen, sein Leben beglückend zu leben. Immer mehr Menschen bejahen aufgrund ihrer Erfahrungen und Überlegungen das Verfügungsrecht des Menschen als ein grundsätzliches Recht: Keine menschliche oder übermenschliche Macht könne ihm dieses Recht nehmen bzw. ihn von den damit verbundenen Pflichten entbinden, dann auch für ein gutes und glückliches Leben selber zu sorgen. Aber der einzelne Fall – und v.a. mit dem haben es die Ärzte und die anderen Helfer zu tun – läßt Zweifel darüber entstehen, ob der Suizident aus überlegter Freiheit oder aus Hilflosigkeit gehandelt hat. Für den Arzt läßt sich letzteres fast nie ausschließen. Am Einzelfall orientiert, sieht er darum die folgenden Problembereiche:

Suizid als Ausdruck der psychosozialen Krise

Das Problem des Suizidenten kann verschieden interpretiert werden, etwa lerntheoretisch als *„gelernte Hilflosigkeit"* (Seligman) oder kommunikationstheoretisch als *Abbruch und Versagen kommunikativer Problemlösungen* (Späte). Am eindringlichsten ist die tiefenpsychologische Deutung von Ringel (1974).

Zum Suizid führt eine innere Zwangsläufigkeit, die er im „*präsuizidalen Syndrom*“ beschreibt. Ein erstes Kennzeichen dieses Syndroms ist die „*Einengung*“: Die Situationen, Wahrnehmungen und Problemlösungen bestärken immer mehr das Gefühl des Suizidenten, daß es keinen Ausweg mehr gibt. Gefördert wird diese Einengung dadurch, daß die auf bestimmte Menschen und Situationen gerichtete Aggression etwa aufgrund der Erziehung nicht zugelassen wird und so eine „*gehemmte und gegen die eigene Person gerichtete Aggression*“ entsteht – so das zweite Kennzeichen. Selbstvorwürfe und Selbstbestrafungswünsche verdichten sich schließlich im dritten Kennzeichen zu „*Selbstmordphantasien*“. Aufgrund dieser dynamischen Erklärung kann man verstehen, daß zwar neurotisch und psychotisch belastete Menschen besonders suizidgefährdet sind, aber auch völlig unauffällige Menschen in den Bann des Suizids geraten können.

Eine ältere, aber in ihrer Aussagekraft bezeichnende Statistik aus Nordrhein-Westfalen über die auslösenden Momente eines Suizids bzw. Suizidversuchs soll das belegen. Darin wird die Suizidhäufigkeit (SZ = Suizid und SZV = Suizidversuch) in der Gesamtbevölkerung mit der in der Altersgruppe 18–30 verglichen.

Motiv	Gesamtbevölkerung in NRW				Altersgruppe 18–30 J. in NRW			
	männliche		weiblich		männlich		weiblich	
	SZ	SZV	SZ	SZV	SZ	SZV	SZ	SZV
Schwermut/Psychose	65	38	84	39	48	31	54	26
Liebeskummer	4	12	4	15	13	21	20	27
Wirtschaftl./berufl. Schwierigkeiten	5	5	1	3	4	4	1	4
Furcht vor Strafe	5	6	1	4	9	7	6	4
Streit mit der Familie	14	29	7	31	15	27	15	32
Sonstige Motive	4	6	2	5	5	6	2	4
unbekanntes Motiv	3	4	1	3	6	4	2	3

(Nach Lungershausen, zit. in Reiner 1974)

Suizidalität kann ein Grund sein, eine Zwangseinweisung in eine psychiatrische Klinik vorzunehmen, die nach zwei Tagen durch den freien Entschluß des Patienten bzw. seiner Vertreter aufgehoben oder bestätigt werden muß. Gerade im Problem der *Zwangseinweisung* spiegelt sich das ethische Problem wieder, daß einerseits das Selbstverfügungsrecht auch der suizidalen Persönlichkeit berücksichtigt werden muß, daß aber andererseits oft gerade im Suizid die Grenze freier Selbstverfügung aufscheint. Alle Kriseninterventionen der Psychiatrie stehen in dieser Ambivalenz. Ihre unaufhebbare Schwierigkeit wird immer sein, eine Therapie anzubieten, die auch den Suizidenten als eine *integre Persönlichkeit* respektiert.

Verpflichtung zur medizinischen Intervention

Die Situation des Arztes ist durch Vieldeutigkeit gekennzeichnet. Das Recht stellt den Suizid nicht unter Strafe, verpflichtet aber den Arzt zu unbedingter Hilfeleistung. Wenn er zum Suizidenten gerufen bzw. der Suizident meist in bewußtlosem Zustand in eine Klinik eingeliefert wird, ist für den Arzt – zudem unter Zeitdruck – kaum entscheidbar, ob eine gültige und freie Entscheidung oder ein verzweifelter Appell in diesem Suizid zum Ausdruck kommt. Mehrdeutig ist auch, wann überhaupt eine Entscheidung frei bzw. vernünftig und wann unfrei bzw. unvernünftig ist oder welche Kriterien beides hinreichend klar von einander trennen können. Weiterhin kann sich der Arzt auf keinen gültigen Konsens in der Gesellschaft berufen, ob der Respekt vor der offensichtlich getroffenen Entscheidung des Suizidenten mehr zählt als die Maxime des Arztes, nichts zu unterlassen, was dem Suizidenten helfen könnte. Daß er helfen kann und der Suizident seine Hilfe braucht, ist unbestreitbar, wenn der Suizident, wie es meist der Fall ist, sein Handlung nicht auf Endgültigkeit, eher auf wirksamen Appell anlegt. Weitere Unsicherheiten stellen sich ein, wenn diese Hilfe nicht verlangt oder sogar zwecklos ist, etwa wenn ein terminaler Patient seinem Sterbeprozeß ein Ende setzt. Das Problem der medizinischen Ethik ist nicht, ob der Suizid in diesem Fall eine „gute" Handlung ist oder nicht. Problematisch ist vielmehr, wo die *Grenzen der ärztlichen Hilfeleistungspflicht* anzusetzen sind. Erst langsam führt ein gesamtgesellschaftlicher Bewußtseinswandel dazu, dem Arzt mehr Handlungsspielraum zuzugestehen.

Größerer Handlungsspielraum des Arztes muß sich darin zeigen, daß Therapie und Prophylaxe nicht im Kompetenzstreit auf der Strecke bleiben. Notfallversorgung (z. B. Entgiftung, ← Reanimation), Bearbeitung der verschiedenen Auslösesituationen wie (←) chronisches Kranksein, Krankheiten des Alters, Unheilbarkeit, psychische und geistige Krankheit (← psychiatrisch-psychotherapeutische Intervention), Straffälligkeit, Lebenskonflikte (wie z. B. ← Trauer), Abhängigkeit (← Sucht) o. ä. und gezielte Nachsorge dürfen nicht einfach verschiedenen Spezialisten zugeordnet werden. Sie fordern vom Arzt, kompetenter *Begleiter* des Suizidenten zu sein, der alle ärztlichen, sozialtherapeutischen und seelsorgerlichen Belange sieht und koordiniert.

Suizid und die Entfremdung des Sterbens

Daß sterbende Patienten den Tod wünschen oder gar selber herbeiführen (← Behandlungsabbruch, ← Sterbehilfe), liegt immer häufiger auch daran, daß sie den selbstgewählten Tod dem anonymen Tod im modernen Klinikbetrieb vorziehen. Die Bekämpfung des Todes durch den hohen technischen Aufwand moderner Medizin führt oft dazu, daß der Tod als ein bewußt bejahtes und vollzogenes Geschehen entfremdet wird zu einer über den Menschen verhängten Prozedur. Immer mehr technische und organisatorische Sachzwänge bestimmen diese Prozedur und immer weniger der Sterbende selbst.

Je deutlicher das Verlangen nach dieser Freiheit beim Sterbenden wahrgenommen und akzeptiert wird, desto weniger können die verantwortlichen Helfer sich auf eine formaljuristisch ausgelegte Hilfeleistungspflicht berufen. Denn medizinische Hilfe umfaßt auch *Hilfe im Sterben*, sie kann nicht nur der *Verhinderung von Sterben* dienen.

Für das Problem des Suizids kann nicht einfach die Fragestellung einer philosophischen und theologischen Ethik übernommen werden. Die Frage, ob der Suizid eine ethisch gute Handlung ist oder sein kann, zielt auf etwas ganz Anderes als die medizinisch-praktische Frage, ob es gut ist oder sein kann, beim Suizid zu intervenieren. Im einen Fall wird gefragt: Darf ein Mensch sich selber töten? Diese Frage wird nie eindeutig bejaht, wenn man etwa die philosophischen und theologischen Überlegungen von *Aristoteles* bis *Camus* in Betracht zieht. Im anderen Fall wird gefragt: Was sollen der Arzt und die anderen medizinischen Therapeuten tun, wenn sie mit einem Suizidenten konfrontiert werden? Daß es auf diese Frage keine pauschale Antwort gibt, kann nicht verwundern. Aber auch Problemanalysen können nicht weiterhelfen, wenn der Arzt und die anderen Helfer nicht ihrer eigenen *Angst vor dem Tod* auf den Grund gehen. Ihnen scheint der Gedanke unerträglich und mit ihrem Beruf unvereinbar zu sein, daß Menschen sterben müssen und daß es deswegen vernünftigerweise keine unbegrenzte Verpflichtung geben kann, Leben zu erhalten, bzw. daß es nicht bedingungslos richtig sein kann, die Entscheidung eines Menschen zu sterben rückgängig zu machen. Eine Lösung, selbst eine kausuistische, für das Problem „Medizin und Suizid" kann es nicht geben ohne eine Lösung für das Problem „Medizin und Tod".

Arbeitsmaterialien

Literatur

Améry J (1976) Hand an sich legen. Diskurs über den Freitod. Klett-Cotta, Stuttgart
Baechler J (1981) Tod durch eigene Hand. Eine wissenschaftliche Untersuchung über den Selbstmord. Ullstein, Frankfurt Berlin Wien
Battin MP, Mayo DJ (eds) (1980) Suicide. The Philosophical Issues. St. Martin's Press, New York
Henseler H (1974) Narzißtische Krisen. Zur Psychodynamik des Selbstmords. Rowohlt, Reinbeck
Illhardt FJ (1984) Suizid als Thema der medizinischen Ethik. MMW 126:709–711
Kindt H (1984) Suizidalität und Suizidhandlungen. MMW 126:704–707
Reimer C (Hrsg) (1982) Suizid. Ergebnisse und Therapie. Springer, Berlin Heidelberg New York
Reiner A (1974) Ich sehe keinen Ausweg mehr. Suizid und Suizidverhütung für die Seelsorge. Kaiser & Grünewald, München Mainz
Ringel E (1974) Selbstmord – Appell an die anderen. Eine Hilfestellung für Gefährdete und ihre Umwelt. Kaiser & Grünewald, München Mainz
Seidler E (1984) Von der historischen Ächtung des Suizids. MMW 126:712–713
Thomas K (1970) Menschen vor dem Abgrund. Ein Arzt und Psychotherapeut berichtet aus der Praxis der Selbstmordverhütung. Hamburg
Wiemers K (1984) Probleme der Reanimation und Intensivtherapie beim suizidalen Patienten. MMW 126:707–709

Zur Einführung in die rechtliche Problematik

Rechtsfragen im Zusammenhang mit Suizid bzw. Suizidversuch sind keine arztrechtliche Besonderheit. Jedermann kann – etwa als Zeuge eines Suizidversuchs

– vor die Frage gestellt sein, welche Verhaltensanforderung in dieser Situation das Recht an ihn richtet. Die Antwort hat an der Tatsache anzusetzen, daß Selbsttötung – auch versuchte – als solche nach deutschem Recht straflos ist. Auch Anstiftung und Beihilfe zum Suizid ist nicht strafbar, vorausgesetzt, der Suizident handelt „freiverantwortlich". Allerdings soll nach vielfach kritisierter Rechtssprechung jedermann (also auch der Suizidteilnehmer!) spätestens dann hilfeleistungspflichtig sein, wenn der Suizident (auch der freiverantwortliche!) infolge Bewußtlosigkeit die Herrschaft über den von ihm veranlaßten Geschehensablauf verloren hat. Die Polizei ist grundsätzlich befugt, auch gegen einen freiverantwortlichen Suizid vorzugehen und den Lebensmüden vorübergehend in Gewahrsam zu nehmen. Einen Anspruch auf Achtung seiner freiverantwortlichen Willensentscheidung hat jedoch, wer nicht selbst Hand an sich legt, sondern durch Untätigkeit einem tödlichen Krankheitsschicksal freien Lauf lassen will. Gegenüber dem nicht frei verantwortlichen Suizidenten ist jegliche aktive Unterstützung, aber auch das Unterlassen erforderlicher und zumutbarer Hilfeleistung strafbar. Für den Arzt kann jedoch nicht allein das eigentliche Suizidgeschehen rechtlich bedeutsam werden, sondern auch sein Handeln gegenüber pathologisch suizidgefährdeten Patienten (←psychiatrisch-psychotherapeutische Intervention), das auf eine wirksame Suizidprophylaxe ausgerichtet sein muß, ohne daß über Sicherungsmaßnahmen die eigentliche Therapie vernachlässigt wird.

Vgl. zur Problematik:
Eser A (Hrsg) (1976) Suizid und Euthanasie als human- und sozialwissenschaftliches Problem. Stuttgart
Koch H-G (1984) Der Suizidpatient als Rechtsfall. MMW 126:713–716
Wolfshast G (1984) Zur Haftung während klinisch-psychiatrischer Therapie. Neue Z Strafrecht 4:105–109

Öffentliche Stellungnahmen

Vgl. die Texte bei den Stichworten, auf die vorher verwiesen wurde.

Trauer

Trauer ist – allgemein gesprochen – eine Reaktion des Menschen auf sein „beschädigtes Leben" (Adorno). Leben ist beschädigt, wenn etwas nicht so gelingt, wie es gelingen könnte (Schuld, Versagen), wenn besondere Umstände dazu zwingen, die gesteckten Erwartungen aufzugeben (politische Situation, Armut, Krankheit) oder wenn Ereignisse in ein Leben hereinbrechen, die es verändern, verarmen oder gar vernichten können (Tod eines geliebten Menschen, Katastrophen). In diesem Sinne stellt sich Trauer immer ein, wenn der Mensch einen wesentlichen Verlust zu verarbeiten hat.

Die Situation des Verlustes

Trauer ist eine Erfahrung, die zum Menschen gehört wie die Freude. Wohl in allen Zeiten und Kulturen ist über diese Zusammenhänge nachgedacht worden, damit Trauer verständlich und überwindbar wurde. Moderne Versuche kennzeichnen Trauer als *Verlustverarbeitung.*

Psychoanalytische Deutung

Besonders bedeutsam wurden Arbeiten von S. Freud zur Trauer. Von ihm stammt folgender Ansatz: Wenn jemand durch Tod einen geliebten Menschen verliert, trauert er nicht so sehr um den anderen als um den eigenen Verlust, der sein Leben zentraler Glücksmöglichkeiten (Libidoorganisation) beraubt hat. Die Welt des Trauernden wird leer. Beim krankhaft Trauernden, dem Melancholiker, wird nicht die Welt, sondern das eigene Ich leer, zudem bleibt ihm ein konkreter Grund für seine Trauer verborgen. Die normale Trauer ist der Versuch des Menschen, sein Leben psychisch neu zu organisieren. Vorwürfe an den Verstorbenen, daß er ihn einsam zurückgelassen habe, und Vorwürfe ans eigene Ich, den Tod des geliebten Menschen durch gelegentliche (Todes-) Wünsche, Phantasien, ungenügende Sorge oder reales Mitverschulden verursacht zu haben, stellen sich ein, binden psychische Kräfte und verlangen Klärung. Verarbeitung dieser inneren Ambivalenz gelingt in dem Maße, wie der Trauernde Realität von Illusionen (Wünsche, Phantasien...) zu trennen vermag, seine Gefühle integriert in ein Gesamtbild vom eigenen Ich und zurückfindet zu einem Leben, das neue und der Situation angepaßte Glücksmöglichkeiten (Libidopositionen) findet und nutzt.

Weiterführende Überlegungen stellen heraus, daß sich die Anlässe der Trauer nicht auf den Tod eines geliebten Menschen beschränken lassen. Die freiwillige oder erzwungene *Trennung* sich liebender Menschen (z.B. durch Beendigung außerehelicher Verhältnisse usw.), Trennung von wichtigen Bezugspersonen in der Kindheit, Verlust von Dingen, Orten und Gewohnheiten, Einbuße von Funktionen und Gliedern des Körpers und vergleichbare Erfahrungen werden in Betracht gezogen.

Sozialpsychologische Deutung

Während psychologisch v.a. die biographischen Prädispositionen, inneren Vorgänge und Mechanismen des Trauerns erforscht werden, wendet sich soziologisch orientierte Forschung den Fragen zu, unter welchen zeitlichen und sozialen Bedingungen der „Prozeß des Trauerns" (Spiegel 1973) abläuft. Insbesondere ethnologische und kulturanthropologische Untersuchungen führten dazu, die sozialpsychologischen Funktionen der Trauerriten als „weise" Einrichtung zu betrachten. Der Trauernde braucht sie, um seinen Weg von der *Ausnahmesituation des Trauerfalls bis zu seiner Wiedereingliederung in die Gruppe* nach der vorgesehenen Trauerzeit zu gehen. Daß er in dieser Zeit seine gewohnten und akzeptierten Rollensätze ablegen und neue Rollensätze erarbeiten und durchsetzen muß, macht die Schwierigkeit dieser Trauerzeit aus. Von Spiegel (1973) stammen folgende 4 Phasen aus sozial- und pastoralpsychologischer Beschäftigung mit dem Thema in heutiger Sicht:

- *Phase des Schocks:* Der Trauernde ist überwältigt und hilflos angesichts der Trauernachricht.
- *Phase der Kontrolle:* Der Trauernde hat die Herrschaft (Kontrolle) über seine Gefühle, solange er mit der Organisation und Durchführung der Trauerriten beschäftigt ist.
- *Phase der Regression:* Der Trauernde braucht nun den Rückzug aus seinen gesellschaftlichen Verpflichtungen, um ein inneres Bild des Verstorbenen zu erarbeiten. Die Gefühle der leidvollen Erinnerung sollen in dieser Zeit neu geordnet werden.
- *Phase der Adaption:* Der Trauernde findet ins normale Leben zurück, wird wieder belastbar, kann sich wieder anpassen und entdeckt neue Bereiche des sozialen Engagements.

Diese 4 Phasen können nicht nur bei der Trauer von Hinterbliebenen beobachtet werden, man erkennt sie auch als Verlusterfahrung in anderen Bereichen des sozialen Lebens wieder.

Psychiatrische Deutung

Trauer, die über das übliche Maß hinausgeht und keinen Verarbeitungsfortschritt erkennen läßt, kennt die Psychiatrie v.a. als „reaktive Depression". Nicht die Stärke der verschiedenen Auslösesituationen wie Umzug, Klimakterium, Versagen, Erschöpfung usw. erklären die depressive Erkrankung. Vielmehr erklärt die *Unfähigkeit des Betroffenen, „normale" schwierige Situationen zu verarbeiten,* warum Anlässe, die von anderen unauffällig bewältigt werden, bei diesen Menschen zum Ausbruch einer psychiatrischen Erkrankung führen. Die Veranlagung dieser Menschen, die Tellenbach mit dem „typus melancholicus" beschreibt, ist sozial durchaus wünschenswert, sie begegnet bei Menschen, die zu Ordnung, Aufopferung und Selbstverleugnung, also zu altruistischen Wertkonzepten neigen. Unordnung, Ablehnung, Versagen usw. verdichten sich bei ihnen jedoch zu Identitätskrisen und zur Vernichtung bisheriger Lebensplanung. Einbuße an Lebensmöglichkeiten ruft die „melancholische Verlust-Stimmung" (Binswanger) hervor. Daß unter depressiv Erkrankten der (←) Suizid besonders häufig ist, wird so verständlich.

Medizin und das Problem der Trauer

Das Handeln des Arztes und anderer Helfer mit und am Trauernden scheint auf den ersten Blick selbstverständlich zu sein. Aber das Problem beginnt da, wo man sich fragt, welches Ziel diese Hilfe hat. Wenn es einfach darin besteht, die Trauer zu vertreiben, ist die Hilfe nur äußere Harmonisierung. Trauer, die schon von den antiken Philosophen der Stoa als Krankheit bzw. Veränderung der Seele durch Leidenschaft zum unerwünschten Phänomen erklärt wurde, wäre in dieser Konzeption v.a. ein Störfaktor in einer ansonsten „glücklichen“ Gesellschaft. Mit solchen und ähnlichen Auffassungen – der Soziologe Lepenies (1973) konstatiert ein „Melancholieverbot“ in Gesellschaften, die sich an unerreichbaren (utopischen) Ideen orientieren – setzen sich Philosophen und Theologen auseinander. Dabei kommt in den Blick, daß Trauer nicht nur als etwas Unpassendes und Unzulässiges gesehen werden kann, sondern eher ein kritischer Punkt im Leben des Menschen ist. An ihm entscheiden sich Heil und Unheil seines Lebens: ob die Lebensgeschichte des Betroffenen weitergeht, ob er sie selber steuert, ob er in der Lage ist, realistisch Verfall als Verfall zu sehen oder ob er vor allem Negativen in ihm und um ihn herum die Augen verschließen muß, ob er in und trotz allem Negativen fähig ist, glücklich zu sein, Ziele zu setzen, für sich selbst und andere, d.h. für das eigene körperliche, psychische und geistige Wohlbefinden und das anderer zu sorgen usw. Trauer ist das verzweifelte Gefühl, „die Ewigkeit und sich selbst verloren zu haben“, und zugleich aber auch die „Möglichkeit unendlicher Selbstbestimmung“ (Kierkegaard).

Worum es bei der Trauer wirklich geht, ist nicht nur eine Verstimmung, sondern die *Entscheidung, wie der Mensch weiterleben will.* Für medizinisches Handeln wird das v.a. in folgenden Situationen deutlich:

1. Eine medizinische Therapie, die immer differenzierteren Krankheits- und Verletzungsbildern begegnet, kann nur selten den alten gesunden Zustand wiederherstellen. Heilung ist oft nur möglich als Defektheilung. Sie ist eine Art Heilung trotz bleibender Funktionseinschränkungen und Mißbildungen, die nach der Behandlung zurückbleiben. Zu denken wäre an amputierte Gliedmaßen, Entstellungen, Lähmungen, Einschränkungen wichtiger Organfunktionen von Herz, Lunge, Leber... usw. (← Behinderung). Ein nicht unerheblicher Teil der zu behandelnden Krankheiten nimmt einen chronischen Verlauf, so daß auch in diesen Fällen die Patienten zunächst ihr bis dahin gültiges Bild vom Leben und den eigenen Möglichkeiten abbauen und mit den verbliebenen Restmöglichkeiten eine neue Beziehung zu sich selbst, zu den Mitmenschen, zu Umwelt, Beruf usw. aufbauen müssen (← Chronisches Kranksein). Wenn diese Trauerarbeit nicht gelingt, bleibt der Kranke in dem zerrissenen *Zustand zwischen Resignation und Rebellion*, d.h. zwischen dem endlosen Hadern mit dem Schicksal und der Verzweiflung, alles verloren zu haben.
2. Wesentlich deutlicher wird der Bezug zu Trauer und Trauerarbeit, wenn Menschen sich mit der Tatsache abfinden müssen, daß ihre Krankheit unheilbar ist (← Wahrheit am Krankenbett) und sie in näherer Zukunft mit ihrem Tod rechnen müssen. Den Phasen des Sterbens und denen des Trauerprozesses ist nach außen hin die negative Erlebnisqualität gemeinsam, nach innen hin ist es der gleiche Grundvorgang des Abschiednehmens. Der Sterbende hat nicht nur mit den Gefühlen seiner eigenen *Todesverfallenheit* umzugehen. Besonders bedrückend für ihn ist, daß er Abschied nehmen muß von den Menschen, die ihm lieb sind, von den Dingen, an denen er hängt, und von dem Gedanken, daß er für seine persönliche und berufliche Welt seine Bedeutung verliert. Auch das Sterbenmüssen verlangt Trauerarbeit. Sie kann den Menschen einweisen in das bedrückende, aber unumstößliche Faktum, daß er selbst, sein Leben, seine Leistungen usw. begrenzt, vom Ende bedroht sind.

3. Trauern im engeren Sinne ist die Reaktion derer, die den Tod eines ihnen nahestehenden Menschen beklagen: eine Reaktion der Hinterbliebenen also. Ihre Position hat sich mit dem Tod radikal verändert, weil eine wichtige Beziehung zu Ende ist: eine Ehe, ein Eltern-Kind-Verhältnis, eine Freundschaft, eine Abhängigkeit usw. Der Verlust muß aufgearbeitet, neue Beziehungen müssen aufgebaut werden. In der Medizin setzt sich die Idee durch, *daß zur Begleitung Sterbender auch die Begleitung ihrer Angehörigen gehört*, weil ihre Beziehung wesentlich das Erleben des Sterbenden prägt und eine geglückte Ablösung eine wichtige Voraussetzung für ein gutes Sterben ist. Die Behandlung des Todkranken ohne seine nächsten Angehörigen brächte nur eine weitere Atomisierung sozialer Beziehungen und die Erfahrung von Schmerz und Verlassenheit. Zudem würde sie verkennen, daß die Trauer als seelische und soziale Krise, die sich immer auch zur pathologischen Trauer auswachsen kann, die Hilfe des Arztes herausfordert.

Die medizinische Aufgabe des Tröstens

Daß Hilfe bei der Trauerarbeit zu den Aufgaben der Medizin gezählt wird, zeigt sich in der seit alters gültigen Formel vom „Heilen – Trösten – Lindern". Die Medizin der heutigen Zeit setzt dabei das Heilen an die erste Stelle und vergißt, daß längst nicht jede Krankheit heilbar ist, also andere Aufgaben als nur die des Heilens anstehen. Unzureichend ist die Position der Medizin, wenn sie in den Trauerprozeß oft nur durch Verordnung *psychotroper Medikamente* eingreift. Die Kritik ist berechtigt, daß von diesem Therapiezweig viel zu leichtfertig, d.h. ohne ausreichende Indikation Gebrauch gemacht wird. Das bedeutet: medikamentöse Therapie beeinflußt Symptome der Trauer, sie „heilt" nicht den trauernden Menschen. Einmal wird Trauer dabei nur als Minderung von Lebensqualität gesehen, die viele Menschen nicht mehr hinnehmen wollen. Zum anderen weiß man, daß Trauer sozial belastend ist und *psychosomatische* Erkrankungen auslösen kann, denen man natürlich vorbeugen will. Übersehen wird dabei jedoch, daß Trauern eine notwendige psychohygienische Funktion hat. Verlustsituationen und Enttäuschungen größerer und kleinerer Art sind im Leben unvermeidbar, *sie verarbeiten zu können bedeutet Lebenstauglichkeit*. Genau diese Tauglichkeit soll und kann Trauerarbeit fördern. Hilfe dabei wurde in früheren (nicht nur theologischen) Ethiken als Tugend des Tröstens bezeichnet. In den vielfältigen Situationen der Trauer darf die Medizin nicht vergessen, daß sie nicht nur Trauer vermeiden oder dämpfen soll. Sie muß dem Menschen helfen, seine vielleicht bequeme, aber letztlich selbstzerstörerische „Unfähigkeit zu trauern" (A. Mitscherlich u. M. Mitscherlich 1967) zu überwinden und fähig zu werden, *das Leben realistisch in seiner ganzen Schwere zu leben*. Damit erhöhen sich die Chancen, daß es ein geglücktes Leben wird.

Arbeitsmaterialien

Literatur

Bowlby J (1981) Das Glück und die Trauer. Herstellung und Lösung affektiver Bindungen. Klett-Cotta, Stuttgart

Brocher T (1980) Wenn Kinder trauern. Wie sprechen wir über den Tod? Mit farbigen Kinderzeichnungen. Kreuz, Zürich

Illhardt FJ (1982) Trauer. Eine moraltheologische und anthropologische Untersuchung. Patmos, Düsseldorf

Lepenies W (1973) Melancholie und Gesellschaft. Suhrkamp, Frankfurt

Mitscherlich A, Mitscherlich M (1967) Die Unfähigkeit zu trauern. Grundlagen kollektiven Verhaltens. Piper, München

Parkes CM (1974) Vereinsamung. Die Lebenskrise bei Partnerverlust. Psychologisch-soziologische Untersuchungen des Trauerverhaltens. Rowohlt, Reinbeck

Schiff HS (1978) Verwaiste Eltern. Kreuz, Stuttgart Berlin

Spiegel Y (1973) Der Prozeß des Trauerns. Analyse und Beratung, 2. Bde. Kaiser-Grünewald, Mainz München

Zur rechtlichen Problematik

Für den rechtlichen Problembereich vgl. v. a. die Themen, auf die im Text verwiesen wurde: (←) Behinderung, (←) chronisches Kranksein, (←) Suizid und (←) Wahrheit am Krankenbett.

Öffentliche Stellungnahmen

Vgl. die Texte bei den Stichworten, auf die vorher verwiesen wurde.

Forschung

Aus dem Feld der Forschung werden die folgenden 4 Themen ausgewählt:

- Humanexperiment – Heilversuch,
- Arzneimittelprüfung,
- Genforschung,
- Ethikkommissionen.

Zur Rechtfertigung der Beschränkung auf diese 4 Themen der Forschung kann ihre exemplarische Bedeutung angeführt werden, die jedem der 4 Punkte zukommt: die Themen „*Humanexperiment – Heilversuch*" und „*Arzneimittelprüfung*" zielen auf die Grundlagen für den konkreten Behandlungsauftrag der Medizin und ihrer alltäglichen Praxis; das Thema „*Genforschung*" stellt brennpunktartig das Bemühen dar, der Medizin neue fundamentale Behandlungsmethoden zu eröffnen, und das Thema „*Ethikkommissionen*" macht den Versuch deutlich, wie die Medizin ein wichtiges Instrument ausarbeitet, das bei der Kontrolle der Forschung und bei der Wahrnehmung von Verantwortung eingesetzt werden kann.

Humanexperiment – Heilversuch

Jeder Heileingriff in der Medizin ist gekennzeichnet von einem bestimmten Grad an Risiken, der je nach der Art des Eingriffs, nach den individuellen Voraussetzungen des Patienten und nach dem Können des Arztes bzw. seiner Institution (Praxis, Klinik usw.) unterschiedlich ist. Im weitesten Sinne also „versucht" jeder Eingriff zu heilen, weil der Heilerfolg niemals garantiert ist. Im strengen Sinne jedoch weicht der Heilversuch von den standardisierten Methoden insofern ab, als die besonderen Voraussetzungen des Patienten und oft auch das Fehlen bzw. die Insuffizienz einer bewährten Heilmethode den Arzt vor die Entscheidung stellen, neue Wege in der Behandlung zu gehen. Mit einer solchen Entscheidung begann irgendwann einmal jedes – inzwischen standardisierte – Heilverfahren in der Medizin, und es hört erst dann auf, Heilversuch zu sein, wenn es in der Medizin allgemein anerkannter Standard ist. Dieses Entwicklungsproblem steckt in jedem medizinischen Heilverfahren: in den Techniken der Diagnose, der Medikation und konservativen Behandlung, der Prävention, Operation und Nachsorge.

Das *Humanexperiment* unterscheidet sich vom *Heilversuch* dadurch, daß ein Eingriff am Menschen vorgenommen wird, der in erster Linie dem *Erkenntnisge-*

winn und langfristig gesehen der Entwicklung besonderer oder bisher unbekannter Heilmethoden dient. Am Beispiel des (←) Arzneimittelversuchs läßt sich dieser Unterschied klarlegen. Wenn ein neues Medikament an gesunden Probanden getestet wird, damit über die Verträglichkeit und Pharmakokinetik verläßliche Aussagen gemacht werden können, ist dieser Versuch ein Humanexperiment. Wenn die gleiche Substanz später einem Patienten gegeben wird, weil die bereits bekannten Medikamente keinen ausreichenden Heilerfolg versprechen, handelt es sich um einen Heilversuch.

Probleme der Versuchsanordnung

In der Entwicklung medizinischer Techniken ist die *Randomisierung* heute die häufigste Art der Versuchsanordnung. Durch sie soll die Gewinnung zuverlässiger Ergebnisse gewährleistet werden. Ziel der Randomisierung ist es, durch eine bestimmte Methode der Probanden- bzw. Patientenauswahl zu erreichen, daß subjektive Einflußfaktoren die Übertragbarkeit der Ergebnisse auf andere Menschen verhindern. Bei der Auswahl der Versuchspersonen ist das Zufallskriterium für deren Zuordnung zu einer der Prüfgruppen entscheidend. In einer der Gruppen wird jeweils ein bestimmtes Mittel oder Verfahren ausprobiert, während die andere Gruppe aus Gründen der Vergleichbarkeit und Kontrollierbarkeit der Ergebnisse unbehandelt bleibt bzw. mit einem bekannten Verfahren behandelt wird oder ein Placebo bzw. ein Vergleichspräparat bekommt. Die Zuordnung kann den Probanden/Patienten (*Einfachblindversuch*) und den Ärzten (*Doppelblindversuch*) unbekannt sein, damit jede Beeinflussung und Voreingenommenheit vermieden wird. Ein *Cross-over* in der Versuchsanordnung sieht darüber hinaus zur Sicherung objektiver Ergebnisse eine Rotation der Patienten- bzw. Probandengruppen vor. Für den Notfall steht ein geheimer *Verteilungsschlüssel* zur Verfügung, der darüber Auskunft geben kann, welche Versuchspersonen mit welchem Mittel bzw. Verfahren behandelt wird. Randomisierte, kontrollierte (Doppel-) Blindstudien sind aus der heutigen wissenschaftlichen Experimentgestaltung nicht mehr wegzudenken. Zugleich aber erheben sich immer wieder ethische Bedenken dagegen, weil eine solche Versuchsanordnung

- eine *ausreichende Aufklärung* und völlig *freie Einwilligung* des Probanden oder Patienten erschwert bzw. gar verhindert,
- den Arzt zwingt, seine Therapie nach statistischen und nicht nur nach *therapeutischen* Gesichtspunkte zu planen und weil
- es eine *Verpflichtung des Menschen* nicht geben kann, sich an für ihn nicht durchschaubaren Studien zu beteiligen, bzw. ein *Recht anderer*, d. h. der Gesellschaft, der Medizin, der Wissenschaft oder des Fortschritts nicht geben kann, die Teilnahme von Menschen an solchen Versuchen zu fordern.

Es kann keine pauschale Unbedenklichkeitserklärung für die moderne Forschungsmethodik abgegeben werden, auch keine pauschale Unzulässigkeitserklärung. Forscher und Ärzte müssen immer im Auge behalten, daß Freiheit und Würde des Probanden/Patienten niemals verletzt werden dürfen, wie groß auch immer der prospektive Gewinn für die Wissenschaft und die Praxis der Medizin sein mag. Die Aufklärung muß so umfassend wie möglich sein, die Einwilligung der Versuchsperson setzt volle Information und Freiheit voraus, und die Risiken müssen begrenzbar und zumutbar sein. Versuche, die diese Bedingungen nicht erfüllen, sind ethisch unzulässig.

Methode des Versuchs und Freiheit der Person

Bei jeder biomedizinischen Forschung stellt sich das Problem, daß Menschen als *Versuchsobjekt* eingesetzt werden. Eine zentrale ethische Position verbietet aber, den Menschen allein als *Mittel* zu benutzen und nicht als *Zweck in sich selbst* zu sehen. Jedes Versuchsdesign hat demnach als unzulässig zu gelten, das den involvierten Personen nicht die Möglichkeit voller Freiheit und Selbstbestimmung beläßt. Gerade diese Freiheit zu gewährleisten stellt oft eine Schwierigkeit für die forschenden Ärzte dar, die einerseits das Vertrauensverhältnis zum Patienten und andererseits die Solidität der Versuchsanordnung und die zahlenmäßige Beteiligung am Versuch berücksichtigen müssen. Darum ist es natürlich schwerer als beim Heilversuch oder bei einer Standardbehandlung, die freie Zustimmung des Probanden bzw. Patienten zu erlangen; denn um der Unvoreingenommenheit der Ärzte und der Versuchspersonen willen muß den Versuchspersonen eine sehr umfassende Einwilligung bei geringer Information zugemutet werden. Gelegentlich wurde sogar geäußert, ein Doppelblindversuch sei juristisch und ethisch abzulehnen. Ob eine solche Pauschalierung zulässig ist, bleibt nach wie vor strittig. Angemessen erscheint darum folgendes: Im Einzelfall muß abgewogen werden, ob die vorgelegte Versuchsanordung die *Freiheit des Probanden* verletzt und darum unzulässig ist und ob eine gute Form der *Aufklärung* gefunden werden kann, nach der ein Proband kognitiv und emotional zur *freien Entscheidung* fähig ist. Je weniger Freiheit der Versuchsperson gewährt werden kann, desto größer sind die ethischen und rechtlichen Bedenken gegen die Versuchsanordnung.

Wenn kranke Menschen an dem Versuch beteiligt sind, entsteht oft das Problem, daß ihnen ein bewährtes Medikament bzw. eine übliche Behandlung, das bzw. die in ihrer Krankheit angezeigt wäre, vorenthalten wird, sei es daß dieses Standardpräparat im Versuchsplan nicht vorgesehen ist bzw. ein Placebo eingesetzt werden muß, sei es daß eine Parallelmedikation bzw. -behandlung prüfmethodisch unzulässig ist. Aus rechtlichen wie ethischen Gründen muß die Teilnahme eines Patienten am Versuch ausgeschlossen werden, wenn ein *Therapieverzicht* für die Dauer des Versuchs ärztlich nicht verantwortet werden kann. Bei Versuchen an kranken Menschen entsteht auch das Problem des *Versuchsabbruchs*, wenn bei einem der zu prüfenden Medikamente oder einem bestimmten Behandlungsverfahren sich ein *klarer Trend* für das eine oder andere Medikament bzw. Verfahren ergibt. Keinem Menschen darf zugemutet werden, mit dem schlechteren Mittel behandelt zu werden, wenn er ein besseres bekommen könnte. Seine Zustimmung zum Versuch beinhaltet die Überzeugung, an der Findung des besseren Mittels beteiligt zu sein, nicht aber die Zusage, im Interesse der Forschung medizinisch unzureichend oder falsch behandelt zu werden. Wenn aber eine Fortführung des Versuchs prüfmethodisch unerläßlich ist, muß der Patient über den neuen Trend aufgeklärt und seine Einwilligung zur Fortsetzung des Versuchs eingeholt werden.

Als besonderes Problem im Umkreis experimenteller Medizin stellt sich immer deutlicher der *Schutz von Selbstbestimmung und Intimsphäre* des Menschen heraus. Wissenschaftliche Erkenntnissicherung ist nur möglich aufgrund umfassender Daten, Daten ermöglichen einen Zugriff auf den Menschen, der eine solche Verfügbarkeit gar nicht gewollt hat. Daten stammen aus dem Bereich der Medizin, betreffen aber auch die psychologische und soziale Vorgeschichte eines Menschen. Darum geriet etwa das sog. Krebsregister unter heftigsten Beschuß, mit dem die Voraussetzungen der Krebsentstehung und -behandlung durch lückenlose Registrierung aller Krebspatienten und ihrer Krankheitsgeschichte besser erkannt werden können. So erscheint zwar ein Fortschritt in Prophylaxe und Therapie möglich, womit das gegenwärtige unsichere Versuchsstadium überwunden werden könnte, zugleich wird dadurch der Schutz persönlicher Daten vieler Menschen erheblich bedroht. Das ethische Problem besteht nun darin, ob der Fortschritt der Medizin oder die Freiheit der Menschen vor dem öffentlichen Zugriff das wichtigere Gut ist. Wie in allen Entscheidungskonflikten von Medizin und Forschung ist es unmöglich, eine eindeutige Lösung zu konstruieren, auf die man sich ein für alle Male verlassen kann. Vielmehr muß der offene Dialog aller Betroffenen auf den verschiedensten Ebenen angestoßen werden, in dem ein Konsens darüber erarbeitet wird, was machbar, wünschbar und wertvoll ist.

Grauzonen der ethischen Zulässigkeit

Eine klare Abgrenzung zwischen Humanexperiment und Heilversuch ist wichtig, damit sich der Arzt bzw. Forscher ein Bild von der Komplexität des Eingriffs und von der primär therapeutischen oder primär experimentellen Absicht machen kann. Demnach unterscheiden sich die Voraussetzungen hinsichtlich Einwilligung und Aufklärung der Versuchspersonen. In jedem Fall ist neben Zustimmung und Aufklärung auch eine sehr gründliche *Abwägung von Nutzen und Risiko* vorzunehmen, die der Arzt bzw. Forscher den Probanden nötigenfalls zu erläutern hat. Mehr und mehr helfen ihm bei dieser Abwägung – nicht beim Tragen der Verantwortlichkeit – sog. (←) Ethikkommissionen. Wenn der Nutzen für den Patienten nicht eindeutig überwiegt bzw. wenn die Risiken nach allgemeiner Einschätzung unzumutbar sind, dann ist ein Humanexperiment sittlich nicht zulässig.

Unlösbare Dilemmata und Grauzonen des Noch- bzw. Nicht-mehr-Zulässigen lassen sich nicht ausschließen. Humanexperiment und Heilversuch liegen immer zwischen zwei Wertbereichen. Auf der einen Seite steht das Interesse vieler (gegenwärtiger oder möglicher) Patienten an der *Fortentwicklung der Medizin bzw. ihrer Techniken.* Auf der anderen Seite steht das *Interesse des einzelnen Patienten bzw. Probanden,* daß ihm möglichst zuverlässig und möglichst wenig riskant geholfen wird, bzw. sein Recht, daß die Würde und Unantastbarkeit seiner Person in jedem Fall respektiert wird. Internationale Deklarationen zeigen den breiten Konsens, der sich gerade in den letzten Jahrzehnten besonders als Reaktion auf die brutalen Menschenversuche innerhalb und außerhalb des NS-Regimes herausgebildet hat. Er geht aus vom absoluten *Vorrang des einzelnen*

Menschen und seiner Würde vor allen anderen Interessen, die von Forschern und von der Gesellschaft vorgebracht werden. Aber das Problem einer solchen gültigen Priorität besteht darin, daß ein Interesse des einzelnen langfristig nur gewahrt werden kann, wenn auch die Interessen potentieller Patienten und Betroffener mitberücksichtigt werden. Mit dem Schwinden der Risiko- und Opferbereitschaft des einzelnen schwindet auch die Chance, daß die für ihn notwendige Bekämpfung von Leid und Krankheit auf Dauer bereitgestellt werden kann. *Stagnation der Forschung führt im Endeffekt zur Stagnation der Humanität*, wenn man voraussetzt, daß auch Forschung im Dienste der Humanität steht bzw. stehen sollte. Diese Voraussetzung muß auch dann gemacht werden, wenn man sieht, wie sehr die experimentelle Situation durch Motive der Wirtschaftlichkeit, der Entdekkungsfreude und des Sozialprestiges verdunkelt wird. Deshalb läßt sich die ethische Zulässigkeit von Heilversuch und Humanexperiment nicht allein durch Freiwilligkeit und Zustimmung bzw. Aufklärung bestimmen, die natürlich niemals fehlen dürfen. Wichtig für ihre ethische Beurteilung sind ebenfalls:

- die *Risikobereitschaft* von Arzt/Forscher und Patient/Proband,
- die Solidität ihrer *Abwägung von Nutzen und Risiko*,
- die Qualität der *Kommunikation und Beziehung* zwischen Arzt/Forscher und Patient/Proband,
- die Größe von *Not und Herausforderung* (Diskrepanz von medizinischem Erkenntnisstand und Leidensintensität des einzelnen),
- die Integrität der *Motive*, die zur Entscheidung führen, und
- die *Akzeptabilität und Zumutbarkeit* der voraussehbaren *Wirkungen und Nebenwirkungen* der durch die Experimente vorangetriebenen Forschung.

Arbeitsmaterialien

Literatur

Eser A, Schumann KF (Hrsg) (1976) Forschung im Konflikt mit Recht und Ethik. Zur Problematik von Zeugnisverweigerungsrecht, strafrechtlicher Immunität und freiem Datenzugang des Forschers. Enke, Stuttgart

Levine RJ (1981) Ethics and regulations of clinical research. Urban & Schwarzenberg, Baltimore München

Milgram S (1982) Das Milgram Experiment. Zur Gehorsamsbereitschaft gegenüber Autorität. Rowohlt, Reinbek

Staudinger H-J (1974) Freiheit und Verantwortung in der Wissenschaft. Steiner, Wiesbaden

Ströker E (Hrsg) (1984) Ethik der Wissenschaften? Philosophische Fragen. Fink & Schöningh, München Paderborn Wien Zürich

Zur Einführung in die rechtliche Problematik

Medizinische Forschung steht in einem Spannungsfeld zwischen Forschungsfreiheit und Probandenschutz. Die grundrechtliche Garantie der Forschungsfreiheit egitimiert zwar nicht schon für sich die Durchführung einzelner Experimente mit)estimmten Versuchspersonen, wirft aber doch die Frage auf, durch welche be- onderen Zulässigkeitsvoraussetzungen die Handlungsfreiheit des Forschers ein- ;eschränkt werden darf. Experimente, die ein Mitwirken der Probanden erfor- lern, bedürfen grundsätzlich einer von den Versuchspersonen erteilten Einwilli- ;ung. Wie bei der Heilbehandlung (← chirurgische Behandlung) setzt dies – und war auch und insbesondere bei randomisierten Blindstudien – eine umfassende \ufklärung voraus. Es wäre indes verfehlt, in der Einwilligung die einzige Grund- age für ein Humanexperiment zu erblicken, müßten doch sonst Versuche mit inwilligungsunfähigen Personen (Kinder, Geistesschwache) ausnahmslos für un- ulässig erklärt werden. Gerade die Verbindung von therapeutischer und experi- nenteller Zielsetzung beim Heilversuch zeigt, daß eine derartige Rigidität nicht achgerecht wäre, so sehr auch wirksame rechtliche Vorkehrungen zum Schutz nißbrauchsgefährdeter Probandengruppen angebracht erscheinen. Das deutsche \rzneimittelgesetz (← Arzneimittelprüfungen) läßt denn auch *Experimente* an Ainderjährigen nur in engen Grenzen, an zwangsweise anstaltsverwahrten 'ersonen sogar überhaupt nicht zu, während der *Heilversuch* keinen vergleichba- en Beschränkungen unterliegt. Dieses Gesetz macht andererseits aber auch deut- ich, daß die Einwilligung des Probanden bzw. seines Vertreters nicht schon die ür sich allein hinreichende Legitimation des Humanexperiments sein soll: Es verden – auch mit Einwilligung der Versuchsperson – nur solche Versuche für ulässig erklärt, bei denen die Risiken für die Versuchsperson „gemessen an der oraussichtlichen Bedeutung des Arzneimittels für die Heilkunde ärztlich vertret- ar sind" (§ 40 Abs. 1 Nr. 1 Arzneimittelgesetz, ähnlich § 41 Abs. Nr. 2 Strahlen- chutzverordnung). Dies bedeutet eine Verrechtlichung der medizinethischen 'erpflichtung zur Abwägung von Nutzen und Risiko, die auch für gesetzlich icht ausdrücklich geregelte Bereiche medizinischer Forschung Geltung bean- pruchen darf.

'gl. zur Problematik:
)eutsch E (1978) Medizin und Forschung vor Gericht. Müller, Karlsruhe
ser A (1979) Heilversuch und Humanexperiment. Zur rechtlichen Problematik biomedizinischer Forschung. Chirurg 50:215–221
chimikowski P (1980) Experiment am Menschen. Zur strafrechtlichen Problematik des Humanexperiments. Enke, Stuttgart

'esetzestexte
40, 41 Gesetz zur Neuordnung des Arzneimittelrechts
41–43 Strahlenschutzverordnung

iehe Anhang, S. 173–179.

)ffentliche Stellungnahmen

)eklaration von Helsinki. Empfehlung für Ärzte, die in der biomedizinischen Forschung am Ienschen tätig sind. Revidierte Fassung von Tokio. Weltärztebund (1975)
ichtlinien für Forschungsuntersuchungen am Menschen. Schweizerische Akademie der medizischen Wissenschaften (1970/1981)

iehe Anhang, S. 204–210.

Arzneimittelprüfungen

Die Arzneimittelprüfung ist ein Teilbereich von (←) Humanexperiment/Heilversuch, wesentliche Aspekte sind darum bereits genannt worden. Der Problematik der Arzneimittelprüfungen kommt aber eine derart praktische Bedeutung zu, etwa für den niedergelassenen Arzt bei Feldstudien in der 4. Phase der Arzneimittelentwicklung oder bei multizentrischen klinischen Studien, daß sie in einem eigenen Punkt behandelt werden soll. Überschneidungen sind daher nicht vermeidbar, von der Sache her sogar geboten.

Bis ein Arzneimittel vom Bundesgesundheitsamt genehmigt ist und auf den Markt kommt, hat es 3 Abschnitte durchlaufen: 1. das *Laborscreening* (Identifizierung und Gewinnung therapeutisch interessanter Substanzen), 2. den *Tierversuch* (Feststellung der Wirksamkeitsgrenzen, v. a. der Letaldosis [LD 50]) und 3. den *Versuch am Menschen* (Versuche zur Feststellung von Pharmakokinetik und -dynamik, von Wirksamkeit und Toxizität). In allen 3 Abschnitten stellen sich ethische Fragen ein, im 1. Abschnitt grundsätzlich, aus welchen Gründen und Motiven überhaupt ein neues Medikament erforscht und hergestellt werden soll, ob es für die Therapie oder nur für die Marktanteile des Herstellers sinnvoll ist, ob eine neue Substanz oder nur eine veränderte Galenik erforscht werden soll usw. Für den Abschnitt der Tierversuche häufen sich die Vorwürfe, daß Tiere unter widernatürlichen Bedingungen eigens gezüchtet oder unnötig gequält bzw. getötet werden. Solcher Aufwand werde auch für weniger wichtige Tests getrieben, wenn z. B. Kosmetika oder Medikamente geprüft werden, zu denen bereits wirksame Referenzpräparate vorliegen. Der Vorwurf, soweit er nicht – wie häufig – aus unreflektierter Sentimentalität stammt, hat zumindest dort seine Berechtigung, wo er auf die ökologische Unvernunft hinweist, mit der ein Eigenrecht nichtmenschlicher Lebewesen bedenkenlos menschlichen Zwecken geopfert wird.

Besonders kompliziert gestaltet sich der 3. Abschnitt der Arzneimittelprüfung, in dem man gewöhnlich 4 Phasen unterscheidet:

1. Phase: An kleinen Probandengruppen (10–15 Personen) wird das neue Medikament auf seine *Verträglichkeit*, oft auch auf seine *Pharmakokinetik* und *-dynamik* hin geprüft. Dabei kann man aus den Tierversuchen die bereits bekannte Maximaldosis (LD 50) voraussetzen. Oft werden nach den ersten Menschenversuchen erneut Tierversuche notwendig. Versuche der 1. Phase finden gewöhnlich unter ärztlicher Aufsicht in Einrichtungen der Pharmalaboratorien statt.

2. Phase: Vor allem in der Klinik werden weiterhin Versuche unternommen, mit denen Erkenntnisse zur *Wirksamkeit* des neuen Mittels gewonnen werden sollen. Mit der Wirksamkeitsprüfung werden auch die Möglichkeiten und Formen einer therapeutischen Nutzung und Darreichung erforscht und überprüft. Bis zu 200 Probanden können für diese Phase erforderlich sein.

3. Phase: Das neue Arzneimittel wird an einer ausgeweiteten Zahl (bis zu mehreren Tausend) von Patienten getestet. Besonders die *Häufigkeitsverteilung von unerwünschten Wirkungen* wird registriert. Das kann in Kliniken und freien Arztpraxen geschehen.

4. Phase: Wenn das neue Medikament auf den Markt gekommen ist, soll seine Bedeutung auch weiterhin kontrolliert werden durch eine entsprechende Rückmeldung über die *praktische Brauchbarkeit, Wirksamkeit, Indikationssicherheit* und auftretende *Nebenwirkungen.* Die Informationen zur therapeutischen Bandbreite und zur Sicherheit auch unter nicht standardisierten Bedingungen sollen vervollständigt werden.

Das Verfahren der Arzneimittelprüfungen (3 Abschnitte – 4 Phasen) versucht, gestützt auf die Bestimmungen des Arzneimittelgesetzes, einen leichtfertigen Umgang mit Versuchspersonen zu verhindern. Jede Phase baut auf den Ergebnissen der vorhergehenden Phase auf, das Risiko der Erstanwendung am Menschen wird reduziert durch die Auswertung der Tierversuche. Weiterhin können von jedem Versuchsprotokoll klinisch abgesicherte Ein- und Ausschlußkriterien für die Versuchspersonen, Versicherungen, besondere Aufklärungsbedingungen, schriftliche Einwilligung usw. verlangt werden. Einige Firmen und Labors haben zur ethischen Begutachtung der Versuchsplanung (←) Ethikkommissionen bestellt, die ihrerseits v.a. auf die Sicherheit des Probanden achten. Die spezielle Problematik der Arzneimittelprüfung, die im Kern identisch ist mit der von (←) Humanexperiment-Heilversuch, soll im folgenden benannt werden.

Kalkulierbarkeit der Nebenwirkungen

Auch wenn heute i. allg. bei keinem Arzneimittelversuch am Menschen gravierende, tödliche oder irreversible Nebenwirkungen zu erwarten sind, muß doch abgewogen werden, welche *Risiken* überhaupt von den beteiligten Personen eingegangen werden und welcher *voraussichtliche Nutzen* für die Medizin dem gegenübersteht. Bei leichten Nebenwirkungen, etwa bei vorübergehenden Kopfschmerzen oder Übelkeit, wird man keine größeren Rechtfertigungsprobleme haben, wenn der Versuch für das Ziel einer künftigen Therapieverbesserung nicht gänzlich irrelevant ist. Für einen unzureichenden Versuchsaufbau, der keine guten Ergebnisse erbringen wird, sollte aber nicht einmal das Risiko leichter Kopfschmerzen eingegangen werden. Der Mensch ist niemals beliebig einsetzbares Objekt. Je mehr vitale Gefährdungen und psychosoziale Belastungen mit der Teilnahme am Versuch verbunden sind, desto schwieriger wird es abzuwägen, welcher Nutzen für Medizin und Gesellschaft, welche Schäden bzw. Risiken für die Probanden bzw. Patienten aufwiegt. Gleichgültig wie das Ergebnis einer solchen Abwägung ausfällt: die Anforderungen an Aufklärung und freie Einwilligung des Probanden bzw. Patienten müssen kompromißlos sein, damit nicht das Forschungsinteresse unbemerkt die Würde des einzelnen verdeckt.

Eine Risiko-Nutzen-Abwägung darf nicht mißverstanden werden. Es kann dabei nicht darum gehen, die Risiken von Versuchspersonen gegen den Nutzen für andere aufzurechnen. Letzten Endes geht es in solchen Rechnungen um den Wert von Menschen, und Menschen haben weder *Preis* noch *Wert*, wie es Kant (1724–1804) eindringlich darlegte, sondern eine *Würde*, die sich nicht berechnen und vergleichen läßt. Bei der Kalkulierung der Nebenwirkungen kann es nur darum gehen, daß der Freiheit einer Versuchsperson, Risiken einzugehen, nur durch radikale Offenheit und die Einhaltung strengster Anforderungen an die therapeutische Sinnhaftigkeit eines Versuchs entsprochen wird.

Ein- und Ausschluß von Probanden bzw. Patienten

Versuchspersonen, die übliche klinische Normwerte unter- oder überschreiten, gefährden einerseits die Versuchsergebnisse, gehen aber auch ein erhöhtes Risiko ein. Teilnahme an einem Versuch wird weiterhin unzumutbar, wenn die freie Entscheidung des möglichen Teilnehmers nicht gewährleistet ist. In den Ein- und Ausschlußkriterien der Versuchsprotokolle sollten *besonders gefährdete Personengruppen* bedacht werden. Insbesondere handelt es sich dabei um die Teilnahme von schwangeren und stillenden Frauen an Arzneimittelprüfungen, weil die fruchtschädigende Wirkung bzw. der Übertritt chemischer Substanzen in die Muttermilch nur selten ausgeschlossen werden kann. Die Food and Drug Administration (USA) schließt darum meistens Frauen von Versuchen der 1. Phase aus, hierzulande werden Frauen nur ausgeschlossen, wenn die Teratotoxizität wahrscheinlich ist, oder es werden nur Frauen zugelassen, die nach eigenen Angaben und/oder Tests nicht schwanger sind oder stillen, sichere Verhütungsmittel nehmen, sterilisiert sind oder wegen ihres Alters nicht mehr schwanger werden können. Eine Schädigung der Leibesfrucht im Rahmen von Arzneimittelversuchen – die Contergan-Katastrophe von 1964 ist noch in Erinnerung – ist unbedingt zu verhindern. Ein geschädigtes Kind oder ein (←) Schwangerschaftsabbruch wäre eine unzumutbare Konsequenz, die für keinen Versuch eingegangen werden darf.

Eine weitere Personengruppe, die in der Regel von Versuchen ausgeschlossen werden muß, umfaßt Menschen, die zur Erteilung ihrer freien Einwilligung aktuell oder dauernd nicht in der Lage sind. Dazu gehören Kinder, bewußtlose Patienten, Behinderte, Gefangene und Menschen, die emotional oder kognitiv, z. B. aufgrund der Sprache, Sinn und Tragweite des Versuchs nicht einsehen können. Das führt zum 3. Problembereich des Arzneimittelversuchs.

Aufklärung und Zustimmung des Probanden bzw. Patienten

Schon aus arzneimittelrechtlichen Gründen braucht der Versuchsleiter die – in der Regel schriftliche – Einverständniserklärung der Versuchspersonen, in der *ausreichende Information* und *freie Zustimmung* dokumentiert und bezeugt werden. Die Probleme der Versuchsgestaltung bei Blindstudien, Randomisierung und Cross-over (← Humanexperiment – Heilversuch) erschweren die Einhaltung dieser Forderung. Ob Aufklärung und Zustimmung nur auf ihre formale Korrektheit hin nachweisbar sind oder auch – und das macht erst ihre ethische Rechtfertigung möglich – ihre personale Qualität, ist eine wichtige Frage. Aufklärung kann ein nur ungenaues Wissen des Probanden/Patienten über Ablauf und Risiken des Versuchs bezwecken. Sie kann aber auch – eine Formulierung seit Kant – den *autonomen Vernunftgebrauch* des Probanden/Patienten zum Ziel haben. Danach bedeutet Aufklärung hinreichendes Wissen und die Fähigkeit zur

Problematisierung des Versuchs, also die Fähigkeit des Probanden/Patienten, seine Teilnahme einer Abwägung von Nutzen und Risiko zu unterziehen und unter dem Aspekt zu sehen, wie sinnvoll sie in sein Lebenskonzept einzufügen ist. Damit das Resultat solch eines Entscheidungsvorgangs beim Probanden freiwillig sein kann, müssen neben seiner möglichen intellektuellen Unwissenheit auch *psychische und soziale Abhängigkeiten* ausgeschlossen werden. Gravierende Formen sind etwa Medikamentenabhängigkeit des Probanden, seine finanzielle Abhängigkeit vom Probandenhonorar, Druck bei Probanden, die im Abhängigkeitsverhältnis stehen, also bei Gefangenen, Anstaltsinsassen, Behinderten und Kindern (letztere sind i. allg. gesetzlich vom Versuch ausgeschlossen) usw. Subtilere Formen der Abhängigkeit sind etwa neurotische und psychotische Dispositionen des Probanden, sein Gefühl, bei einer Verweigerung die Zuwendung des Arztes zu verlieren, oder die sprachliche Inkompetenz bei Probanden aus Randgruppen oder Unterschichtsmilieus usw. Wenn man all diese Probleme sieht, wird man gar nicht erst versuchen, eine glatte Lösung für alle Fälle zu finden oder – im anderen Extrem – sich mit einer juristischen Minimallösung zufrieden zu geben. Vielmehr hat man mit wachsender Bedeutung des Versuchs auf eine Verbesserung der Aufklärung von seiten der Versuchsleitung zu drängen. Vorschläge für eine solche Verbesserung könnten eine mehrstufige Aufklärung oder Gruppengespräche der Probanden vor, während und nach dem Versuch sein.

Arbeitsmaterialien

Literatur

Bankowski Z, Dunne JF (1977) Trends and prospects, in drug research and development. XIth CIOMS Round Table Conference. Scrip for the Council for International Organizations of Medical Sciences, Genf

Bock KD (Hrsg) (1980) Arzneimittelprüfung am Menschen. Viehweg, Braunschweig Wiesbaden

Gross F (1979) Notwendigkeit und Ethik klinisch-therapeutischer Prüfungen von Arzneimitteln. Paul Martini-Stiftung der medizinisch-pharmazeutischen Studiengesellschaft e. V., Frankfurt

Gundert-Remy U, Schmidlin O, Schroeder H (1983) Einführung in die klinische Pharmakologie zum besseren Verständnis der Arzneimitteltherapie. Springer, Berlin Heidelberg New York Tokio

Langbein K, Martin HP, Weiss H, Werner R (1981) Gesunde Geschäfte. Die Praktiken der Pharma-Industrie. Kiepenheuer & Witsch, Köln

Zur Einführung in die rechtliche Problematik

Vgl. Artikel und Arbeitsmaterialien zu (←) Humanexperiment – Heilversuch. Speziell zu Fragen der Arzneimittelprüfung vgl. darüberhinaus

Deutsch E (1983) Arztrecht und Arzneimittelrecht, Kap. 23. Springer, Berlin Heidelberg New York

Eser A (1982) Kontrollierte Arzneimittelprüfung in rechtlicher Sicht. Zu den Zulässigkeitsvoraussetzungen des Arzneimittelgesetzes. Internist (Berlin) 23:218–226

Staak H, Weiser A (1978) Klinische Prüfung von Arzneimitteln. Methodik und Rechtsgrundlagen. Enke, Stuttgart

Gesetzestexte
§§ 40, 41 Gesetz zur Neuordnung des Arzneimittelrechts
siehe Anhang, S. 177–179

Öffentliche Stellungnahme

Richtlinien für die Arzneimittelprüfung am Menschen. Weltgesundheitsorganisation (1975)

Siehe Anhang, S. 211.

Genforschung – Genmanipulation

Als Gen kann man denjenigen Abschnitt eines Chromosoms bezeichnen, der zur Ausübung einer Funktion erforderlich ist (Bresch, Hausmann). Die Genetik hat also zu erforschen, in welcher Weise ein Gen bestimmte Funktionen eines Lebewesens steuern kann bzw. wie Fehlsteuerungen zustande kommen. Ein besonderes Schwergewicht liegt auf der Erforschung der Vererbung solcher Funktionsteuerung. Was G. J. Mendel im 19. Jahrhundert mit Kreuzungsversuchen an Erbsen begann, wurde spätestens seit dem Nachweis (1953 durch Watson u. Crick) der DNA, der biochemischen Zusammensetzung der Chromosomen, zur hochkomplexen Wissenschaft. Die Erforschung und Manipulierung des Lebens sprengte damit die bisher gültigen Grenzen, weil man nicht mehr nur die eine oder andere Erscheinungsform des Lebendigen erforschen und beeinflussen, sondern in den *Bauplan des Lebens* selber erforschend und verändernd eingreifen kann.

Erforschung und verändernder Eingriff liegen im Gebiet der Genetik besonders nahe beieinander, weil der Einblick in Strukturen des Lebens eine ungeheure Macht über Möglichkeiten und Grenzen des Lebens bedeutet. Symptomatisch für den damit verbundenen wissenschaftlichen und technologischen Optimismus und seine Oszillation um die beiden Pole „*Wissen*" und „*Macht*" war das berühmte *Ciba-Symposium von 1963* „Man and his Future". Eine Veränderung der Welt war zur faszinierenden Idee geworden, die keineswegs utopisch, sondern ihrer Realisation zum Greifen nahe war: *Zukunft durch gezielte Veränderung der Erbinformation*. Weitere chemische und biologische Forschung eröffnete Möglichkeiten und Techniken von Genkombinationen, -restriktionen und -reparaturen, die zugleich auch viele Forscher vor der Unabsehbarkeit der Risiken erschrecken ließen. Darauf reagierte 1975 die *Konferenz von Asilomar* (Kalifornien), auf der Wissenschaftler aus Ost und West eine Begrenzung ihrer Forschungen durchsetzen wollten, um gerade Versuche mit unabschätzbaren Risiken (high risk) einzuschränken. So deuten etwa Experimente mit dem Bakterium E. coli, einem in der Darmflora des Menschen beheimateten Lebewesen, darauf hin, daß dieses Bakterium aufgrund neu kombinierter genetischer Ausstattung giftige Substanzen produziert, bestimmte Eigenschaften potenziert usw. Unbegrenzte Möglichkeiten, dieses rekombinierte Bakterium einzusetzen, stehen unabwägbaren Gefahren gegenüber, wenn solch ein Bakterium außerhalb des Labors sich der

Kontrolle der Forscher entzieht und in seiner natürlichen Umwelt Schäden anrichtet. Zugleich wird seine Bekämpfung unsicherer aufgrund von Resistenzbildungen.

In Versuchen auch an höheren Säugetieren konnten inzwischen verschiedene Funktionen und Merkmale durch eine Veränderung der Erbinformation erreicht werden, sogar der Phänotyp von Tierarten konnte durch die Veränderung der entsprechenden Erbinformation umgestaltet werden, z. B. zu Riesenmäusen oder zu einer Kreuzung von Ziege und Schaf. Als besonders wichtiges gentechnisches Verfahren ist das sog. *Cloning* hervorzuheben. Angestrebt wird damit die Optimierung von Anlagen, indem auf die normale Verschmelzung zweier haploider Chromosomensätze wegen der Unwägbarkeiten des „normalen" Erbganges verzichtet und an ihre Stelle die synthetische Reduplikation identischer Erbinformationen gesetzt wird. Dadurch erscheint es möglich und für Züchtungsvorgänge sinnvoll, daß Lebewesen entstehen, die in ihrer genetischen Ausstattung absolut identisch sind.

Cloning ist zum Reizwort für die Zukunftsvision einer Welt geworden, in der genetisch optimal ausgerüstete, weil durch Cloning dahingehend gezüchtete Menschen den weiteren Weg der menschlichen und außermenschlichen Natur bestimmen. Bereits in der Antike versuchte man, die Idee der *Menschenzüchtung* in bevölkerungspolitische Realität umzusetzen, sie lebte weiter in utopischen Romanen vor allem der frühen Neuzeit, nahm Gestalt an in verschiedenen nationalistischen Programmen und ist auch in der gegenwärtig so beliebten Science-fiction-Literatur zu finden. Vorausschauende Menschen erschrecken vor der Möglichkeit, daß die politische und menschliche Wirklichkeit diese alten Utopien und Phantasien einholt. Noch wird von seiten der Wissenschaft eingewendet, daß das Clonen von Menschen technisch zu aufwendig und bezüglich seiner Wirkung zu langfristig sei, damit diese Technik sich lohne und einsetzbar würde. Andererseits kann solch ein Einwand nicht wegdiskutieren, daß die Idee des „besseren" Menschen eine anscheinend alle Zeiten überdauernde Idee ist. Vorstufen einer Verwirklichung dieser Idee zeigen sich in den genetisch orientierten Auswahlkriterien von geeigneten Spendern in der künstlichen Befruchtung (←Insemination) des Menschen. Anfänge mit der Menschenzüchtung sind also gemacht, dann aber kann niemand garantieren, daß über die Weiterentwicklung der Gentechnologie nicht auch eine Weiterentwicklung der Menschenzüchtung betrieben wird.

Die Einwände der Ethik dagegen betreffen teils die Methode des Cloning, darüberhinaus aber auch einen Teil der gentechnologischen Zielsetzungen. Folgende Begründungen der Ethik werden vorgelegt:

1. Einmal begonnene *Forschungen und Technologiezweige lassen sich erfahrungsgemäß nicht mehr zurücknehmen.* Sie unterliegen ihren eigenen immanenten Zielsetzungen und Sachzwängen. Aufmerksame Kontrolle und Beschränkung der Forschung ist darum unerläßlich.
2. Gentechnologien bergen die Gefahr in sich, daß ihre *Konsequenzen unabsehbar* werden, wenn die Veränderung und genetische Optimierung des Menschen und seiner Zukunft angestrebt werden. Denn die Veränderung des Menschen zieht eine Veränderung der gesamten Ökologie der Natur nach sich. Reaktionen dieses Ausmaßes entziehen sich aber der menschlichen Berechnung. Wenn

Konsequenzen unabsehbar sind, kann von Verantwortung dafür nicht mehr die Rede sein. Ethisch ist also festzuhalten, daß ein Auseinandertreiben von Gentechnologie und Verantwortung verhindert werden muß.

3. Die *Planung von Zukunft* ist ein besonders sensibler Punkt jeder, insbesondere der gentechnologischen Forschung. Zukunftsplanung geht immer von den Wert- und Zielvorstellungen der Gegenwart aus, und solche Vorstellungen sind nur die Vorstellungen einiger weniger, nicht aber aller Menschen. Zukünftig lebende Menschengenerationen haben keine Möglichkeiten zu entscheiden, ob sie diese von anderen Menschen hergestellte Ausstattung ihrer Natur überhaupt wollen und ihre Werthaftigkeit bejahen oder ablehnen. Menschen werden damit zu Objekten anderer Menschen, sie verlieren Möglichkeiten der Selbstbestimmung und Selbstgestaltung bzw. Selbstverantwortung, die sie ohne diese künstliche Beeinflussung ihrer genetischen Anlagen wenigstens in begrenztem Umfang gehabt hätten. Wer Möglichkeiten der Selbstbestimmung verliert, steht damit in der Gefahr, Möglichkeiten des Menschseins zu verlieren.

Berechtigte Hoffnung hat die Medizin, neben der *frühen Erkennung* von genetischen Schädigungen Erbkrankheiten, Mißbildungen oder Krankheiten wie möglicherweise Krebs (wenn sich die Hypothese bewahrheitet, daß die Karzinombildung auf genetischer Fehlinformation beruht) angehen zu können, indem die Schäden in der DNA „repariert" werden und nicht die Schäden am entsprechenden Organ oder Organsystem. Weiterhin erhält die Medizin die Möglichkeit, durch Lebewesen, deren genetische Struktur neu kombiniert worden ist, *pharmakologisch wichtige Substanzen*, z. B. Hormone wie das Proteohormon Insulin, zu produzieren. Einen Überblick über interessante Möglichkeiten der Medizin, für die Bereiche von Diagnose und Therapie gentechnologisch produzierte und substituierte Naturstoffe zu erhalten, gibt die folgende, keine Vollständigkeit beanspruchende Liste nach Starlinger (1984) (s. Seite 159).
Wenn medizinisches Handeln derart erweitert wird, treten wichtige Fragen auf. Erst wenn brauchbare Antworten darauf gefunden werden, läßt sich entscheiden, ob eine gentechnologisch erweiterte Medizin auch eine Erweiterung ihrer humanen Möglichkeiten bedeutet. Solche Fragen liegen im Bereich folgender Problemkreise:

- Gentechnologie ermöglicht das Angebot, bei Menschen Krankheiten zu erkennen, die mit hoher Wahrscheinlichkeit in naher oder ferner Zukunft auftreten. Die Medizin muß ihrer Herausforderung genügen, Menschen zu helfen, mit ihrem belastenden Wissen über eine bevorstehende Krankheit leben zu müssen.
- Indem eine Krankheit durch Veränderung der genetischen Struktur geheilt werden soll, muß zugleich die Möglichkeit in Betracht gezogen werden, daß neue Schädigungen verursacht werden, deren Ausmaß den Grad üblicher iatrogener Risiken und Schädigungen übersteigt. In welcher Weise die Medizin diese Verantwortung übernehmen und Patienten die gentechnologische Therapie bejahen bzw. mit den möglichen Folgen umgehen können, muß bisher als ungelöste Frage gelten.

Hormone:	Insulin Wachstumshormon „growth hormone releasing factor" Parathormon
Wachstums- und Differenzierungsfaktoren:	Interleukin Erythropoetin „epithelial growth factor" „platelet-derived growth factor"
Interferon:	α-Interferon β-Interferon γ-Interferon
Impfstoffe gegen:	Hepatitis A Hepatitis B Poliomyelitis Maul- und Klauenseuche Herpes
Plasmawirkstoffe:	Plasminogenaktivator Urokinase Streptokinase Faktor VIII zur Blutgerinnung (Hämophilie A)
Diagnostische Reagenzien	
Enzyme, z. B. Restriktionsenzyme	
Enzyme des Nukleinsäurestoffwechsels	
Spezielle DNA-Sequenzen als Reagenzien zur Feststellung von Restriktionspolymorphismen	

(Nach Starlinger 1984)

– Bei der Substitution natürlicher Substanzen durch gentechnologisch produzierte Äquivalente sind Konflikte unvermeidbar zwischen Forschung und Medizin einerseits, die auf möglichst freiem Informationsfluß für Fortschritte in Erkenntnis und Therapie angewiesen sind, und der pharmakologischen Industrie andererseits, die ihre Wettbewerbsfähigkeit nur in einem gesteuerten Informationsfluß bewahren kann.

Ethisch zentral ist die *Verantwortung aller Betroffenen* für die unabsehbaren Folgen und für die hohe Mißbrauchsanfälligkeit dieses Forschungsbereichs. Wenn *ein* System in der Ökologie verändert wird, ist in diese Veränderung die *gesamte* Ökologie einbezogen, und das heißt: Die menschliche und außermenschliche Lebenswelt wird in Mitleidenschaft gezogen. Fragen, die die Ethik an diese Zusammenhänge anknüpft, beziehen sich auf die *Zumutbarkeit* dieser Veränderungen für die lebenden und zukünftigen Generationen von Menschen, auf die *Wünschbarkeit* der Veränderungen, die von den Betroffenen als vorstellbar und sinnvoll eingeschätzt werden müssen, und auf die *Grenze*, die der Mensch überschreitet, wenn er manipulierend in die Strukturen des Lebens eingreift.

Arbeitsmaterial

Literatur

Bresch C (1977) Zwischenstufe Leben. Evolution ohne Ziel. Fischer, München
Buckley JJ Jr (ed) (1978) Genetics now: Ethical issues in genetic research. University Press of America, Washington
Conrad-Martius H (1955) Utopien der Menschenzüchtung. Der Sozialdarwinismus und seine Folgen. Kösel, München
Der Bundesminister für Forschung und Technologie (1984) (Hrsg) Ethische und rechtliche Probleme der Anwendung zellbiologischer und gentechnischer Methoden am Menschen: Dokumentation eines Fachgesprächs im Bundesministerium für Forschung und Technologie. Schweitzer, München
Koslowski P, Kreuzer P, Löw R (Hrsg) (1983) Die Verführung durch das Machbare. Ethische Konflikte in der modernen Medizin und Biologie. Hirzel, Stuttgart
Milunsky A, Annas GJ (eds) (1980) Genetics and the law II. Ullstein, New York London
Monod J (1979) Zufall und Notwendigkeit. Philosophische Fragen der modernen Biologie, 4. Aufl. Deutscher Taschenbuchverlag, München
Starlinger P (1984) Medizinische Gentechnologie: Möglichkeiten und Grenzen. Dtsch Ärztebl 81:2091–2098

Zur Rechtslage

Spezielle rechtliche Regelungen zu Genforschung und Gentechnologie gibt es in der Bundesrepublik derzeit nicht. Die Bundesregierung beabsichtigt gegenwärtig nicht, gesetzliche Schutzbestimmungen vor möglichen Risiken einer auf den Menschen übergreifenden Genforschung einzuführen. Entsprechende Gesetzgebungspläne aus den Jahren 1978 und 1979 sind zurückgestellt worden. Der Bundesforschungsminister hat Anfang 1984 eine „Arbeitsgruppe für ethische und rechtliche Fragen der Anwendung von Gentechnologie beim Menschen" ins Leben gerufen. Im Juli 1984 hat der Deutsche Bundestag eine Enquête-Kommission „Chancen und Risiken der Gentechnologie" eingesetzt, die bis Ende 1986 eine umfassende Bestandsaufnahme sowie Empfehlungen für rechtliche Regelungen vorlegen soll.

Zur rechtlichen und rechtspolitischen Problematik vgl.

Deutsch E (1982) Rechtspolitische Probleme der Gentechnologie. Med Mensch Ges 7:88–97
Eser A (1983) Recht und Humangenetik. Juristische Überlegungen mit menschlichem Erbgut. In: Koslowski P, Kreuzer P, Löw R (Hrsg) Die Verführung durch das Machbare. Hirzel, Stuttgart, S 49–69

Öffentliche Stellungnahme

Stellungnahme der Konferenz von Asilomar. (1975)

Siehe Anhang, S. 210.

Ethikkommissionen

In den Jahren 1975/76 ging der tragische Fall der Karen A. Quinlan durch die Presse. Eine junge Frau wurde nach zweimaligem Atemstillstand unwiderruflich abhängig von künstlicher Beatmung. Ihr komatöser Zustand veränderte sich auch nach mehr als 1jähriger Behandlung nicht. Die Eltern klagten auf Behandlungsabbruch gegen die Klinik, die sich der allgemeinen Rechts- und Wertauffassung anschloß, daß aktives Beenden von Leben unzulässig sei. Der oberste Gerichtshof des US-Bundesstaates New Jersey endlich revidierte das Urteil der ersten Instanz, erklärte den Behandlungsabbruch für zulässig, machte ihn aber davon abhängig, daß die klinikinterne Ethikkommission vorher noch einmal die medizinischen Befunde und die Indikation zum Abbruch überprüft und bestätigt. Damit war die Institution „Ethikkommission" („Review Board") anerkannt als ein *Instrument zur Lösung wichtiger Entscheidungskonflikte*.

Hinter diesem Gerichtsbeschluß, eine Ethikkommission einzuschalten, steht eine beachtliche Erfahrung mit dieser speziellen Art der Entscheidungsfindung. In England etwa entstand 1963 die London Medical Group, eine Kommission, die auf studentische Initiative hin gegründet wurde und sich mit dem ethischen Anteil medizinischer Probleme befaßte. Andere Universitätsstädte folgten dem Londoner Beispiel. Auch in den USA bestanden seit Jahren an vielen Kliniken Ethikkommissionen, die sich aus Anlaß schwieriger Entscheidungskonflikte konstituierten. Ihre Zusammensetzung war interdisziplinär: Ärzte, Juristen, Seelsorger, Philosophen, Vertreter von Pflege, Verwaltung und Patienten (oder je nach Problemlage noch andere Betroffene). Man ging von der Einsicht aus, daß in medizinischen Entscheidungskonflikten neben den Befunden auch Werturteile ausschlaggebend sind, die von Medizinern allein nicht ausreichend erfaßt werden. Fragen um Gesundheit und Krankheit gehen alle Menschen an und sind darum auch nur dann gültig lösbar, wenn möglichst alle Gesichtspunkte, Interessen und Betroffenheiten bei ihrer Lösung berücksichtigt werden. Weiterhin ist die Idee wichtig, daß – gemäß der angelsächsischen Tradition *demokratischer* und *parlamentarischer* Entscheidungsprozesse – v. a. eine dialogische Problemlösung angestrebt wird, weil sie den Ausgleich vieler Interessen und Aspekte ermöglicht, aufgrund freier Diskussionen zustande kommt, ihre Gültigkeit gemeinsam erarbeitet und sich an unseren moralischen Disputen des Alltags orientiert. Mit anderen Worten: Verantwortung für das Handeln ist gebunden an den *kommunikativen und argumentativen Austausch*, nicht nur an die innere Größe des einzelnen Forschers. Der Weltärztebund (World Medical Association) revidierte auch deswegen seine ethischen Richtlinien zur biomedizinischen Forschung, die er in Helsinki 1964 beschlossen hatte, bereits 11 Jahre später, also 1975, in Tokio und empfahl, für den Bereich von (←) Humanexperiment und Heilversuch Ethikkommissionen zu berufen („specially appointed committee for consideration, comment and guidance").

Im Überblick läßt sich die bisherige Entwicklung von Ethikkommissionen in folgenden Bereichen skizzieren:

Internationaler und nationaler Bereich

World Medical Association (WMA), World Health Organization (WHO), Council for International Organizations of Medical Sciences (CIOMS) usw. verabschiedeten allgemeine Richtlinien zur Arbeit der Ethikkommissionen bzw. stehen kurz vor der Verabschiedung. Diese internationalen Gesellschaften können jedoch nur *Empfehlungen* aussprechen. Rechtssetzungsbefugnisse sind ihnen nicht gegeben.

Ethikkommissionen der medizinischen Fakultäten

Die Mittelvergabe für Forschungen an den Universitäten wird zunehmend von der Stellungnahme einer Ethikkommission abhängig gemacht. An den meisten Fakultäten sind inzwischen solche Kommissionen, oft auch unter anderem Namen, aufgebaut oder im Aufbau begriffen. Sie sind ausschließlich für jene *Forschung* tätig, die im Bereich der eigenen Kliniken und Laboratorien unter Herbeiziehung von menschlichen Versuchspersonen durchgeführt werden soll. Gelegentlich übernehmen sie auch die Behandlung von Fragen, die sich aus dem Forschungsbereich angeschlossener Kliniken und Lehrkrankenhäuser ergeben.

Klinische Ethikkommissionen

Für *klinische Entscheidungen*, insbesondere *Eilentscheidungen* in Grenz- und Konfliktfällen entstanden eigene Ethikkommissionen an Kliniken und Krankenhäusern. Sie sollen akut zu lösende Fragen der Therapie wie Behandlungsabbruch, Zwangsbehandlung, Indikation für einen umstrittenen Eingriff usw. bearbeiten. Es ist selbstverständlich, daß solche Fragen dort konsultativ geklärt werden müssen, wo sie entstehen, und nicht an übergeordnete, zentrale Gremien überwiesen werden können.

Ethikkommissionen der Ärztekammern

Bei den Ärztekammern stehen traditionellerweise die *Standesbelange* des ärztlichen Berufs im Vordergrund. Vor allem auf Länderebene sind Gremien entstanden, in denen über ethische Probleme der von den Kammern vertretenen Ärzte diskutiert wird. Fragen der Selbstkontrolle, Qualitätssicherung, Sorgfalts- und Aufklärungspflicht, von Datenschutz und Arzneimitteltests (← Arzneimittelprüfungen) verlangen auch im Bereich der Allgemein- und Fachpraxis nach kompetenter Klärung. Über diese Themen der klassischen ärztlichen Deontologie hinaus hat sich die Notwendigkeit ergeben, ebenso Probleme der klinischen Ethikkommissionen (s. o.) zu behandeln. Anfragen von seiten niedergelassener Ärzte und Krankenhäuser haben diese erweiterte Entwicklung angestoßen.

Außerklinische Ethikkommissionen

Die Analyse von Nachteilen bzw. Risiken und Nutzen in der Entwicklung von Arzneimitteln, in der amerikanischen Bioethik „cost-benefit-" bzw. „risk-benefit-analysis" genannt, ist ein Punkt der ethischen Diskussionen, der schon vor dem Stadium der klinischen Prüfungen nach Klärung verlangt. Weil die Entwicklung von Medikamenten besonders in der 1. und 2. Phase (← Arzneimittelprüfungen) häufig außerhalb von Kliniken in speziellen klinikähnlichen Einrichtungen der Industrie stattfinden, sind eigene, außerklinische Ethikkommissionen für diesen Bereich tätig geworden. Das ist ein Zeichen dafür, daß auch die Pharmaindustrie im außerklinischen Raum an Grenzen stößt, an denen ein ethischer Diskurs zur Erarbeitung einer ausreichenden Legitimation des Handelns notwendig wird.

Ethikkommissionen können keine (gerichtsähnlichen) Sanktionsinstanzen sein, sie haben auch keinen festen Platz in Entscheidungshierarchien. Sie sind eher ein *präventives* Instrument im Bereich von Forschung und Therapie, mit dem inhumane Entscheidungen verhindert werden sollen. Man denke an die alte Institution des *ärztlichen Konsiliums*: der verantwortliche behandelnde Arzt unterzieht sich einer freiwilligen Kontrolle und läßt sich beraten, ohne damit die Verantwortung für die Behandlung abzugeben, im Gegenteil, er dokumentiert seine Verantwortung, wenn er sich auf ein Konsil einläßt. Einer ähnlichen Logik folgen Ethikkommissionen: Beratung des verantwortlichen Arztes ist ihr Ziel, ihr Verfahrensprinzip ist die diskursive Vernunft.

Arbeitsmaterialien

Literatur

Boyd KM (ed) (1979) The ethics of resource allocation in health care. University Press, Edinburgh (Das Buch basiert auf der Arbeit der Edinburgh Medical Group.)

Gsell O (1979) Medizinisch-ethische Kommissionen der Krankenhäuser der Schweiz. Schweiz Ärztez 60:1345–1350

Illhardt FJ (1982) Aus der Arbeit der Ethikkommission. Strukturelle Probleme medizinethischer Reflexion. In: Katholische Ärztearbeit Deutschland (Hrsg) Medizinische Ethik. Analysen – Kriterien – Perspektiven. Bachem, Köln, S 47–61

Malchow H, Bierch J, Eser A, Roemer VM, Rössler D (1982) Aufgabe und Arbeitsweise einer Ethikkommission am Beispiel der Tübinger Ethikkommission. Internist (Berlin) 23:227–232

Zur Rechtslage

Die Tätigkeit von Ethikkommissionen enbehrt bislang einer ausdrücklichen gesetzlichen Grundlage. Immerhin läßt sich eine mittelbare Anerkennung der Tätigkeit von Ethikkommissionen aus § 41 Abs. 1 Nr. 1 Strahlenschutzverordnung (abgedruckt im Anhang, S. 173) entnehmen.

Zur rechtlichen Problematik vgl.
Eser A, Koch HG (1982) Zum rechtlichen Wert von Ethikkommissionen. Dtsch Med Wochenschr 107:443–447
Weißauer W (1979) Ethikkommissionen und Recht. Münch Med Wochenschr 121:551

Öffentliche Stellungnahme

Vorschlag Internationaler Richtlinien für die medizinisch-wissenschaftliche Forschung am Menschen. Weltgesundheitsorganisation und Council for International Organizations of Medical Sciences 1982

Siehe Anhang, S. 214.

Anhang

Textauswahl: Gesetzestexte und öffentliche Stellungnahmen

Der letzte Teil dieses Arbeitsbuches soll eine Dokumentation ausgewählter Texte vornehmen, die für die in den vorhergehenden Teilen behandelten konkreten Problembereiche der medizinischen Ethik besondere Aussagekraft haben. Vollständigkeit der Texte läßt sich bei der Fülle der Themenbereiche nicht herstellen. Vielmehr sollen für die persönliche Lektüre und den didaktischen Gebrauch Texte herangezogen werden, die sonst meist schwer zugänglich und/oder nur an verstreuten Orten auffindbar sind. Die hier ausgewählten Texte beleuchten einzelne Aspekte der rechtlichen und ethischen Diskussion. Ihr Verbindlichkeitsgrad ist dabei unterschiedlich. Genau definieren läßt er sich im Fall gültiger gesetzlicher Normen, die sich auf einen gesellschaftlichen Geltungsanspruch stützen. Öffentliche Stellungnahmen von Fachgremien, nationalen und internationalen Körperschaften haben den Charakter einer „unvollkommenen Verbindlichkeit“: Die Einhaltung ihrer Regeln ist nicht einklagbar. Sie schärfen das Bewußtsein für gutes und schlechtes Handeln, benennen Probleme und zeigen Wege auf, wie das Ziel guten Handelns in der Medizin erreicht werden kann.

Verzeichnis der Texte

Gesetzestexte und öffentliche Stellungnahmen

§§ 218, 219 Strafgesetzbuch

(In der Fassung vom 13. 5. 1976)

§ 218. Abbruch der Schwangerschaft. (1) Wer eine Schwangerschaft abbricht, wird mit Freiheitsstrafe bis zu drei Jahren oder mit Geldstrafe bestraft.

(2) In besonders schweren Fällen ist die Strafe Freiheitsstrafe von sechs Monaten bis zu fünf Jahren. Ein besonders schwerer Fall liegt in der Regel vor, wenn der Täter
1. gegen den Willen der Schwangeren handelt oder
2. leichtfertig die Gefahr des Todes oder einer schweren Gesundheitsschädigung der Schwangeren verursacht.

Das Gericht kann Führungsaufsicht anordnen (§ 68 Abs. 1 Nr. 2).

(3) Begeht die Schwangere die Tat, so ist die Strafe Freiheitsstrafe bis zu einem Jahr oder Geldstrafe. Die Schwangere ist nicht nach Satz 1 strafbar, wenn der Schwangerschaftsabbruch nach Beratung (§ 218 b Abs. 1 Nr. 1, 2) von einem Arzt vorgenommen worden ist und seit der Empfängnis nicht mehr als zweiundzwanzig Wochen verstrichen sind. Das Gericht kann von einer Bestrafung der Schwangeren nach Satz 1 absehen, wenn sie sich zur Zeit des Eingriffs in besonderer Bedrängnis befunden hat.

(4) Der Versuch ist strafbar. Die Frau wird nicht wegen Versuchs bestraft.

§ 218 a. Indikation zum Schwangerschaftsabbruch. (1) Der Abbruch der Schwangerschaft durch einen Arzt ist nicht nach § 218 strafbar, wenn
1. die Schwangere einwilligt und
2. der Abbruch der Schwangerschaft unter Berücksichtigung der gegenwärtigen und zukünftigen Lebensverhältnisse der Schwangeren nach ärztlicher Erkenntnis angezeigt ist, um eine Gefahr für das Leben oder die Gefahr einer schwerwiegenden Beeinträchtigung des körperlichen oder seelischen Gesundheitszustandes der Schwangeren abzuwenden, und die Gefahr nicht auf eine andere für sie zumutbare Weise abgewendet werden kann.

(2) Die Voraussetzungen des Absatzes 1 Nr. 2 gelten auch als erfüllt, wenn nach ärztlicher Erkenntnis
1. dringende Gründe für die Annahme sprechen, daß das Kind infolge einer Erbanlage oder schädlicher Einflüsse vor der Geburt an einer nicht behebbaren Schädigung seines Gesundheitszustandes leiden würde, die so schwer

wiegt, daß von der Schwangeren die Fortsetzung der Schwangerschaft nicht verlangt werden kann.
2. an der Schwangeren eine rechtswidrige Tat nach den §§ 176 bis 179 begangen worden ist und dringende Gründe für die Annahme sprechen, daß die Schwangerschaft auf der Tat beruht, oder
3. der Abbruch der Schwangerschaft sonst angezeigt ist, um von der Schwangeren die Gefahr einer Notlage abzuwenden, die
   a) so schwer wiegt, daß von der Schwangeren die Fortsetzung der Schwangerschaft nicht verlangt werden kann, und
   b) nicht auf andere für die Schwangere zumutbare Weise abgewendet werden kann.

(3) In den Fällen des Absatzes 2 Nr. 1 dürfen seit der Empfängnis nicht mehr als zweiundzwanzig Wochen, in den Fällen des Absatzes 2 Nr. 2 und 3 nicht mehr als zwölf Wochen verstrichen sein.

§ 218b. Abbruch der Schwangerschaft ohne Beratung der Schwangeren. (1) Wer eine Schwangerschaft abbricht, ohne daß die Schwangere
1. sich mindestens drei Tage vor dem Eingriff wegen der Frage des Abbruchs ihrer Schwangerschaft an einen Berater (Absatz 2) gewandt hat und dort über die zur Verfügung stehenden öffentlichen und privaten Hilfen für Schwangere, Mütter und Kinder beraten worden ist, insbesondere über solche Hilfen, die die Fortsetzung der Schwangerschaft und die Lage von Mutter und Kind erleichtern, und
2. von einem Arzt über die ärztlich bedeutsamen Gesichtspunkte beraten worden ist,

wird mit Freiheitsstrafe bis zu einem Jahr oder mit Geldstrafe bestraft, wenn die Tat nicht in § 218 mit Strafe bedroht ist. Die Schwangere ist nicht nach Satz 1 strafbar.

(2) Berater im Sinne des Absatzes 1 Nr. 1 ist
1. eine von einer Behörde oder Körperschaft, Anstalt oder Stiftung des öffentlichen Rechts anerkannte Beratungsstelle oder
2. ein Arzt, der nicht selbst den Schwangerschaftsabbruch vornimmt und
   a) als Mitglied einer anerkannten Beratungsstelle (Nummer 1) mit der Beratung im Sinne des Absatzes 1 Nr. 1 betraut ist,
   b) von einer Behörde oder Körperschaft, Anstalt oder Stiftung des öffentlichen Rechts als Berater anerkannt ist oder
   c) sich durch Beratung mit einem Mitglied einer anerkannten Beratungsstelle (Nummer 1), das mit der Beratung im Sinne des Absatzes Nr. 1 betraut ist, oder mit einer Sozialbehörde oder auf andere geeignete Weise über die im Einzelfall zur Verfügung stehenden Hilfen unterrichtet hat.

(3) Absatz 1 Nr. 1 ist nicht anzuwenden, wenn der Schwangerschaftsabbruch angezeigt ist, um von der Schwangeren eine durch körperliche Krankheit oder Körperschaden begründete Gefahr für ihr Leben oder ihre Gesundheit abzuwenden.

§ 219. Abbruch der Schwangerschaft ohne ärztliche Feststellung. (1) Wer eine Schwangerschaft abbricht, ohne daß ihm die schriftliche Feststellung eines Arztes, der nicht selbst den Schwangerschaftsabbruch vornimmt, darüber vorgelegen hat, ob die Voraussetzungen des § 218 a Abs. 1 Nr. 2, Abs. 2, 3 gegeben sind, wird mit Freiheitsstrafe bis zu einem Jahr oder mit Geldstrafe bestraft, wenn die Tat nicht in § 218 mit Strafe bedroht ist. Die Schwangere ist nicht nach Satz 1 strafbar.

(2) Ein Arzt darf Feststellungen nach Absatz 1 nicht treffen, wenn ihm die zuständige Stelle dies untersagt hat, weil er wegen einer rechtswidrigen Tat nach Absatz 1 oder den §§ 218, 218 b, 219 a, 219 b oder 219 c oder wegen einer anderen rechtswidrigen Tat, die er im Zusammenhang mit einem Schwangerschaftsabbruch begangen hat, rechtskräftig verurteilt worden ist. Die zuständige Stelle kann einem Arzt vorläufig untersagen, Feststellungen nach Absatz 1 zu treffen, wenn gegen ihn wegen des Verdachts einer der in Satz 1 bezeichneten rechtswidrigen Taten das Hauptverfahren eröffnet worden ist.

§ 219 a. Unrichtige ärztliche Feststellung. (1) Wer als Arzt wider besseres Wissen eine unrichtige Feststellung über die Voraussetzungen des § 218 a Abs. 1 Nr. 2, Abs. 2, 3 zur Vorlage nach § 219 Abs. 1 trifft, wird mit Freiheitsstrafe bis zu zwei Jahren oder mit Geldstrafe bestraft, wenn die Tat nicht in § 218 mit Strafe bedroht ist.

(2) Die Schwangere ist nicht nach Absatz 1 strafbar.

§ 219 d. Begriffsbestimmung. Handlungen, deren Wirkung vor Abschluß der Einnistung des befruchteten Eies in der Gebärmutter eintritt, gelten nicht als Schwangerschaftsabbruch im Sinne dieses Gesetzes.

[Quelle: Bundesgesetzblatt (1976) I : 1213]

Artikel 2 und 3 fünftes Gesetz zur Reform des Strafrechts
(in der Fassung vom 18. 5. 1976)

Art. 2. Weigerung. (1) Niemand ist verpflichtet an einem Schwangerschaftsabbruch mitzuwirken.

(2) Absatz 1 gilt nicht, wenn die Mitwirkung notwendig ist, um von der Frau eine anders nicht abwendbare Gefahr des Todes oder einer schweren Gesundheitsschädigung abzuwenden.

Art. 3. Schwangerschaftsabbruch außerhalb einer geeigneten Einrichtung. (1) Der Schwangerschaftsabbruch darf nur in einem Krankenhaus oder in einer hierfür zugelassenen Einrichtung vorgenommen werden.

(2) Ordnungswidrig handelt, wer eine Schwangerschaft unter Verstoß gegen Absatz 1 abbricht. Die Ordnungswidrigkeit kann mit einer Geldbuße bis zu zehntausend Deutsche Mark geahndet werden.

[Quelle: Bundesgesetzblatt (1976) I:1213]

§ 81 a und c Strafprozeßordnung

§ 81 a. Körperliche Untersuchung des Beschuldigten. (1) Eine körperliche Untersuchung des Beschuldigten darf zur Feststellung von Tatsachen angeordnet werden, die für das Verfahren von Bedeutung sind. Zu diesem Zweck sind Entnahmen von Blutproben und andere körperliche Eingriffe, die von einem Arzt nach den Regeln der ärztlichen Kunst zu Untersuchungszwecken vorgenommen werden, ohne Einwilligung des Beschuldigten zulässig, wenn kein Nachteil für seine Gesundheit zu befürchten ist.

(2) Die Anordnung steht dem Richter, bei Gefährdung des Untersuchungserfolges durch Verzögerung auch der Staatsanwaltschaft und ihren Hilfsbeamten (§ 152 des Gerichtsverfassungsgesetzes) zu.

§ 81 c. Untersuchung anderer Personen. (1) Andere Personen als Beschuldigte dürfen, wenn sie als Zeugen in Betracht kommen, ohne ihre Einwilligung nur untersucht werden, soweit zur Erforschung der Wahrheit festgestellt werden muß, ob sich an ihrem Körper eine bestimmte Spur oder Folge einer Straftat befindet.

(2) Bei anderen Personen als Beschuldigten sind Untersuchungen zur Feststellung der Abstammung und die Entnahme von Blutproben ohne Einwilligung des zu Untersuchenden zulässig, wenn kein Nachteil für seine Gesundheit zu befürchten und die Maßnahme zur Erforschung der Wahrheit unerläßlich ist. Die Untersuchungen und die Entnahme von Blutproben dürfen stets nur von einem Arzt vorgenommen werden.

(3) Untersuchungen oder Entnahmen von Blutproben können aus den gleichen Gründen wie das Zeugnis verweigert werden. Haben Minderjährige oder wegen Geisteskrankheit oder Geistesschwäche entmündigte Personen wegen mangelnder Verstandesreife oder wegen Verstandesschwäche von der Bedeutung ihres Weigerungsrechts keine genügende Vorstellung, so entscheidet der gesetzliche Vertreter; § 52 Abs. 2 Satz 2 und Abs. 3 gilt entsprechend. Ist der gesetzliche Vertreter von der Entscheidung ausgeschlossen (§ 52 Abs. 2 Satz 2) oder aus sonstigen Gründen an einer rechtzeitigen Entscheidung gehindert und erscheint die sofortige Untersuchung oder Entnahme von Blutproben zur Beweissicherung erforderlich, so sind diese Maßnahmen nur auf besondere Anordnung des Richters zulässig. Der die Maßnahmen anordnende Beschluß ist unanfechbar. Die nach Satz 3 erhobenen Beweise dürfen im weiteren Verfahren nur mit Einwilligung des hierzu befugten gesetzlichen Vertreters verwertet werden.

(4) Maßnahmen nach den Absätzen 1 und 2 sind unzulässig, wenn sie dem Betroffenen bei Würdigung aller Umstände nicht zugemutet werden können.

(5) Die Anordnung steht dem Richter, bei Gefährdung des Untersuchungserfolges durch Verzögerung, von den Fällen des Absatzes 3 Satz 3 abgesehen, auch der Staatsanwaltschaft und ihren Hilfsbeamten (§ 152 des Gerichtsverfassungsgesetzes) zu.

(6) Bei Weigerung des Betroffenen gilt die Vorschrift des § 70 entsprechend. Unmittelbarer Zwang darf nur auf besondere Anordnung des Richters ange-

wandt werden. Die Anordnung setzt voraus, daß der Betroffene trotz Festsetzung eines Ordnungsgeldes bei der Weigerung beharrt oder daß Gefahr im Verzuge ist.

[Quelle: Bundesgesetzblatt (1975) I: 129]

§ 101 Strafvollzugsgesetz

(in der Fassung vom 1.1.1977)

Zwangsmaßnahmen auf dem Gebiet der Gesundheitsfürsorge. (1) Medizinische Untersuchung und Behandlung sowie Ernährung sind zwangsweise nur bei Lebensgefahr, bei schwerwiegender Gefahr für die Gesundheit des Gefangenen oder bei Gefahr für die Gesundheit anderer Personen zulässig; die Maßnahmen müssen für die Beteiligten zumutbar und dürfen nicht mit erheblicher Gefahr für Leben oder Gesundheit des Gefangenen verbunden sein. Zur Durchführung der Maßnahmen ist die Vollzugsbehörde nicht verpflichtet, solange von einer freien Willensbestimmung des Gefangenen ausgegangen werden kann, es sei denn, es besteht akute Lebensgefahr.

(2) Zum Gesundheitsschutz und zur Hygiene ist die zwangsweise körperliche Untersuchung außer im Falle des Absatzes 1 zulässig, wenn sie nicht mit einem körperlichen Eingriff verbunden ist.

(3) Die Maßnahmen dürfen nur auf Anordnung und unter Leitung eines Arztes durchgeführt werden, unbeschadet der Leistung erster Hilfe für den Fall, daß ein Arzt nicht rechtzeitig erreichbar und mit einem Aufschub Lebensgefahr verbunden ist.

[Quelle: Bundesgesetzblatt (1976) I:581 ff.]

Aus §§ 22–24 Brand- und Katastrophenschutzgesetz Rheinland-Pfalz

(in der Fassung vom 2.11.1981)

§ 22. Zusammenarbeit im Gesundheitsbereich. (1) Die Aufgabenträger arbeiten mit den Sanitätsorganisationen, Krankenhäusern, Apotheken und berufsständischen Vertretungen der Angehörigen der Gesundheitsberufe aus ihrem Gebiet zusammen...

§ 23. Mitwirkung der Krankenhäuser (1) Die Träger der Krankenhäuser sind verpflichtet, zur Mitwirkung im Brandschutz, in der Allgemeinen Hilfe und im Katastrophenschutz für ihre Krankenhäuser Alarm- und Einsatzpläne aufzustellen und fortzuschreiben, die mit den Alarm- und Einsatzplänen der Gemeinden und Landkreise im Einklang stehen, sowie Übungen durchzuführen. Benachbarte Krankenhäuser haben sich gegenseitig zu unterstützen und ihre Alarm- und Einsatzpläne aufeinander abzustimmen.

(2) In den Alarm- und Einsatzplänen der Krankenhäuser sind auch die Unterstützungsmöglichkeiten durch die niedergelassenen Ärzte und die Hilfsorganisationen zu berücksichtigen.

(3) Die Alarm- und Einsatzpläne der Krankenhäuser enthalten auch Maßnahmen zur Ausweitung der Bettenkapazität innerhalb des Krankenhausbereichs.

(4) Das Ministerium für Soziales, Gesundheit und Umwelt kann die Krankenhausträger und sonstige geeignete Stellen verpflichten, Hilfskrankenhäuser oder solche Einrichtungen, in denen mindestens eine pflegerische Versorgung von Patienten ermöglicht werden kann, in ihre Alarm- und Einsatzplanung einzubeziehen.

§ 24. Besondere Pflichten von Angehörigen der Gesundheitsberufe. (1) In ihrem Beruf tätige Ärzte, Zahnärzte, Tierärzte, Apotheker und Angehörige sonstiger Gesundheitsberufe sowie das ärztliche und tierärztliche Hilfspersonal sind im Rahmen der Allgemeinen Hilfe und des Katastrophenschutzes verpflichtet, sich hierzu für die besonderen Anforderungen fortzubilden sowie an angeordneten oder genehmigten Einsätzen, Übungen, Lehrgängen oder sonstigen Ausbildungsveranstaltungen teilzunehmen und den dort ergangenen Weisungen nachzukommen.

(2) Die Landesärztekammer, Landeszahnärztekammer, Landestierärztekammer und Landesapothekerkammer sowie berufsständischen Vertretungen erfassen die in Absatz 1 genannten Personen, sorgen für deren Fortbildung und erteilen den Behörden die Auskünfte, die diese zur Durchführung dieses Gesetzes benötigen.

(3) Nicht mehr in ihrem Beruf tätige Personen, die in einem Beruf des Gesundheits- oder Verterinärwesens ausgebildet sind, werden nur erfaßt. Sie können sich gegenüber dem Aufgabenträger freiwillig zur Mitarbeit in der Allgemeinen Hilfe und dem Katastrophenschutz bereit erklären; für sie gilt bis zur Vollendung des 60. Lebensjahres Absatz 1 entsprechend.

[Quelle: Gesetz und Verordnungsblatt für das Land Rheinland-Pfalz (1981) 24:247–259]

§§ 41–43 Strahlenschutzverordnung

(in der Fassung vom 13.10.1976)

§ 41. Anwendung radioaktiver Stoffe in der medizinischen Forschung. (1) Dem Antrag auf Erteilung einer Genehmigung zum Umgang mit radioaktiven Stoffen für die Anwendung in der medizinischen Forschung darf, falls im übrigen die Voraussetzungen für die Erteilung der Genehmigung nach § 3 Abs. 1 erfüllt sind, nur stattgegeben werden, wenn

1. für die beantragte Art der Anwendung ein zwingendes Bedürfnis besteht. Dies ist insbesondere dann der Fall, wenn eine Gutachtergruppe festgestellt hat, daß die bisherigen Forschungsergebnisse, die sonst ermittelten Befunde

und die medizinischen Erkenntnisse nicht ausreichen und daß die Heranziehung von radioaktiven Stoffen zur Erreichung des Forschungszweckes notwendig ist;

2. die Risiken, die mit der Anwendung für den Probanden verbunden sind, gemessen an der voraussichtlichen Bedeutung der Ergebnisse für die Heilkunde und die medizinische Forschung ärztlich vertretbar sind;
3. die für die medizinische Forschung vorgesehenen Radionuklide dem Zweck der Forschung entsprechen und nicht durch Radionuklide geringerer Radiotoxizität ersetzt werden können;
4. die zur Anwendung gelangenden Aktivitäten nach dem Stand von Wissenschaft und Technik nicht weiter herabgesetzt werden können, ohne den Zweck des Forschungsvorhabens zu gefährden;
5. sichergestellt ist, daß die Anzahl der Probanden auf das unbedingt notwendige Maß beschränkt wird;
6. eine ausreichende Abschätzung vorgenommen worden ist, daß bei der Anwendung der radioaktiven Stoffe an dem einzelnen Probanden ein Zehntel der Grenzwerte der Anlage X Spalte 2 je Jahr nicht überschritten wird;
7. sichergestellt ist, daß die Anwendung der radioaktiven Stoffe für die medizinische Forschung von einem Arzt geleitet wird, der mindestens eine zweijährige Erfahrung im Umgang mit radioaktiven Stoffen am Menschen nachweisen kann, auf dem Gebiet des Strahlenschutzes die erforderliche Fachkunde besitzt und der während der Anwendung ständig erreichbar ist;
8. der Proband seine Einwilligung persönlich und schriftlich erteilt hat. Die Einwilligung kann jederzeit formlos widerrufen werden. Vor der Einwilligung ist der Proband durch den das Forschungsvorhaben leitenden Arzt oder einen von diesem beauftragten Arzt über Wesen, Bedeutung, Tragweite und Risiken der Anwendung der radioaktiven Stoffe und über die Möglichkeit des Widerrufs aufzuklären. Der Proband hat zu erklären, ob an ihm bereits radioaktive Stoffe oder ionisierende Strahlen angewandt worden sind. Über die Aufklärung des Probanden ist eine Niederschrift zu fertigen. Die Einwilligung ist nur wirksam, wenn der Proband geschäftsfähig und in der Lage ist, das Risiko der Anwendung der radioaktiven Stoffe für sich einzusehen und seinen Willen hiernach zu bestimmen;
9. die nach dem Stand von Wissenschaft und Technik erforderlichen Meßgeräte, Kalibrierpräparate, Kalibrierlösungen und Kalibrierphantome vorhanden sind und ihre sachgerechte Anwendung sichergestellt ist;
10. die erforderliche Vorsorge für die Erfüllung gesetzlicher Schadensersatzverpflichtungen getroffen ist.

(2) An Personen, die auf gerichtliche oder behördliche Anordnung verwahrt sind, dürfen radioaktive Stoffe in der medizinischen Forschung nicht angewandt werden.

(3) Die Anwendung radioaktiver Stoffe an Probanden, die das 50. Lebensjahr nicht vollendet haben, ist nur zulässig, wenn die Unbedenklichkeit und eine besondere Notwendigkeit der Heranziehung solcher Personen gutachtlich nachgewiesen ist, um das Ziel der Anwendung radioaktiver Stoffe für die medizinische

Forschung zu erreichen. An schwangeren und stillenden Frauen ist die Anwendung nicht zulässig.

(4) Der zuständigen Behörde ist vor der Anwendung der radioaktiven Stoffe eine schriftliche Erklärung des Probanden darüber vorzulegen, daß
1. er mit den Untersuchungen, die vor, während und nach der Anwendung zur Kontrolle und zur Erhaltung der Gesundheit erforderlich sind, einverstanden ist und
2. er mit der Mitteilung der durch die Anwendung der radioaktiven Stoffe erhaltenen Befunde an die zuständige Behörde einverstanden ist.

(5) Es ist dafür zu sorgen, daß
1. jeder Proband vor Beginn der Anwendung radioaktiver Stoffe ärztlich untersucht wird,
2. vor der Anwendung der radioaktiven Stoffe in jedem Einzelfall die Aktivität der in der Substanz enthaltenen Radionuklide, deren Reinheitsgrad und deren freier, nicht an die Substanz gebundener Anteil bestimmt wird,
3. die in Absatz 1 Nr. 6 genannten Dosisgrenzwerte eingehalten werden und
4. die kritische Organdosis sowie die Ganzkörperdosis, Gonadendosis und Knochenmarkdosis durch geeignete Verfahren überwacht werden, wobei der Zeitpunkt der Verabfolgung und die Ergebnisse der Überwachungsmaßnahmen und die Befunde aufzuzeichnen, die Aufzeichnungen 30 Jahre aufzubewahren und auf Verlangen der zuständigen Behörde bei dieser zu hinterlegen sind.

(6) Der zuständigen Behörde und dem Bundesgesundheitsamt sind unverzüglich anzuzeigen,
1. jede Überschreitung der Dosisgrenzwerte für die Anwendung radioaktiver Stoffe in der medizinischen Forschung unter Angabe der näheren Umstände,
2. der Abschluß der Anwendung radioaktiver Stoffe für die Durchführung eines Forschungsvorhabens in der medizinischen Forschung unter Angabe der erforderlichen Daten und der durch diese Anwendung bei dem Probanden erhaltenen Befunde.

(7) Ist zu besorgen, daß ein Proband auf Grund einer Überschreitung der Dosisgrenzwerte für die Anwendung radioaktiver Stoffe in der medizinischen Forschung an der Gesundheit geschädigt wird, so kann die zuständige Behörde anordnen, daß er durch einen ermächtigten Arzt (§ 71) untersucht wird.

(8) Der zuständigen Behörde und dem Bundesgesundheitsamt ist nach Abschluß der Anwendung über die durch diese Anwendung erhaltenen Befunde ein Abschlußbericht zu erstatten.

(9) Absatz 1 Nr. 1, 3–7 und 9 und die Absätze 3–8 sind neben den Vorschriften des Arzneimittelgesetzes bei der klinischen Prüfung von mit radioaktiven Stoffen markierten Arzneimitteln entsprechend anzuwenden.

§ 42. Anwendung radioaktiver Stoffe oder ionisierender Strahlen in der Heilkunde oder der Zahnheilkunde. (1) In Ausübung des ärztlichen oder zahnärztlichen Berufs dürfen radioaktive Stoffe oder ionisierende Strahlen unmittelbar am Menschen angewendet werden.

(2) Auf die von einem Arzt oder Zahnarzt oder unter Aufsicht eines Arztes oder Zahnarztes in Ausübung der Heilkunde oder Zahnheilkunde mit radioaktiven Stoffen oder mit Anlagen zur Erzeugung ionisierender Strahlen durchzuführende Untersuchung oder Behandlung von Patienten sind die Vorschriften über die Dosisgrenzwerte und die physikalische Strahlenschutzkontrolle diesen Personen gegenüber nicht anzuwenden. Die durch die ärztliche Untersuchungen bedingte Srahlenexposition und Inkorporation radioaktiver Stoffe ist hierbei soweit einzuschränken, wie dies mit den Erfordernissen der medizinischen Wissenschaft zu vereinbaren ist.

§ 43. Aufzeichnungen über Patienten. (1) Vor der Anwendung von radioaktiven Stoffen oder ionisierenden Strahlen zur Untersuchung oder Behandlung am Menschen sind die Patienten über frühere medizinische Anwendungen von radioaktiven Stoffen oder ionisierenden Strahlen, die für die vorgesehene Anwendung von Bedeutung sind, zu befragen. Es ist dafür zu sorgen, daß über die Befragung, Untersuchung und Behandlung Aufzeichnungen angefertigt werden. Aus den Aufzeichnungen müssen das Ergebnis der Befragung, der Zeitpunkt, die Art und der Zweck der Untersuchung oder Behandlung, die dem Patienten verabfolgten Radionuklide nach Art, chemischer Zusammensetzung, Applikationsform, Aktivität und, soweit dies möglich ist, die Körperdosen hervorgehen, die der Patient erhalten hat. Bei der Behandlung mit Bestrahlungseinrichtungen und Anlagen zur Erzeugung ionisierender Strahlen müssen aus den Aufzeichnungen alle erforderlichen Daten über die Behandlung, insbesondere die Bestimmung der Dosisleistung, die Dauer und Zeitfolge der Bestrahlungen, die Oberflächen- und Herddosis, die Lokalisation und Abgrenzung des Bestrahlungsfeldes, die Einstellparameter der Einrichtung oder Anlage sowie die Festlegung des Schutzes gegen Streustrahlung ersichtlich sein.

(2) Der untersuchten oder behandelten Person ist auf ihr Verlangen eine Abschrift der Aufzeichnung nach Absatz 1 Satz 3 mit Ausnahme des Ergebnisses der Befragung über frühere Anwendungen auszuhändigen.

(3) Die Aufzeichnungen über die Untersuchung sind 10 Jahre, über die Behandlung 30 Jahre nach der letzten Untersuchung oder Behandlung aufzubewahren. Die zuständige Behörde kann verlangen, daß im Falle der Praxisaufgabe die Aufzeichnungen bei einer von ihr bestimmten Stelle zu hinterlegen sind; dabei ist die ärztliche Schweigepflicht zu wahren.

(4) Wer eine Person mit radioaktiven Stoffen oder ionisierenden Strahlen untersucht oder behandelt hat, hat demjenigen, der später eine solche Untersuchung oder Behandlung vornimmt, auf dessen Verlangen Auskunft über die Aufzeichnungen nach Absatz 1 zu erteilen und die sich hierauf beziehenden Unterlagen vorübergehend zu überlassen. Werden die Unterlagen von einer anderen Person aufbewahrt, so hat diese dem Auskunftsberechtigten die Unterlagen vorübergehend zu überlassen.

[Quelle: Bundesgesetzblatt (1976) I:2919ff.]

§§ 40, 41 Gesetz zur Neuordnung des Arzneimittelrechts

(in der Fassung vom 20.8.1976)

Sechster Abschnitt
Schutz des Menschen bei der klinischen Prüfung

§ 40. Allgemeine Voraussetzungen. (1) Die klinische Prüfung eines Arzneimittels darf bei Menschen nur durchgeführt werden, wenn und solange:

1. die Risiken, die mit ihr für die Person verbunden sind, bei der sie durchgeführt werden soll, gemessen an der voraussichtlichen Bedeutung des Arzneimittels für die Heilkunde ärztlich vertretbar sind,
2. die Person, bei der sie durchgeführt werden soll, ihre Einwilligung hierzu erteilt hat, nachdem sie durch einen Arzt über Wesen, Bedeutung und Tragweite der klinischen Prüfung aufgeklärt worden ist,
3. die Person, bei der sie durchgeführt werden soll, nicht auf gerichtliche oder behördliche Anordnung in einer Anstalt verwahrt ist,
4. sie von einem Arzt geleitet wird, der mindestens eine zweijährige Erfahrung in der klinischen Prüfung von Arzneimitteln nachweisen kann,
5. eine dem jeweiligen Stand der wissenschaftlichen Erkenntnisse entsprechende pharmakologisch-toxikologische Prüfung durchgeführt worden ist,
6. die Unterlagen über die pharmakologisch-toxikologische Prüfung bei der zuständigen Bundesoberbehörde hinterlegt sind,
7. der Leiter der klinischen Prüfung durch einen für die pharmakologisch-toxikologische Prüfung verantwortlichen Wissenschaftler über die Ergebnisse der pharmakologisch-toxikologischen Prüfung und die voraussichtlich mit der klinischen Prüfung verbundenen Risiken informiert worden ist und
8. für den Fall, daß bei der Durchführung der klinischen Prüfung ein Mensch getötet oder der Körper oder die Gesundheit eines Menschen verletzt wird, eine Versicherung nach Maßgabe des Absatzes 3 besteht, die auch Leistungen gewährt, wenn kein anderer für den Schaden haftet.

(2) Eine Einwilligung nach Absatz 1 Nr. 2 ist nur wirksam, wenn die Person, die sie abgibt:

1. geschäftsfähig und in der Lage ist, Wesen, Bedeutung und Tragweite der klinischen Prüfung einzusehen und ihren Willen hiernach zu bestimmen und
2. die Einwilligung selbst und schriftlich erteilt hat.

Eine Einwilligung kann jederzeit widerrufen werden.

(3) Der Versicherung nach Absatz 1 Nr. 8 muß zugunsten der von der klinischen Prüfung betroffenen Person bei einem im Geltungsbereich dieses Gesetzes zum Geschäftsbetrieb zugelassenen Versicherer genommen werden. Ihr Umgang muß in einem angemessenen Verhältnis zu den mit der klinischen Prüfung verbundenen Risiken stehen und für den Fall des Todes oder der dauernden Erwerbsunfähigkeit mindestens 500000 Deutsche Mark betragen. Soweit aus der Versicherung geleistet wird, erlischt ein Anspruch auf Schadensersatz.

(4) Auf eine klinische Prüfung bei Minderjährigen finden die Absätze 1 bis 3 mit folgender Maßgabe Anwendung:

1. Das Arzneimittel muß zum Erkennen oder zum Verhüten von Krankheiten bei Minderjährigen bestimmt sein.
2. Die Anwendung des Arzneimittels muß nach den Erkenntnissen der medizinischen Wissenschaft angezeigt sein, um bei dem Minderjährigen Krankheiten zu erkennen oder ihn vor Krankheiten zu schützen.
3. Die klinische Prüfung an Erwachsenen darf nach den Erkenntnissen der medizinischen Wissenschaft keine ausreichenden Prüfergebnisse erwarten lassen.
4. Die Einwilligung wird durch den gesetzlichen Vertreter oder Pfleger abgegeben. Sie ist nur wirksam, wenn dieser durch einen Arzt über Wesen, Bedeutung und Tragweite der klinischen Prüfung aufgeklärt worden ist. Ist der Minderjährige in der Lage, Wesen, Bedeutung und Tragweite der klinischen Prüfung einzusehen und seinen Willen hiernach zu bestimmen, so ist auch seine schriftliche Einwilligung erforderlich.

§ 41. Besondere Voraussetzungen. Auf eine klinische Prüfung bei einer Person, die an einer Krankheit leidet, zu deren Behebung das zu prüfende Arzneimittel angewendet werden soll, findet § 40 Abs. 1 bis 3 mit folgender Maßgabe Anwendung:

1. Die klinische Prüfung darf nur durchgeführt werden, wenn die Anwendung des zu prüfenden Arzneimittels nach den Erkenntnissen der medizinischen Wissenschaft angezeigt ist, um das Leben des Kranken zu retten, seine Gesundheit wiederherzustellen oder sein Leiden zu erleichtern.
2. Die klinische Prüfung darf auch bei einer Person, die geschäftsunfähig oder in der Geschäftsfähigkeit beschränkt ist, durchgeführt werden.
3. Ist eine geschäftsunfähige oder in der Geschäftsfähigkeit beschränkte Person in der Lage, Wesen, Bedeutung und Tragweite der klinischen Prüfung einzusehen und ihren Willen hiernach zu bestimmen, so bedarf die klinische Prüfung neben einer erforderlichen Einwilligung dieser Person der Einwilligung ihres gesetzlichen Vertreters oder Pflegers.
4. Ist der Kranke nicht fähig, Wesen, Bedeutung und Tragweite der klinischen Prüfung einzusehen und seinen Willen hiernach zu bestimmen, so genügt die Einwilligung seines gesetzlichen Vertreters oder Pflegers.
5. Die Einwilligung des gesetzlichen Vertreters oder Pflegers ist nur wirksam, wenn dieser durch einen Arzt über Wesen, Bedeutung und Tragweite der klinischen Prüfung aufgeklärt worden ist. Auf den Widerruf findet § 40 Abs. 2 Satz 2 Anwendung. Der Einwilligung des gesetzlichen Vertreters oder Pflegers bedarf es solange nicht, als eine Behandlung ohne Aufschub erforderlich ist, um das Leben des Kranken zu retten, seine Gesundheit wiederherzustellen oder sein Leiden zu erleichtern, und eine Erklärung über die Einwilligung nicht herbeigeführt werden kann.
6. Die Einwilligung des Kranken, des gesetzlichen Vertreters oder Pflegers ist auch wirksam, wenn sie mündlich gegenüber dem behandelnden Arzt in Gegenwart eines Zeugen abgegeben wird.
7. Die Aufklärung und die Einwilligung des Kranken können in besonders schweren Fällen entfallen, wenn durch die Aufklärung der Behandlungserfolg

nach der Nummer 1 gefährdet würde und ein entgegenstehender Wille des Kranken nicht erkennbar ist.

[Quelle: Bundesgestzblatt (1976) I:2445 ff.]

Stellungnahme zur Familienplanung

Verabschiedet von der 21. und 23. Generalversammlung des Weltärztebundes in Madrid, Spanien (1967) und Paris, Frankreich (1969); revidierte Fassung von Venedig, Italien (1983)

1. Die Generalversammlung des Weltärztebundes befürwortet die Familienplanung und empfiehlt, daß jede nationale Ärzteorganisation sich an der Erziehung zur Familienplanung beteiligt und sie unterstützt.
2. Das Ziel der Familienplanung ist die Bereicherung des menschlichen Daseins, nicht seine Einschränkung. Familienplanung kann helfen, dem einzelnen größere Chancen zu bieten, daß er seine Möglichkeiten vollständig verwirklichen kann. Die Eltern sollten das Wissen und die Mittel besitzen, ihre Familie zu planen, und es sollte ihr menschliches Grundrecht sein, die Zahl ihrer Kinder und die Abstände der Geburten zu bestimmen.
3. Der Weltärztebund bietet den zuständigen Organisationen seine Mitarbeit in Bezug auf medizinische und gesundheitliche Aspekte der Familienplanung an, indem er hilft, die benötigten Spezialisten auf dem Gebiet der Familienplanung für Ausbildungskurse, zur Durchführung von Versuchen und Forschung bereitzustellen.
4. Der Weltärztebund bekräftigt seinen Wunsch, die Familienplanung zu unterstützen und zu fördern, indem er die zuständigen Organisationen zur Durchführung von Konferenzen, Symposien oder Studien über relevante Aspekte der Familienplanung ermutigt.
5. Der Weltärztebund fordert alle medizinischen Hochschulen auf, die Familienplanung als einen Bestandteil der Gesundheit von Mutter und Kind in den medizinischen Lehrplan aufzunehmen.

[Quelle: The World Medical Association, Inc., Ferney-Voltaire, Frankreich (Übersetzung: F. J. Illhardt; eine vorläufige Übersetzung der Bundesärztekammer wurde berücksichtigt.)]

Medizinisch-ethische Richtlinien zur Sterilisation

Schweizerische Akademie der medizinischen Wissenschaften (1981)

1. Allgemeines

Die operative Sterilisation ist bei beiden Geschlechtern ein sicheres Mittel zur definitiven Verhütung weiterer Nachkommenschaft. Die Abklärung, ob der Eingriff die zweckmäßige Methode ist, erfordert eine dem Einzelfall angemessene Beratung durch den Arzt, welcher die psychischen und physischen Voraussetzungen für eine Sterilisation zu überprüfen hat. Dabei ist der Einbezug des Ehegatten oder ständigen Partners in der Regel notwendig. Die geringen Chancen, den Eingriff rückgängig machen zu können, bedingen eine besonders eingehende Aufklärung (Möglichkeit des Todes von Kindern, der Auflösung der Ehe, der Wiederverheiratung). Zwischen Beratungsgespräch und Eingriff soll eine angemessene Bedenkzeit eingeschaltet werden. Ergibt das Beratungsgespräch Hinweise für eine vorbestandene psychische Erkrankung oder geistige Behinderung, empfiehlt es sich, eine eingehende konsiliarische Abklärung durch einen Psychiater zu veranlassen. Diese Maßnahme sollte auf alle Fälle ergriffen werden, wenn Zweifel an der Urteilsfähigkeit bezüglich des Eingriffs bestehen. Fehlt eine rechtsgültige Einwilligung des Patienten zur Sterilisation, so stellt der Eingriff eine schwere Körperverletzung im Sinne von Artikel 122 Ziffer 1 des StGB dar und kann Schadenersatz- oder Genugtuungsansprüche nach sich ziehen. Keine strafbare Handlung liegt vor, wenn die Sterilität als unausweichliche Nebenwirkung einer sonst erforderlichen ärztlichen Behandlung eintritt.

2. Operative Sterilisation geistig Gesunder

Geistig gesunde, urteilsfähige Personen können über die Vornahme einer Sterilisation frei entscheiden, was sie unterschriftlich zu bestätigen haben. Der Arzt muß sich dabei vergewissern, daß die gesuchstellende Person nicht unter Druck gesetzt ist. Diese muß wissen, daß es sich beim Eingriff um eine meist irreversible Maßnahme handelt. Es liegt im Ermessen des Arztes, eine Sterilisation entgegen dem Wunsch des Gesuchstellers (Gesuchstellerin) im Einzelfall abzulehnen oder aus Überzeugung keine Sterilisation auszuführen.

3. Operative Sterilisation geistig Behinderter

Die psychiatrische Abklärung und Beratung ist unabdingbare Voraussetzung für den Eingriff. Aus der Beratung müssen Diagnose und Prognose der geistigen Behinderung mit hinreichender Sicherheit hervorgehen. Vermag ein geistig Behinderter die Tragweite des Eingriffs zu beurteilen, so kann er allein darüber entscheiden, ob der Eingriff ausgeführt werden soll. Bei urteilsfähigen Minderjährigen oder Entmündigten ist, wenn immer möglich, für die Zustimmung zum Eingriff das Einverständnis der Eltern oder des Vormunds einzuholen.

Bei Urteilsunfähigkeit ist der Eingriff unzulässig, weil es sich um ein höchst persönliches Recht handelt, welches nicht durch einen gesetzlichen Vertreter ausgeübt werden kann.

Die Anforderungen an die Urteilsfähigkeit müssen der Sachlage angemessen sein: Es muß vermieden werden, eine Person zu operieren, die das Problem nicht in seiner ganzen Tragweite verstanden hat; es muß aber auch vermieden werden, dem Wunsch einer Person, die das Recht auf Selbstbestimmung hat, aus unzumutbaren Gründen nicht nachzukommen. Der geistig Behinderte muß mindestens verstehen, daß ein operativer Eingriff vorgenommen werden soll und daß dieser bleibend verhindert, daß er/sie Kinder zeugen beziehungsweise gebären kann.

Viele geistig Behinderte, v. a. Schwachsinnige, sind stark von ihren Angehörigen oder Betreuern abhängig. Es ist deshalb wichtig, daß sie ihre Meinung so gut wie möglich frei äußern können, das heißt in Abwesenheit anderer, sie beeinflussender Personen. Es muß genügend Zeit für den Entscheidungsprozeß gewährt werden, was in der Regel wenigstens zwei Konsultationen in mehrwöchigem Abstand bedingt.

Bei geistig Behinderten ist trotz eingehender Beratung und Abklärung das Risiko späterer Unzufriedenheit oder störender, auf den Eingriff zurückgeführter Auswirkungen größer als bei Gesunden. Es ist deshalb Aufgabe des Arztes, Vor- und Nachteile vorsichtig abzuwägen und gemäß dem beim betreffenden Menschen zu erwartenden Ergebnis zu handeln.

[Quelle: Schweizerische Arztzeitung (1982) 63/11:624]

Stellungnahme zur künstlichen Befruchtung des Menschen

Amerikanischer Ärztebund (1974) (Auszug)

Künstliche Befruchtung des Menschen ist seit über einem halben Jahrhundert Bestandteil medizinischer Techniken der amerikanischen Ärzte. Als Folge dieses Eingriffs wurde eine große Zahl von Frauen schwanger und gebar Kinder. Dieser Eingriff wurde eingesetzt, um natürliche Behinderungen der Empfängnis zu überwinden...

Die ethischen Probleme bei diesem Eingriff der künstlichen Befruchtung des Menschen sind natürlich die gleichen wie bei jedem anderen medizinischen oder chirurgischen Eingriff. Jedoch die Natur dieses Eingriffs erfordert die Betonung des Folgenden:...

Anteilnahme. Künstliche Befruchtung des Menschen ist ein medizinischer Eingriff, den man einsetzt, um Behinderungen des grundlegenden biologischen Triebs zu überwinden. Die Maßnahme sollte von einem Arzt durchgeführt werden, der tief erfüllt ist von Verständnis für die emotionalen und psychologischen Aspekte der Maßnahme. Der Arzt muß ein Ratgeber und Beistand für die Frau und ihren Mann sein. Eine innige und freundliche, aber beruflich-sachliche Einstellung zur Bedeutung dieser Entscheidung und ihrer Ausführung sollte den Arzt in dieser persönlichen Beziehung auszeichnen.

Einwilligung. Selbst wenn der Arzt Verständnis für die Frau und ihren Wunsch zeigt, Mutter zu sein, muß er dafür sorgen, daß keine Emotionen diejenigen Urteile beeinträchtigen, die mit Überlegung und Vernunft gefällt werden müssen. Weil eine Familie betroffen ist, muß der Partner der Patientin an den Gesprächen über den Eingriff und sein Ziel teilnehmen. Ein weiteres Familienmitglied geht die wirtschaftliche Lage ebenso an wie die elterliche Verantwortung, die gemeinsam von Frau und Mann getragen werden sollten.

Der Eingriff betrifft unmittelbar den Mann als Individuum, als zukünftigen Vater und als Partner der Frau, die sich dem Eingriff unterzieht. Die Einwilligung von beiden, von der Frau, die um den Eingriff bittet, und von ihrem Ehemann, muß gesichert sein. Diese Einwilligung muß frei sein und auf Information beruhen.

Kompetenz. Weil die künstliche Befruchtung des Menschen ein medizinischer Eingriff ist, sollte der Ärztestand seinen Einfluß geltend machen und soweit wie nötig sicherstellen, daß der Eingriff nur von denen durchgeführt wird, die für Medizin bzw. für osteopathische Medizin („osteopathy") [1] approbiert sind. Ärzte ohne spezielle Kenntnis und Kompetenz auf diesem Gebiet sollten sich von diesem Eingriff zurückhalten. Überweisungen an Kollegen, die mit dieser Tätigkeit vertraut sind und das erforderliche Wissen bezüglich Auswahl geeigneter Spender besitzen, sind eine ethische Pflicht.

Vertraulichkeit. Strengste ärztliche Schweigepflicht des behandelnden Arztes und seines gesamten Teams ist wesentlich für alle Aspekte des Eingriffs. Alle medizinischen Aufzeichnungen bezüglich des Eingriffs müssen sicher vor jedem Einblick geschützt werden...

Der Arzt muß daran erinnern und den zukünftigen Eltern erklären, daß jedes Kind, das durch eine künstliche Befruchtung empfangen und geboren wird, alle Rechte eines natürlich empfangenen Kindes besitzt und beanspruchen kann.

[Quelle: Medical association proceedings of the house of delegates, A-74:126–127 (Übersetzung: F. J. Illhardt)]

Medizinisch-ethische Richtlinien für die artifizielle Insemination

Schweizerische Akademie der medizinischen Wissenschaften (1981)

1. Die künstliche Insemination mit dem Samen eines anonymen Spenders, auf die sich die folgenden Empfehlungen im Anschluß an die Resolution des Europarates vom 29.12.78 beziehen, darf nur unter der Verantwortung des Arztes, der den Eingriff ausführt, vorgenommen werden. Der Arzt soll sich nicht nur von medizinischen Überlegungen leiten lassen, sondern sich nach Möglichkeit vergewissern, daß das Wohlergehen des künftigen Kindes umfassend gewährleistet ist.
2. Spendersamen darf nur mit schriftlicher Zustimmung des Spenders zur artifiziellen Insemination gebraucht werden. Eine artifizielle Insemination darf nur durchgeführt werden, wenn das schriftliche Einverständnis der empfangenden Frau und, wenn sie verheiratet ist, ihres Ehemannes oder, bei dauernder Partnerschaft, des Partners vorliegt.
3. Ein Arzt oder eine medizinische Institution, die menschliches Sperma zum Zwecke von artifizieller Insemination erhalten, haben vor deren Durchfüh-

1 Gemeint ist eine in den USA offiziell anerkannte Richtung der Medizin neben der allopathischen Medizin. „Osteopathy" ist für deutsche Verhältnisse nicht übersetzbar.

rung die notwendigen Nachforschungen und Untersuchungen beim Spender anzustellen, um die Übertragung erblicher Krankheiten an den Empfänger und ansteckende Krankheiten oder sonstige Gefährdung von Mutter und künftigem Kind zu vermeiden. Nötigenfalls stehen die humangenetischen Institute der medizinischen Fakultäten zur Verfügung. Der Samen des gleichen Spenders soll am selben Ort nicht vielfach verwendet werden (zur Vermeidung von Blutsverwandtschaften usw.).

4. Der Arzt, unter dessen Verantwortung eine artifizielle Insemination durchgeführt wird, hat im Rahmen des Möglichen einen Samenspender zu wählen, dessen Kind als dasjenige des das Kind wünschenden Paars angesehen werden könnte.
5. Der Arzt und das Personal der medizinischen Institution, welche Samen entgegennehmen, und der Arzt, welcher eine artifizielle Insemination ausführt, haben über die Identität des Spenders und der empfangenden Frau sowie über die artifizielle Insemination als solche Verschwiegenheit zu bewahren. Die Frau darf also nicht den Spender und der Spender darf nicht die Frau und ihren Gatten kennen oder mit ihnen bekannt sein. Der Arzt nimmt keine artifizielle Insemination vor, wenn die Wahrung der Verschwiegenheit als unwahrscheinlich erscheint.
6. Der Samen soll unentgeltlich gespendet werden. Immerhin können zeitliche Beanspruchung, Verdienstausfall, Reisespesen und andere Auslagen in unmittelbarem Zusammenhang mit der Samenspende dem Spender ersetzt werden. Wer als Privatperson oder als öffentliche oder private Organisation Samen zur artifiziellen Insemination zur Verfügung stellt, soll das ohne Erwerbsabsicht tun.

[Quelle: Schweizerische Ärztezeitung (1982) 63/11:623]

Medizinisch-ethische Richtlinien für die In-vitro-Fertilisation und den Embryotransfer zur Behandlung der menschlichen Infertilität

Schweizerische Akademie der medizinischen Wissenschaften (1984)

1. Unter In-vitro-Fertilisation (IVF) versteht man die in einem Kulturgefäß herbeigeführte Verschmelzung einer instrumentell entnommenen Eizelle mit einer Samenzelle. Die vaginale Einführung der sich eintwickelnden Frucht in die Gebärmutterhöhle wird als Embryotransfer (ET) bezeichnet. Mit IVF und ET kann man sonst gesunden Paaren zu eigenen Nachkommen verhelfen, wenn eine natürliche Zeugung, zum Beispiel wegen verschlossener oder fehlender Eileiter, nicht möglich ist. IVF und ET sind wissenschaftlich und ethisch vertretbar, wenn
   - andere Behandlungsmethoden versagt haben oder aussichtslos sind,
   - reelle Erfolgschancen bestehen und nach Möglichkeit Risiken, die das Wohlergehen von Mutter und Kind beeinträchtigen können, ausgeschlossen worden sind, und
   - die nachfolgenden Empfehlungen eingehalten werden.

2. IVF und ET sollen unter Leitung eines hierfür verantwortlichen Arztes und nur in Kliniken praktiziert werden, welche die von der Schweizerischen Akademie der Medizinischen Wissenschaften (SAMW) erarbeiteten Anforderungen zur Vornahme von IVF und ET erfüllen und sich den einschlägigen Richtlinien unterziehen. Der verantwortliche Arzt wird aufgefordert, sein Team bei der von der SAMW eingesetzten Kommission zu registrieren und dieser jährlich über alle durchgeführten Behandlungsversuche mit IVF und ET, über die erzielten Schwangerschaften und über deren Ergebnis zu berichten.
3. ET soll nur bei verheirateten Frauen praktiziert werden. Ehepaare ohne eigene Nachkommen sind nach Möglichkeit zu bevorzugen. Auf Ammenmütter (Leihmütter) ist zu verzichten.
4. Zur IVF sollen freiwillig gespendete Keimzellen einer Drittperson nur dann verwendet werden, wenn ein Partner keine zeugungsfähigen Gameten bilden kann.
5. Vom Transfer von in vitro gezeugten ehefremden Embryonen ist abzusehen und eine Übertragung von Embryonen von Frau zu Frau zu unterlassen.
6. Weder vor noch nach der IVF und dem ET dürfen am Erbgut der Keimzellen und der Embryonen Manipulationen vorgenommen werden.
7. Die betroffenen Ehepaare müssen über alle vorgesehenen Eingriffe sowie ihre Risiken, Erfolgschancen und Kosten informiert werden. Sämtliche Maßnahmen an Eltern und Keimzellen dürfen nur mit dem ausdrücklichen Einverständnis der betroffenen Personen erfolgen. Der zuständige Arzt sorgt dafür, daß Spender von Keimzellen und deren Empfänger voneinander keine Kenntnis erhalten.
8. Für die Kliniken, die IVF und ET vornehmen, gelten die praktischen Richtlinien, in denen die erwähnten Anforderungen unter Berücksichtigung der Forschungsbedürfnisse umschrieben sind.

[Quelle: Schweizerische Ärztezeitung (1984) 65/31 : 1502 f.]

Deklaration von Oslo
Beschluß des Weltärztebundes zur therapeutischen Schwangerschaftsunterbrechung

Angenommen auf der 24. Generalversammlung des Weltärztebundes in Oslo, Norwegen (1970)

1. Der oberste moralische Grundsatz, der dem Arzt auferlegt ist, ist die Achtung des menschlichen Lebens, so wie er in einem Satz des Genfer Gelöbnisses ausgedrückt ist: „Ich will die höchste Achtung vor dem menschlichen Leben vom Zeitpunkt der Empfängnis an bewahren.“
2. Umstände, welche die Lebensinteressen einer Mutter in Konflikt bringen mit denen ihres ungeborenen Kindes, schaffen ein Dilemma, und es erhebt sich die Frage, ob die Schwangerschaft mit Vorbedacht unterbrochen werden sollte oder nicht.

3. Unterschiedliche Antworten zu dieser Situation resultieren aus der Verschiedenheit der Haltungen zum Leben des ungeborenen Kindes. Dies ist eine Frage der Überzeugung und des Gewissens des einzelnen, die respektiert werden müssen.
4. Es ist nicht die Aufgabe der Ärzteschaft, die Haltungen und Maßstäbe eines einzelnen Staates oder einer Gemeinschaft in dieser Frage festzulegen, aber es ist unsere Pflicht, für zweierlei einzutreten: den Schutz unserer Patientinnen zu gewährleisten und die Rechte des Arztes innerhalb der Gesellschaft zu sichern.
5. Deshalb, wo das Gesetz die Schwangerschaftsunterbrechung aus therapeutischen Gründen erlaubt oder eine Gesetzgebung in diesem Sinne beabsichtigt ist und dies nicht der Haltung der nationalen ärztlichen Standesorganisationen widerspricht, und wo der Gesetzgeber Orientierung an der Ärzteschaft wünscht oder akzeptieren will, seien folgende Grundsätze empfohlen:
   a) Eine Schwangerschaftsunterbrechung sollte nur als therapeutische Maßnahme durchgeführt werden.
   b) Die Entscheidung, eine Schwangerschaft zu unterbrechen, sollte in der Regel von mindestens 2 Ärzten, ausgewählt nach ihrer beruflichen Befähigung, schriftlich gebilligt werden.
   c) Die Behandlung sollte von einem Arzt durchgeführt werden, dem dies – bei Billigung des Obengenannten – von einem entsprechenden Gremium gestattet wird.
6. Wenn ein Arzt der Meinung ist, daß ihm seine Überzeugungen nicht erlauben, zu einer Schwangerschaftsunterbrechung zu raten oder eine solche durchzuführen, möge er zurücktreten, jedoch die Fortdauer der (ärztlichen) Obhut durch einen qualifizierten Kollegen sicherstellen.
7. Diese Stellungnahme ist, obwohl sie von der Generalversammlung des Weltärztebundes bekräftigt worden ist, nicht als bindend für eine der Mitgliedsorganisationen zu betrachten, sofern sie nicht von dieser Mitgliedsorganisation selbst angenommen worden ist.

[Quelle: Schroeder FC (1972) Aktuelle Dokumente. Bd. Abtreibung/Reform des § 218. de Gruyter, Berlin, S 112]

Genetische Beratung

Aus dem Bericht einer Ad-hoc-Kommission zur Genetischen Beratung. Modifizierte Fassung der American Society of Human Genetic Counceling (1972) (Auszug)

Genetische Beratung ist ein Kommunikationsprozeß, in dem menschliche Probleme behandelt werden, die mit dem Auftreten oder mit der Möglichkeit des Auftretens einer Erbkrankheit in einer Familie zusammenhängen. Dieser Prozeß beinhaltet das Bemühen einer oder mehrerer entsprechend ausgebildeter Personen, einem einzelnen oder einer Familie dazu zu verhelfen

1. medizinische Fakten einschließlich Diagnose, Krankheitsverlauf und Behandlungsmöglichkeiten zu verstehen,

2. die Bedeutung von Erbfaktoren in der Ätiologie einer Erkrankung richtig einzuschätzen und Erkrankungsrisiken für bestimmte Verwandte gut zu begreifen,
3. die Entscheidungsmöglichkeiten bei der Verarbeitung von Erkrankungsrisiken zu verstehen,
4. die Verhaltensweise zu wählen, die in Anbetracht eines Erkrankungsrisikos und der familiären Zielvorstellung angemessen erscheint und sich entsprechend dieser Entscheidung zu verhalten und
5. die bestmögliche Einstellung zu der Erkrankung eines betroffenen Familienmitgliedes bzw. zu der Möglichkeit des Wiederauftretens einer Erkrankung zu gewinnen.

[Übersetzung: G. Wolff in G. Wolff (1981) Genetische Beratung als Kommunikationsprozeß. Sozialpädiatrie 3:35]

Erfassung von Geburtsfehlern

Weltgesundheitsorganisation (1976) (Vollversammlung 29.50)

Die 29. Vollversammlung der Weltgesundheitsorganisation stellt fest:
a) Geburtsfehler sind eine wichtige Ursache von Morbidität und Mortalität in der perinatalen Zeit und von Behinderungen für den Rest des Lebens. Sie schaffen auch psychologische und sozioökonomische Probleme in allen Ländern, und in manchen Ländern übersteigt ihre Bedeutung die der Infektionskrankheiten.
b) Es hat Epidemien von Geburtsfehlern gegeben, die durch Infektionserreger, toxische Substanzen und Arzneimittel verursacht wurden, die vorher nicht als gefährlich erkannt worden waren.
c) Wenn auch epidemiologische Erfassung von Geburtsfehlern in manchen Ländern unternommen wird, so bleibt doch ein Bedarf an Koordination von Information, an Standardisierung von Terminologie und Techniken und an Versorgung mit technischer Unterstützung.

Die Vollversammlung erkennt an, daß die Weltgesundheitsorganisation Netze zusammenarbeitender Zentren für andere Krankheitsbereiche geschaffen hat, die den oben genannten Zielsetzungen sehr wirksam bei geringen Kosten für die Organisation dienen.

Die Vollversammlung ersucht den Generaldirektor
1. zu prüfen, ob folgende Vorhaben durchgeführt werden können:
   a) Unterstützung bei der Standardisierung von Methoden zur Erkennung und Registrierung von Geburtsfehlern;
   b) Benennung bestimmter kompetenter Organisationen als Zentren für die Zusammenarbeit bei der Überwachung der Geburtsfehler;
   c) Koordination von Information, die aus diesen Zentren kommt;
2. die Ergebnisse dieser Prüfung einer nachfolgenden Vollversammlung mitzuteilen.

[Quelle: Handbook of resolutions and decisions of the World Health Assembly and the Executive Board, vol 2, 5th ed. (1973–1982). WHO, Genf, p 49 (Übersetzung: F. J. Illhardt)]

Ethische Richtlinien zur Organtransplantation

Amerikanischer Ärztebund (1968)

Der Rechtsbeirat des amerikanischen Ärztebundes (Judicial Council of the AMA) empfiehlt die folgende Erklärung als Richtlinie für Ärzte, die danach trachten, in ihrer Praxis den höchsten Stand ethischen Verhaltens aufrechtzuerhalten:

1. Bei allen beruflichen Beziehungen zwischen Arzt und Patient muß die Gesundheit des Patienten das Hauptanliegen des Arztes sein. Er schuldet dem Patienten seine höchste Loyalität. Diese Sorge und Treue müssen bei allen medizinischen Maßnahmen erhalten bleiben, einschließlich solcher, welche die Transplantation eines Organs von einer Person auf eine andere mit sich bringt, wobei sowohl Spender als auch Empfänger Patienten sind. Daher muß darauf geachtet werden, daß die Rechte des Spenders sowie des Empfängers gewahrt bleiben. Kein Arzt darf die Verantwortung für eine Organtransplantation auf sich nehmen, wenn nicht die Rechte des Spenders sowie des Empfängers in gleicher Weise geschützt sind.
2. Ein voraussichtliches Organtransplantat rechtfertigt nicht die Lockerung der üblichen Regeln medizinischer Fürsorge. Der Arzt sollte den Patienten, der ein voraussichtlicher Organspender sein mag, genauso betreuen wie solche, die wegen einer ähnlichen Verletzung oder Krankheit behandelt werden.
3. Soll ein lebenswichtiges Einzelorgan transplantiert werden, so muß der Tod des Spenders von mindestens einem anderen Arzt außer von dem des Empfängerpatienten festgestellt worden sein. Der Arzt hat durch sein klinisches Urteil den Zeitpunkt des Todes festzulegen. Ein sich an ethische Grundsätze haltender Mediziner ist verpflichtet, für die Feststellung alle verfügbaren, allgemein anerkannten wissenschaftlichen Untersuchungen heranzuziehen.
4. Eine ausführliche Diskussion mit Spender und Empfänger oder deren Verwandten oder Vertretern über den vorgeschlagenen Eingriff ist vorgeschrieben. Der Arzt sollt bei der Besprechung über den Eingriff objektiv sein, indem er über bekannte Risiken und mögliche Komplikationen sowie zur Verfügung stehende Alternativen Aufschluß gibt. Die Ärzte sollten nicht zu Erwartungen ermutigen, die die Umstände nicht rechtfertigen. Das Interesse des Arztes an der Förderung wissenschaftlicher Erkenntnisse ist immer der primären Rücksicht auf den Patienten unterzuordnen.
5. Organtransplantationen sollten nur durchgeführt werden
   a) von Ärzten, die über medizinisches Spezialwissen und technische Kompetenz verfügen, die sie sich durch besondere Ausbildung sowie Erfahrung und Praxis am Tierexperiment angeeignet haben;
   b) in Kliniken, deren Einrichtungen die Gesundheit und das Wohlbefinden aller an der Maßnahme beteiligten Parteien hinreichend schützen.
6. Die Transplantation eines Körperorgans ist erst nach sorgfältiger Auswertung aller verfügbaren Heilmethoden und deren Wirksamkeit vorzunehmen.
7. Die Medizin anerkennt die Bedeutung von Organtransplantaten für die Öffentlichkeit und gesteht dieser ein Anrecht auf korrekte Information zu. In der Regel sollte zuerst der Ärzteschaft ein wissenschaftlicher Bericht des Verfahrens zur Einsicht und Auswertung zugehen. Wenn aufgrund dramatischer

Aussichten auf medizinischen Fortschritt der übliche Informationsweg nicht beschritten werden kann, so sollte ein ordnungsgemäß autorisierter Mediziner den Kommunikationsmedien objektive, den Tatsachen entsprechende sowie diskrete öffentliche Meldung machen, der so bald wie möglich ausführliche wissenschaftliche Berichte für die Fachwelt zu folgen hätten.

[Quelle: JAMA (1968) 205:341–342. Copyright 1968, American Medical Association. Deutsche Übersetzung in Troschke J v., Schmidt H (Hrsg) (1983) Ärztliche Entscheidungskonflikte. Enke, Stuttgart, S 250f.]

Erklärung von Hawaii

Beschlossen vom Weltverband für Psychiatrie auf seinem 6. Weltkongreß in Hawaii (1977)

Bereits in den frühen Stadien vieler Kulturen war die zentrale Bedeutung ethischer Aspekte in der Heilkunst bekannt; es gab ein Wissen um die ethische Problematik ärztlichen Handelns. Die vielseitigen und zum Teil widersprüchlichen Bindungen des Arztes in der heutigen Gesellschaft, der eigenartige und sich wandelnde Charakter des Arzt-Patient-Verhältnisses, die Möglichkeiten des Mißbrauchs psychiatrischer Kenntnisse und Fertigkeiten im Gegensatz zu den Prinzipien der Humanität: das alles sind Phänomene und Entwicklungstendenzen unserer Zeit, die den Psychiater in seiner Wissenschaft und Praxis mehr denn je zur Wahrung ethischer Grundsätze in seinem Denken und Handeln verpflichten.

Als Arzt wie als Staatsbürger hat der Psychiater die besonderen ethischen Implikationen seines Fachgebietes ebenso zu berücksichtigen wie die moralische Verpflichtung des ärztlichen Auftrags im allgemeinen und die für jedermann gültigen Regeln menschlichen Zusammenlebens in einer Gemeinschaft.

Klare Vorstellungen und ein selbständiges Urteil sind entscheidende Voraussetzungen für sittlich fundiertes Verhalten. Trotzdem, oder auch deswegen, erscheint es angebracht und zweckmäßig, bestimmte Grundregeln schriftlich festzulegen. Sie sollen dem einzelnen Psychiater eine Hilfe bei der eigenen Meinungsbildung und für die persönliche Entscheidung sein.

Die Generalversammlung des Weltverbandes für Psychiatrie hat deshalb die folgenden Leitlinien einer fachspezifischen Berufsethik als verbindlich für die Psychiatrie in aller Welt erklärt.

1. Aufgabe der Psychiatrie ist die Pflege der seelischen Gesundheit, die Förderung der persönlichen Entwicklung des Menschen mit dem Ziel der Selbstverantwortung und der Selbstbestimmung in Freiheit.

   Der Psychiater soll in Übereinstimmung mit den anerkannten Prinzipien seiner Wissenschaft und der ärztlichen Ethik nach bestem Wissen und Können den Interessen seiner Patienten dienen. Das allgemeine Wohl und eine gerechte Verteilung der für die Gesundheitspflege insgesamt verfügbaren Mittel soll er dabei stets angemessen berücksichtigen.

   Zur Erfüllung dieser Aufgaben bedarf es intensiver und kontinuierlicher Forschung in allen Bereichen der Psychiatrie, der konsequenten Aus-,

Weiter- und Fortbildung aller an der psychiatrischen Versorgung beteiligten Berufsgruppen und schließlich einer gezielten Öffentlichkeitsarbeit.

2. Jedem Patienten ist die Therapie mit den für ihn größten Erfolgsaussichten anzubieten. Die Behandlung ist mit Sorgfalt und unter Beachtung der Würde des Menschen sowie des Grundrechtes der Selbstbestimmung, auch über das eigene Leben und die Gesundheit, durchzuführen. Der Psychiater ist für therapeutische Maßnahmen seiner Mitarbeiter verantwortlich. Er hat deshalb für eine angemessene Supervision und für eine qualifizierte Ausbildung Sorge zu tragen. Wann immer erforderlich, oder auch auf den ausdrücklichen und begründeten Wunsch des Patienten, sollte der Psychiater den Rat oder die Unterstützung eines erfahrenen Kollegen suchen.
3. Die therapeutische Beziehung zwischen dem Patienten und seinem Psychiater beruht auf einer beidseitig verpflichtenden Vereinbarung, die Zutrauen und Vertraulichkeit, Offenheit und Zusammenarbeit sowie gemeinsame Verantwortlichkeit erfordert. Sofern eine solche Vereinbarung mit Schwerkranken – oder auch mit Minderjährigen – nicht möglich ist, sollte sie mit einer Person, die das Vertrauen des Patienten und die rechtliche Befugnis zu seiner Interessenvertretung besitzt, getroffen werden.

   Das Verhältnis des Psychiaters zu einem Patienten, der – wie in der forensischen Psychiatrie – nicht zum Zweck der Behandlung zu ihm kommt, muß in seiner Eigenart rechtlich geregelt sein und dem Betroffenen hinreichend erklärt werden.
4. Der Psychiater hat den Patienten über seinen Gesundheitszustand, über die beabsichtigten diagnostischen und therapeutischen Maßnahmen, einschließlich möglicher Alternativen, sowie über die Prognose aufzuklären. Die Aufklärung soll in einer der seelischen Verfassung des Patienten angemessenen Form erfolgen und ihm die Möglichkeit der Wahl zwischen geeigneten und verfügbaren Behandlungsmethoden geben.
5. Gegen den erklärten Willen oder ohne die Zustimmung des Patienten sind keine ärztlichen Maßnahmen durchzuführen; es sei denn, der Patient verfügt nicht – infolge seiner psychischen Erkrankung oder Behinderung – über die erforderliche Freiheit der Willensentschließung, er vermag nicht zu erkennen, was in seinem wohlverstandenen eigenen Interesse erforderlich ist, oder aber er befindet sich in einem Zustand erheblicher Selbst- oder Gemeingefährlichkeit.

   In diesen Fällen muß die Möglichkeit der Zwangsunterbringung und -behandlung bestehen. Zwangsmaßnahmen sind stets nur im wohlverstandenen Interesse des Patienten und immer nur so lange wie unbedingt erforderlich anzuwenden. Der Psychiater soll sich um Aufklärung und Einverständnis von Vertrauenspersonen des Patienten wie auch um dessen nachträgliche Zustimmung bemühen.
6. Sobald die genanten Voraussetzungen für eine Zwangsbehandlung nicht mehr gegeben sind, ist der Patient zu entlassen, wenn er nicht mit der Fortführung der Behandlung auf freiwilliger Basis einverstanden ist.

   Die Anordnung einer Zwangsunterbringung oder Zwangsbehandlung sowie die Regelung ihrer Durchführung muß durch ein dafür zuständiges, unabhängiges und neutrales Gremium (Gericht) erfolgen.

Jeder Patient muß über die Existenz dieses Gremiums informiert sein, über sein Recht der Anrufung, persönlich oder durch einen Vertreter, ohne Einschaltung des Krankenhauspersonals oder sonstiger Personen.

7. Der Psychiater darf sein berufliches Wissen und Können niemals zur Mißhandlung von Einzelpersonen oder Gruppen benutzen. Er sollte stets darauf bedacht sein, daß persönliche Wünsche, Gefühle oder Vorurteile sein ärztliches Handeln in keiner Weise beeinflussen.

   Der Psychiater darf sich nicht an einer Zwangsbehandlung beteiligen, die nicht aufgrund des Krankheitszustandes erforderlich ist. Wenn vom Patienten oder von dritter Seite Maßnahmen verlangt werden, die gegen wissenschaftliche oder ethische Grundsätze verstoßen, muß der Psychiater seine Mitwirkung verweigern. Wenn aus irgendwelchen Gründen entweder die Wünsche eines Patienten oder seine wohlverstandenen Interessen nicht entsprechend berücksichtigt werden können, so muß er darüber informiert werden.

8. Was auch immer der Patient dem Psychiater mitteilt und anvertraut, was während der Untersuchung oder Behandlung aufgezeichnet wird, muß vertraulich bleiben. Es sei denn, der Patient entbindet den Psychiater von seiner Pflicht zur Verschwiegenheit, oder ein höheres Interesse, sei es der Allgemeinheit oder des Patienten, verlangt die Offenbarung des Geheimnisses. In diesen Fällen ist der Patient unverzüglich über den erforderlichen Bruch der Schweigepflicht zu informieren.

9. Die Vermehrung und die Verbreitung psychiatrischen Wissens und Könnens verlangt die Beteiligung der Patienten. Zur Vorstellung eines Patienten im Unterricht oder zur Veröffentlichung einer Krankengeschichte bedarf es, wenn möglich, seines Einverständnisses. Alle zweckmäßigen Vorkehrungen sind zu treffen, um die Anonymität zu wahren und das persönliche Ansehen des Patienten zu schützen.

   Im Rahmen klinischer, insbesondere therapeutischer Forschungsprojekte ist jedem Patienten die bestmögliche Behandlung zu bieten. Seine Teilnahme muß freiwillig sein. Er hat Anspruch auf volle Information über Ziele, Verfahrensweisen, Risiken und Unbequemlichkeiten. Stets muß ein vernünftiges Verhältnis zwischen den kalkulierbaren Risiken oder Belästigungen für den Patienten und dem mutmaßlichen Nutzen der Untersuchung bestehen.

   Bei Kindern oder anderen einwilligungsunfähigen Patienten bedarf es der Zustimmung des gesetzlichen Vertreters oder einer rechtlich befugten Vertrauensperson.

10. Jedem Patienten oder Probanden steht es jederzeit frei, ohne Angabe von Gründen die Fortführung jeder Form der freiwilligen Behandlung oder die weitere Beteiligung an einem Lehr- oder Forschungsprogramm abzulehnen. Eine Verweigerung der Behandlung oder der Teilnahme an einem Lehr- oder Forschungsprogramm darf den Psychiater niemals in seinen Bemühungen, dem Patienten oder Probanden zu helfen, beeinflussen.

    Der Psychiater sollte jedes therapeutische, jedes Lehr- oder Forschungsprogramm, das sich im Widerspruch zu den Prinzipien dieser Erklärung entwickelt, abbrechen.

[Quelle: Deutsches Ärzteblatt 77 (1977), 2872f. (Übersetzung: H. Ehrhardt)]

Erklärung zum Gebrauch und Mißbrauch psychotroper Arzneimittel

Verabschiedet von der 29. Generalversammlung des Weltärztebundes in Tokio (1975); revidierte Fassung von Venedig (1983)

1. Der Gebrauch psychotroper Arzneimittel ist ein komplexes soziales Phänomen und nicht nur ein medizinisches Problem.
2. In der Gesellschaft besteht ganz allgemein der dringende Bedarf an einer intensiven öffentlichen Aufklärung, die nicht in moralisierender oder strafandrohender Form vorgetragen wird; ebenso notwendig sind auch Entwicklung und Darstellung praktischer Alternativen zum Drogengebrauch. Ärzte als sachkundige und direkt betroffene Bürger sollten an solchen Programmen mitwirken.
3. Die Ärzte sollten psychotrope Arzneimittel mit größter Zurückhaltung verschreiben, wobei sie sicherstellen sollten, daß jede Verschreibung psychotroper Arzneimittel auf genauer Diagnosestellung, angemessener nichtpharmakologischer Beratung sowie sorgfältiger Anwendung genau definierter Pharmaka basiert; dabei sollen sie sich stets der möglichen Gefahren von Fehlanwendung und Mißbrauch bewußt sein.
4. Die Ärzte sollten die Aufgabe übernehmen, Informationen über die gesundheitliche Gefährdung durch nichtmedizinischen Gebrauch aller psychotropen Stoffe einschließlich des Alkohols zusammenzutragen und bereitzustellen.
5. In Zusammenarbeit mit den Regierungen und den zuständigen Einrichtungen sollte der Ärztestand sicherstellen, daß solches Wissen so weit wie möglich verbreitet wird, insbesondere in jenen Altersgruppen, die am ehesten mit Drogen experimentieren; damit soll dem Gruppendruck unter Altersgenossen und anderen Faktoren entgegengearbeitet werden, die zu falschem und übermäßigem Gebrauch führen, um so für jeden einzelnen das Recht auf und die Verantwortung für eine freie, aufgeklärte persönliche Entscheidung zu erhalten.

[Quelle: The World Medical Association, Inc., Ferney-Voltaire, Frankreich. Übersetzung: F. J. Illhardt, eine vorläufige Übersetzung der Bundesärztekammer wurde berücksichtigt]

Stellungnahme zum Drogenmißbrauch

Weltgesundheitsorganisation (1980) (Vollversammlung 33.27, Auszug)

Die 33. Vollversammlung der WHO
1. bekräftigt, daß der Drogenmißbrauch eine ernste Gefahr von ständig wachsendem Ausmaß für die Gesundheit sowohl in Entwicklungsländern als auch in Industrienationen darstellt;
2. fordert ihre Mitgliedstaaten auf, dem Auftreten des Drogenmißbrauchs in ihren eigenen Gesellschaften, ihren Regionen und in der ganzen Welt mehr Aufmerksamkeit zu widmen; besondere Beachtung sollen sie der zersetzenden Wirkung schenken, die der Drogenmißbrauch auf Leben und Berufsaussichten junger Menschen hat, weiterhin dem negativen Einfluß auf das soziale und

ökonomische Wohlergehen, den wachsenden Schwierigkeiten bei der Durchsetzung des Rechts und den Maßnahmen, mit denen die Verbreitung des gesetzwidrigen Drogennachschubs in ihren Staaten eingeschränkt werden soll;

3. ermutigt die Mitgliedstaaten, wenn sie ihre nationalen Pläne mit dem Ziel der Gesundheit für alle bis zum Jahr 2000 und ihre 2-Jahres-Programme der Zusammenarbeit mit der WHO entwickeln, ernsthaft die Einbeziehung von Teilplänen zu erwägen, die wirksam den Anstieg des Drogenmißbrauchs in Angriff nehmen;
4. bittet die Mitgliedstaaten, freiwillige Beiträge zur Unterstützung der Kontrolle auf dem Gebiet des Drogenmißbrauchs zu leisten, die von der WHO und anderen internationalen Gremien unternommen wird, besonders von Fonds der Vereinten Nationen zur Kontrolle des Drogenmißbrauchs;
5. fordert die Mitgliedstaaten auf, die das noch nicht getan haben, sobald als möglich dem internationalen Pakt zur Drogenkontrolle beizutreten;
6. empfiehlt, daß die WHO darin fortfährt, die Auswirkung von Basisgesundheitsdiensten auf die Verringerung örtlicher Abhängigkeit vom Opium als Allheilmittel festzustellen, besonders bei den Ländern, die Opium produzieren;
7. fordert den Generaldirektor auf:

(1) durch Veröffentlichung und andere Mittel die Sammlung, Verarbeitung und Verbreitung von Informationen zu fördern, in denen die schädlichen Auswirkungen des Drogenmißbrauchs auf Gesundheit und sozialen Fortschritt dargelegt werden,

(2) mit den Mitgliedstaaten bei der Integration der Kontrolle des Drogenmißbrauchs in ihre Programme für die Basisgesundheitsdienste und die nationalen Pläne zur Gesundheit für alle bis zum Jahr 2000 zusammenzuarbeiten;

(3) Auf- und Ausbau nationaler und internationaler Programme zu fördern, in denen Einschätzung, Auflistung, Kontrolle und angemessener Gebrauch narkotischer und psychotroper Substanzen, einschließlich Substanzen pflanzlichen Ursprungs, vorgenommen werden; solche Programme sollen unterstützt werden durch die Erarbeitung angemessener Richtlinien in Beratung mit der Abteilung der Vereinten Nationen für narkotische Arzneimittel, mit dem internationalen Kontrollausschuß für Narkotika und mit anderen zuständigen Gremien der Vereinten Nationen;

(4) weitere Mittel aus multilateralen Quellen, seien es Quellen innerhalb oder außerhalb von Regierungen, zu erschließen, um damit neue Projekte und Programme der WHO zur Kontrolle des Drogenmißbrauchs zu unterstützen;

(5) Aktivitäten weiterzuentwickeln, die sich mit der Prävention und Kontrolle von Gesundheitsproblemen auf der Ebene menschlichen Verhaltens befassen, sowie diejenigen, die mit dem Drogenmißbrauch verbunden sind;

(6) die Fähigkeit der WHO aufrechtzuerhalten, dieses drängende Gesundheitsproblem zu bewältigen;

(7) die Koordination von WHO-Programmen zu narkotischen und psychotropen Substanzen, von Programmen zu Taktik und Vorgehen gegenüber dem Drogenproblem und von anderen verwandten Programmen zu verstärken; ebenso soll die Zusammenarbeit mit interessierten Organisationen intensiviert werden, die außerhalb von Regierungen bestehen;

(8) der Vollversammlung der WHO zu gegebener Zeit über den Fortschritt in der Verwirklichung der Bestimmungen zu berichten, die in dieser Resolution aufgestellt worden sind.

[Quelle: Handbook of resolutions and decisions of the World Health Assembly and the Executive Board, vol 2, 5th ed. (1973–1982). WHO, Genf, p 91 f (Übersetzung: F. J. Illhardt)]

Deklaration der allgemeinen und besonderen Rechte der geistig Behinderten

Angenommen von der International League of Societies for the Mentally Handicapped 1968; revidiert, ergänzt und unter dem Titel „Declaration on the Rights of Mentally Retarded Persons“ angenommen von der Generalversammlung der Vereinten Nationen 1971

Artikel 1: Der geistig behinderte hat dieselben Grundrechte wie andere Bürger desselben Landes und desselben Alters.

Artikel 2: Der geistig Behinderte hat ein Recht auf angemessene medizinische Versorgung, physische Wiederherstellung und auf Erziehung, Training, Ausbildung und Anleitung in einer Weise, die ihn in die Lage versetzt, seine Fähigkeit und Begabung in größtmöglichem Ausmaß zu entfalten, ungeachtet dessen, wie schwer der Grad seiner Behinderung ist. Keinem geistig Behinderten sollten solche Leistungen vorenthalten werden aus Gründen der damit verbundenen Kosten.

Artikel 3: Der geistig Behinderte hat ein Recht auf wirtschaftliche Sicherheit und angemessenen Lebensstandard. Er hat ein Recht auf produktive Arbeit oder auf eine andere sinnvolle Beschäftigung.

Artikel 4: Der geistig Behinderte hat ein Recht, bei seiner eigenen Familie oder bei seinen Pflegeltern zu wohnen, ebenso ein Recht, in jeder Hinsicht am Gemeinschaftsleben teilzunehmen und angemessene Freizeitaktivitäten angeboten zu bekommen. Wenn Versorgung in einer Institution notwendig wird, sollte sie in der Umgebung und unter Umständen vorgenommen werden, die dem normalen Leben so nahe wie möglich kommen.

Artikel 5: Der geistig Behinderte hat das Recht auf einen qualifizierten Vormund, wenn dies erforderlich ist, um sein persönliches Wohlergehen und seine Interessen zu schützen. Niemand, der dem geistig Behinderten unmittelbare Dienste leistet, sollte auch als sein Vormund tätig sein.

Artikel 6: Der geistig Behinderte hat ein Recht, vor Ausbeutung, Mißbrauch und erniedrigender Behandlung geschützt zu werden. Wenn er vor Gericht steht, hat er ein Recht auf eine faire Verhandldung mit voller Berücksichtigung seiner Verantwortungsfähigkeit.

Artikel 7: Einige geistig Behinderte könnten wegen des Schweregrades ihrer Behinderung nicht in der Lage sein, all ihre Rechte für sich selbst in einer sinnvollen Weise wahrzunehmen. Für andere geistig Behinderte ist die Abwandlung einiger oder all dieser Rechte angezeigt. Das Verfahren, das für die Abwandlung oder das Absprechen von Rechten gewählt wird, muß angemessene Sicherheitsklauseln gegenüber jeder Form von Mißbrauch enthalten, es muß auf der Bewertung der sozialen Leistungsfähigkeit des geistig Behinderten durch Fachleute basieren, es muß periodisch überprüft werden und dem Recht unterstellt sein, an höhere Instanzen zu appellieren.

[Quelle: Reich WT (ed) (1978) Encyclopedia of bioethics, vol 4. The Free Press, Collier Macmillan Canada New York London, p 1785 (Abdruck mit Genehmigung der International League of Societies for the Mentally Handicapped) (Übersetzung: F. J. Illhardt)]

Bill of rights für Krankenhauspatienten in Amerika

American Hospital Association (1973)

1. Der Patient hat das Recht auf sorgfältige und respektvolle Versorgung.
2. Der Patient hat das Recht, von seinem Arzt vollkommene Information über Diagnose, Behandlung und Prognose zu erhalten, und zwar in einer Form, von der zu erwarten ist, daß der Patient sie gut versteht.
3. Der Patient hat das Recht, von seinem Arzt vor Beginn irgendeiner Maßnahme oder Behandlung so informiert zu werden, daß er sie hinreichend beurteilen und ihr zustimmen kann.
4. Der Patient hat das Recht, eine Behandlung abzulehnen, soweit das gesetzlich zulässig ist, und über die medizinischen Folgen seiner Handlungsweise unterrichtet zu werden.
5. Der Patient hat das Recht auf Berücksichtigung seiner Privatsphäre, soweit es seine eigene ärztliche Versorgung betrifft.
6. Der Patient kann erwarten, daß alle Mitteilungen und Aufzeichnungen, die seine Gesundheit betreffen, vertraulich behandelt werden.
7. Das Krankenhaus muß sachgemäß auf die Wünsche und Hilfeleistungen des Patienten reagieren, soweit es dazu in der Lage ist.
8. Der Patient hat das Recht, über das Verhältnis seines Krankenhauses zu anderen Anstalten unterrichtet zu werden, die für seine eigene Fürsorge in Betracht kommen.
9. Der Patient hat das Recht, darüber unterrichtet zu werden, wenn sich das Krankenhaus an experimentellen Behandlungsmethoden beteiligt, soweit es seine eigene Fürsorge und Behandlung betrifft.
10. Der Patient kann erwarten, daß seine Versorgung so lange fortgesetzt wird, wie es gesundheitlich angezeigt ist.
11. Der Patient hat das Recht, die Rechnung des Krankenhauses zu prüfen und eine Erklärung für Punkte zu verlangen, die ihm nicht klar sind.
12. Der Patient hat das Recht zu erfahren, welche Krankenhausregeln und -bestimmungen für sein Verhältnis als Patient in Betracht kommen.

[Quelle: Troschke J v., Schmidt H (Hrsg) (1983) Ärztliche Entscheidungskonflikte. Enke, Stuttgart, S 258f]

Deklaration von Tokio
Richtlinien für Ärzte bei Folterungen, Grausamkeiten und anderen unmenschlichen oder die Menschenwürde verletzenden Handlungen oder Mißhandlungen in Verbindung mit Haft und Gefangenschaft

Angenommen von der 29. Generalversammlung des Weltärztebundes in Tokio, Japan (1975)

Präambel

Es ist die vornehmste Pflicht des Arztes, seinen Beruf im Dienst der Menschlichkeit auszuüben, die körperliche und geistige Gesundheit ohne Ansehen der Person zu erhalten und wiederherzustellen und die Leiden und das Leid der Patienten zu lindern. Die höchste Achtung vor dem menschlichen Leben muß auch unter Bedrohung aufrechterhalten werden. Ärztliches Wissen darf niemals unter Verletzung der Gesetze der Menschlichkeit Anwendung finden.

Deklaration

Für den Zweck dieser Deklaration bedeutet Folter die vorsätzliche, systematische oder mutwillige Auferlegung von physischen oder psychischen Leiden durch eine oder mehrere Personen, entweder aus eigenem Antrieb oder auf Anordnung, um eine andere Person zur Preisgabe von Informationen oder zur Ablegung eines Geständnisses zu zwingen, oder aus welchen anderen Gründen auch immer.

1. Der Arzt soll die Anwendung von Folter, Grausamkeiten oder anderen unmenschlichen oder die Würde verletzenden Handlungen weder dulden noch gutheißen oder sich gar an ihnen beteiligen, was auch immer das Vergehen sei, dessen das Opfer solcher Mißhandlungen verdächtigt, beschuldigt oder überführt wird, und was auch immer seine Anschauungen und Motive seien. Dies gilt für alle Situationen, einschließlich bewaffneter Konflikte und ziviler Aufstände.
2. Der Arzt soll weder Räumlichkeiten noch Instrumente und Geräte noch Substanzen noch sein Wissen zur Verfügung stellen, um die Durchführung der Folter oder anderer Grausamkeiten oder umenschlicher und entwürdigender Behandlung zu ermöglichen oder die Widerstandsfähigkeit des Opfers gegen solche Mißhandlungen zu schwächen.
3. Der Arzt darf keiner Aktion beiwohnen, bei der Folterungen oder andere Grausamkeiten, unmenschliche oder die Würde verletzende Handlungen verübt oder angedroht werden.
4. Der Arzt muß bei der Entscheidung über die Versorgung einer Person, für die er die medizinische Verantwortung trägt, über völlige klinische Unabhängigkeit verfügen. Der Arzt soll unter allen Umständen die Verpflichtung haben, die Notlage seiner Mitmenschen zu erleichtern. Diesem höheren Ziel darf kein anderer Beweggrund – sei er persönlicher, gesellschaftlicher oder politischer Natur – untergeordnet werden.
5. Wenn ein Gefangener die Nahrungsaufnahme verweigert, der Arzt ihn aber für fähig hält, sich ein unbeeinflußtes und vernünftiges Urteil über die Folgen einer freiwilligen Nahrungsverweigerung zu bilden, so soll er nicht künstlich ernährt werden. Die Entscheidung über die Urteilsfähigkeit des Gefangenen in

dieser Hinsicht sollte von mindestens einem weiteren unabhängigen Arzt bestätigt werden. Der Gefangene soll durch den Arzt über die Folgen der Nahrungsverweigerung belehrt werden.

6. Der Weltärztebund wird dem betreffenden Arzt und seiner Familie angesichts von Drohungen oder Benachteiligungen, die aus der Ablehnung der Mithilfe bei Folterungen oder anderen grausamen, unmenschlichen oder die Würde verletzenden Handlungen resultieren, seine Unterstützung gewähren. Er appelliert an die Internationale Gemeinschaft, die nationalen Standesorganisationen und die gesamte Ärzteschaft, dies ebenfalls zu tun.

[„Vorläufige Übersetzung" aus: Deutsches Ärzteblatt (1975) 72:3168f.]

Grundsätze ärztlicher Ethik im Zusammenhang mit der Rolle von medizinischem Personal, insbesondere von Ärzten, beim Schutz von Strafgefangenen und Inhaftierten vor Folter und anderer grausamer, unmenschlicher oder erniedrigender Behandlung oder Strafe

Angenommen auf der Generalversammlung der Vereinten Nationen am 18.12.1982 (Resolution 37/194)

Grundsatz 1

Medizinisches Personal, insbesondere Ärzte, dem die medizinische Betreuung von Strafgefangenen oder Häftlingen obliegt, ist verpflichtet, deren körperliche und geistige Gesundheit zu schützen und ihnen im Krankheitsfall eine Behandlung von der gleichen Qualität und nach den gleichen Maßstäben zukommen zu lassen wie Personen, die sich nicht in Haft oder Gewahrsam befinden.

Grundsatz 2

Die aktive oder passive Mitwirkung von medizinischem Personal, insbesondere von Ärzten, an Handlungen, die eine Teilnahme an der Folter oder einer anderen grausamen, unmenschlichen oder erniedrigenden Behandlung oder Strafe, eine Mittäterschaft, eine Anstiftung oder einen Versuch dazu darstellen, ist ein grober Verstoß gegen die ärztliche Ethik sowie ein Vergehen nach den geltenden internationalen Instrumenten.

Grundsatz 3

Es verstößt gegen die ärztliche Ethik, wenn medizinisches Personal, insbesondere Ärzte, sich mit Gefangenen oder Häftlingen in einer Weise beruflich befassen, die nicht einzig und allein den Zweck hat, ihre körperliche und geistige Gesundheit zu beurteilen, zu schützen oder zu verbessern.

Grundsatz 4

Es verstößt gegen die ärztliche Ethik, wenn medizinisches Personal, insbesondere Ärzte,

a) ihr Wissen und Können in einer Weise zur Unterstützung des Verhörs von Gefangenen und Häftlingen verwenden, die der körperlichen oder geistigen

Gesundheit bzw. dem körperlichen oder geistigen Zustand dieser Gefangenen oder Häftlingen abträglich sein kann und die nicht den diesbezüglichen internationalen Instrumenten entspricht;

b) bestätigen oder an einer Bestätigung darüber mitwirken, daß Strafgefangene oder Häftlinge für irgendeine Form der Behandlung oder Strafe tauglich seien, die ihrer körperlichen oder geistigen Gesundheit abträglich sein kann und nicht den diesbezüglichen internationalen Instrumenten entspricht, bzw. wenn dieses Personal in irgendeiner Weise an einer solchen Behandlung oder Bestrafung mitwirkt, die nicht im Einklang mit den diesbezüglichen internationalen Instrumenten steht.

Grundsatz 5
Die Mitwirkung von medizinischem Personal, insbesondere von Ärzten, an irgendwelchen Maßnahmen zur Einschränkung der Bewegungsfreiheit von Strafgefangenen oder Häftlingen verstößt gegen die ärztliche Ethik, es sei denn, daß diese Maßnahmen von rein medizinischen Kriterien geleitet und für den Schutz der körperlichen oder geistigen Gesundheit oder Sicherheit des Gefangenen oder des Häftlings selbst, seiner Mitgefangenen oder Mithäftlinge bzw. seiner Wärter notwendig sind und seine körperliche oder geistige Gesundheit nicht gefährden.

[Quelle: Vereinte Nationen (1983) 31:131 f.]

Warnung vor den Gefahren des Krieges
Ärztliche Hilfe im Katastrophen- und Verteidigungsfall

Deutscher Ärztetag (1982)

Gemäß den historisch gewachsenen Grundsätzen ärztlichen Handelns, Leben zu erhalten, Krankheit zu heilen und Leiden zu lindern, nimmt der Deutsche Ärztetag erneut Stellung zur Hilfeleistungsverpflichtung jedes Arztes auch in Katastrophenfällen. Hierzu gehören auch gesetzliche Regelungen für die ärztliche Versorgung der Bevölkerung im Katastrophenfall und Zivilschutz.

Der Deutsche Ärztetag lehnt den Krieg und jede Art der offensiven Kriegsvorbereitung ab.

Dem Anliegen der Ärzteschaft, Kriege zu verhindern, kann nur Erfolg beschieden sein, wenn die Aufklärung der Bevölkerung weltweit erfolgt.

Angesichts der apokalyptischen Bedrohung des Weltfriedens durch modernde Massenvernichtungsmittel, insbesondere nukleare, bakteriologische und chemische Kampfmittel, ruft der Deutsche Ärztetag in Übereinstimmung mit dem Beschluß der Generalversammlung des Weltärztebundes die verantwortlichen Politiker in aller Welt auf, die allen Menschen durch Kriege gemeinsam drohenden Gefahren abzuwenden und der Humanität und der Achtung vor dem Leben wieder Geltung zu verschaffen.

Die gegenwärtige Weltpolitik hat zu einem militärischen Spannungsprozeß geführt, der mit unbeschreiblichen Folgen jederzeit in einer Katastrophe enden kann. Da diese die Menschheit bedrohende Gefahr kurzfristig nicht abzuwenden ist, appelliert der Deutsche Ärztetag erneut an alle Politiker der Bundesrepublik, über Abrüstungsbemühungen hinaus Schutzmaßnahmen für Leben und Gesundheit zu treffen.

Den fundamentalen Prinzipien ärztlichen Handelns folgend, bekräftigt der Deutsche Ärztetag die Verpflichtung eines jeden Arztes zur Fortbildung in Katastrophenmedizin, weil zum vorsorglichen Schutz der Zivilbevölkerung auch die Vorbereitung aller Ärzte auf Gefahren jeglicher Katastrophen gehört. Selbst bei Verwüstung ganzer Landstriche ist eine medizinische Hilfe in Randgbieten vorstellbar.

Da die Vorbereitung auf ärztliche Hilfemaßnahmen in Katastrophenfällen möglicherweise vergebens, jedoch niemals falsch sein kann, muß jeder Arzt katastrophenmedizinische Kenntnisse erwerben.

Obwohl die Folgen einer Katastrophe größten Ausmaßes nicht absehbar sind, muß die Möglichkeit ärztlicher Hilfe unbedingt gewährleistet sein. Aus diesem Grunde widerspricht die Verweigerung von katastrophenmedizinischer Fortbildung der Humanität und der ärztlichen Berufspflicht.

Die Feindbilder abbauen

Niemand kann der atomaren, chemischen und bakteriologische Kriegsdrohung der Gegenwart gleichgültig gegenüberstehen; sie bedroht die ganze Menschheit. Als Ärzte warnen wir alle verantwortlich denkenden und handelnden Bürger vor der sich anbahnenden Katastrophe der Menscheitsgeschichte.

Die Aufgabe aller Bürger ist es, jedem Krieg entgegenzuwirken, denn jeder Konflikt kann zur nuklearen Katastrophe eskalieren. Im Sinne einer langfristigen, konsequenten Friedenspolitik ist es erforderlich,daß

1. bei den Völkern in Ost und West Feindbilder abgebaut werden und wechselseitiges Vertrauen aufgebaut wird,
2. die Bevölkerung über die Folgen und Wirkung, insbesondere der atomaren, chemischen und bakteriologischen Massenvernichtungsmittel, rückhaltlos aufgeklärt wird,
3. keine weiteren Massenvernichtungsmittel entwickelt und die vorhandenen Bestände in allen Teilen der Welt kontrolliert und abgebaut werden.

[Quelle: Deutsches Ärzteblatt (1982) 79:35]

Richtlinien für den Fall bewaffneter Auseinandersetzungen

(Diese Richtlinien wurden erarbeitet vom gemeinsamen Untersuchungskomitee der Internationalen Kommission des Roten Kreuzes, der Internationalen Kommission für Militärmedizin und Pharmazie, des Weltärztebundes und der Weltgesundheitsorganisation.)

Im Grundsatz angenommen von der 10. Generalversammlung des Weltärztebundes in Havanna, Kuba (1956), verabschiedet auf der 11. Generalversammlung des Weltärztebundes in Istanbul, Türkei (1957); vorliegende revidierte Fassung: 35. Generalversammlung in Venedig, Italien (1983).

1. Ärztliche Ethik in Zeiten bewaffneter Auseinandersetzungen unterscheidet sich nicht von der ärztlichen Ethik im Frieden, wie sie im internationalen Code

der medizinischen Ethik des Weltärztebundes niedergelegt ist. Die grundlegende Verpflichtung des Arztes ist sein beruflicher Einsatz; in Ausübung seiner beruflichen Pflichten ist der oberste Führer des Arztes sein Gewissen.

2. Die vorrangige Aufgabe des Ärztestandes ist die Erhaltung von Gesundheit und die Rettung von Leben. Es wird daher als unethisch angesehen, wenn Ärzte
   a) Ratschläge erteilen oder prophylaktische, diagnostische oder therapeutische Verfahren anwenden, die im Interesse des Patienten nicht zu rechtfertigen sind,
   b) ohne therapeutische Rechtfertigung die physische oder psychische Kraft eines Menschen schwächen,
   c) wissenschaftliche Erkenntnisse einsetzen, um die Gesundheit zu gefährden oder Leben zu zerstören.
3. Versuche am Menschen unterliegen in Zeiten bewaffneter Auseinandersetzungen denselben Grundsätzen wie im Frieden; sie an Personen auszuführen, die ihrer Freiheit beraubt sind, insbesondere an zivilen oder militärischen Gefangenen sowie an der Bevölkerung besetzter Länder, ist streng untersagt.
4. In Notfällen muß der Arzt immer die erforderliche Hilfe leisten ohne Ansehen von Geschlecht, Rasse, Nationalität, Religion, politischer Parteizugehörigkeit oder irgendeines anderen ähnlichen Gesichtspunkts. Solche ärztliche Hilfe muß so lange fortgeführt werden, wie sie notwendig ist.
5. Der Arzt muß die ärztliche Schweigepflicht bei der Ausübung seines Berufes wahren.
6. Vorteile und Erleichterungen, die dem Arzt gewährt werden, dürfen ausschließlich nur für berufliche Zwecke in Anspruch genommen werden.

Richtlinien für die Behandlung von Kranken und Verwundeten, besonders im Kriegsfall

A. 1. Jedem, der Hilfe benötigt, ob Angehöriger der Streitkräfte oder Zivilist, muß diese unter allen Umständen unverzüglich zuteil werden ohne Ansehen von Geschlecht, Rasse, Nationalität, Religion, politischer Parteizugehörigkeit oder irgendeines anderen ähnlichen Gesichtspunkts.

2. Jegliche Maßnahme, die der Gesundheit eines Menschen, seiner physischen oder psychischen Integrität schadet, ist untersagt, wenn sie nicht therapeutisch zu rechtfertigen ist.

B. 1. In Notsituationen wird von Ärzten und beigeordnetem medizinischen Personal verlangt, daß sie sich unmittelbar nach besten Kräften einsetzen. Es darf kein Unterschied zwischen Patienten gemacht werden außer solchen Unterschieden, die von medizinischer Dringlichkeit gerechtfertigt sind.

2. Den Ärzten und dem Hilfspersonal muß der nötige Schutz bewilligt werden, damit sie ihren Beruf ungehindert ausüben können. Bei der Erfüllung ihrer Aufgaben ist ihnen die notwendige Unterstützung zu gewähren. Wenn ihre Hilfe benötigt wird, ist ihnen freies Geleit zu geben. Völlige berufliche Unabhängigkeit sollte ihnen zugebilligt werden.

3. Die Erfüllung ärztlicher Verpflichtung und Verantwortung sollte unter keinen Umständen als Vergehen angesehen werden. Der Arzt darf nie wegen Wahrung der ärztlichen Schweigepflicht angeklagt werden.
4. Bei der Erfüllung ihrer beruflichen Pflichten sind Ärzte und Hilfspersonal kenntlich an einem besonderen Abzeichen, das aus einem roten Äskulapstab auf weißem Feld besteht. Die Verwendung dieses Emblems ist durch besondere Bestimmungen geregelt.

[Quelle: The World Medical Association, Inc., Ferney-Voltaire, Frankreich. Übersetzung: F. J. Illhardt, eine vorläufige Übersetzung der Bundesärztekammer wurde berücksichtigt]

Richtlinien für den Abbruch kardiopulmonaler lebenserhaltender Maßnahmen unter besonderen Umständen

Angenommen vom Rat der Ärztekammer von Los Angeles County und vom Kuratorium der Anwaltskammer von Los Angeles County (1981)

1 Die allgemeinen Prinzipien, welche die Entscheidungsfindung auf diesem Gebiet leiten sollten, sind folgende:

1.1 Es ist das Recht einer Person, die ihre aufgeklärte Einwilligung (informed consent) zu geben in der Lage ist, ihre eigene Entscheidung über die medizinische Versorgung zu treffen, nachdem sie über Nutzen, Risiken und Konsequenzen der in Frage kommenden Behandlung informiert worden ist. Das Recht auf die eigene Entscheidung besteht sogar dann, wenn eine solche Entscheidung voraussehbar zur Verkürzung des individuellen Lebens führt.

1.2 Personen, die nicht in der Lage sind, ihre aufgeklärte Einwilligung (informed consent) zu geben, haben dieselben Rechte wie Personen, die eine derartige Zustimmung geben können. Entscheidungen, die in Stellvertretung solcher Personen getroffen werden, die ihre eigene aufgeklärte Einwilligung nicht geben können, sollte soweit als möglich die Entscheidungen sein, die diese Personen für sich selber getroffen hätten, wenn sie dazu in der Lage gewesen wären. Eltern (oder der Vormund) minderjähriger Kinder oder der Vormund eines erwachsenen Patienten müssen der Entscheidung zustimmen. Familienmitglieder erwachsener Patienten sollten immer zu Rate gezogen werden, auch wenn sie nach gegenwärtigem kalifornischen Recht keine gesetzliche Stellung innehaben, für den Patienten derartige Entscheidungen zu treffen.

1.3 Ein Arzt darf den Einsatz kardiopulmonaler lebenserhaltender Maßnahmen (d.h. mechanischer Beatmung und Sauerstoffzufuhr) abbrechen und ist nicht verpflichtet, ihren Einsatz unbegrenzt fortzusetzen, nur weil solche Maßnahmen zu einem früheren Zeitpunkt begonnen worden sind.

1.4 Die Würde des Individuums muß gewahrt werden, und notwendige Maßnahmen, sein Wohl sicherzustellen, müssen zu jeder Zeit aufrechterhalten werden.

1.5 Es ist das Recht des einzelnen Arztes, sich zu weigern, am Abbruch lebenserhaltender Maßnahmen teilzunehmen. In Ausübung dieses Rechts muß der Arzt jedoch angemessene Schritte unternehmen, die Sorge für den Patienten einem andern qualifizierten Arzt zu übertragen.

2 Unter folgenden Umständen kann die Entscheidung zum Abbruch kardiopulmonaler lebenserhaltender Maßnahmen ohne die Notwendigkeit einer vorher eingeholten Zustimmung des Gerichts getroffen werden:

2.1 Hirntod
Abschnitt 7180 des kalifornischen Health and Safety Code besagt: „Eine Person kann tot genannt werden, wenn durch einen Arzt festgestellt worden ist, daß sie einen vollständigen und irreversiblen Ausfall der Hirntätigkeit erlitten hat.“ Dieses Statut fordert zudem, daß ein zweiter Arzt unabhängig den Tod bestätigt und daß keiner von beiden Ärzten an Entscheidungen zur Organtransplantation beteiligt ist.
a) Die Ärzte sollten in der Krankengeschichte die Grundlage der Hirntoddiagnose dokumentieren.
b) Der Patient sollte für hirntot erklärt sein, bevor Beatmung und Sauerstoffzufuhr abgestellt werden.
c) Es ist wünschenswert, das Hirntodstatut Familienmitgliedern und anderen interessierten Menschen zu erklären, bevor die Maßnahme ausgeführt wird.

2.2 Das kalifornische Gesetz zum natürlichen Tod (California Natural Death Act)
Absätze 7185 bis 7195 des Kalifornischen Health and Safety Code (im California Natural Death Act) sehen vor, daß kardiopulmonale lebenserhaltende Maßnahmen bei Patienten abgebrochen werden müssen, die eine „gültige und bindende (valid and binding)“ Anweisung für den Arzt unterschrieben haben...

2.3 Irreversibles Koma
Kariopulmonale lebenserhaltende Maßnahmen können eingestellt werden, wenn alle der folgenden Bedingungen erfüllt sind:
a) Die Krankengeschichte enthält eine schriftlich niedergelegte Diagnose eines irreversiblen Komas, die durch einen Arzt bestätigt ist, der aufgrund Ausbildung oder Erfahrung bei solchen Entscheidungsfindungen mitwirken kann. Die Krankengeschichte muß einen angemessenen medizinischen Nachweis zur Sicherung der Diagnose einschließen;
b) die Krankengeschichte gibt zu erkennen, daß von seiten des Patienten keine ausdrückliche Absicht vorlag, daß lebenserhaltende Maßnahmen unter solchen Umständen begonnen oder beibehalten werden sollten; und
c) die Krankengeschichte gibt zu erkennen, daß die Familie des Patienten bzw. sein Stellvertreter oder Vormund zustimmt, die lebenserhaltenden Maßnahmen abzubrechen.

Das Wohl und die Würde des Patienten sollen auch gewahrt werden, wenn der Tod bei Abbruch kardiopulmonaler lebenserhaltender Maßnahmen nicht eintritt.

[Quelle: Doudera AE, Peters JD (eds) (1982) Legal and ethical aspects of treating critically and terminally ill patients. Published in cooperation with the American Society of law and medicine AUPHA, Michigan Washington (Übersetzung: F. J. Illhardt)]

Deklaration von Sydney – Erklärung über den Tod

Angenommen von der 22. Generalversammlung des Weltärztebundes in Sydney, Australien (1968), revidiert auf der 35. Generalversammlung in Venedig, Italien (1983)

Vor dem Gesetz liegt die Verantwortung für die Bestimmung des Todeszeitpunktes in den meisten Ländern in der Hand des Arztes, und das sollte auch so bleiben. Im allgemeinen kann ein Arzt ohne Inanspruchnahme anderer Hilfe entscheiden, wann ein Mensch tot ist, indem er die klassischen Kriterien beachtet, die jedem Arzt bekannt sind.

Zwei neuzeitliche Verfahren in der Medizin lassen es jedoch notwendig werden, die Frage des Eintritts des Todes weiter zu studieren:

1. die Möglichkeit, mit Hilfe künstlicher Beatmung die Zirkulation sauerstoffhaltigen Blutes in einem Körper aufrechtzuerhalten, der irreversibel geschädigt sein kann, und
2. die Entnahme von Organen, wie beispielsweise Herz und Nieren, von einem Verstorbenen für Transplantationen.

Das Problem liegt darin, daß der Tod ein fortschreitender Prozeß ist, weil das Zellengewebe unterschiedlich auf den Entzug von Sauerstoff reagiert. Das klinische Interesse zielt aber nicht darauf, einzelne Zellen lebensfähig zu erhalten; es geht vielmehr um das Schicksal eines Menschen. Hier spielt nicht der Zeitpunkt des Todes der verschiedenen Zellen und Organe eine so wichtige Rolle, sondern vielmehr die Gewißheit, daß der Todesprozeß unwiderruflich und daß auch mit allen technischen Mitteln keine Wiederbelebung möglich ist.

Es ist unerläßlich, das unwiderrufliche Aufhören aller Funktion des gesamten Gehirns, einschließlich des Hirnstamms festzustellen. Die Todesbestimmung fußt auf der klinischen Beurteilung, ergänzt – falls notwendig – durch verschiedene Diagnosehilfen. Bei dem heutigen Stand der medizinischen Wissenschaft kann die Frage der Todesbestimmung aber weder durch ein technisches Kriterium allein zufriedenstellend beantwortet werden, noch kann ein technisches Verfahren die umfassende Beurteilung durch einen Arzt oder durch ein Team von Ärzten ersetzen.

Wenn die Verpflanzung eines Organs beabsichtigt ist, sollte die Feststellung des Todes von 2 oder mehr Ärzten getroffen werden, und die Ärzte, die diese Todesfeststellung treffen, sollten keinesfalls unmittelbar mit der Durchführung der Transplantation selbst zu tun haben.

Die Möglichkeit, den Zeitpunkt des Todes eines Menschen festzustellen, gibt uns ethisch die Erlaubnis, Wiederbelebungsversuche einzustellen und – in Ländern, wo es gesetzlich gestattet ist – Organe von Leichen zu entnehmen, vorausgesetzt, daß die bestehenden gesetzlichen Erfordernisse der Einwilligung berücksichtigt sind.

[Quelle: Deutsches Ärzteblatt (1968) 65:1866; Änderung laut Mitteilung der Bundesärztekammer]

Richtlinien für die Sterbehilfe

Die nachfolgenden Richtlinien zusammen mit einem Kommentar, der hier nicht abgedruckt werden kann, verabschiedete der Vorstand der Bundesärztekammer 1979 in Übereinstimmung mit den Richtlinien der Schweizer Akademie der medizinischen Wissenschaften von 1976. Abweichungen betreffen lediglich Unterschiede des Sprachgebrauchs und der Rechtsverhältnisse in beiden Ländern.

1 Einleitung
Zu den Pflichten des Arztes, das Leben zu erhalten, die Gesundheit zu schützen und wiederherzustellen sowie Leiden zu lindern, gehört auch, dem Sterbenden bis zu seinem Tode zu helfen. Die Hilfe besteht in Behandlung, Beistand und Pflege.

2 Behandlung

2.1 Bei der Behandlung ist nach angemessener Aufklärung der Wille des urteilsfähigen Patienten zu respektieren, auch wenn er sich nicht mit der von dem Arzt für geboten angesehenen Therapie deckt.

2.2 Beim bewußtlosen oder sonst urteilsunfähigen Patienten sind die im wohlverstandenen Interesse des Kranken medizinisch erforderlichen Behandlungsmaßnahmen unter dem Gesichtspunkt einer Geschäftsführung ohne Auftrag durchzuführen. Hinweise auf den mutmaßlichen Willen des Patienten sind dabei zu berücksichtigen. Dem Patienten nahestehende Personen müssen angehört werden; rechtlich aber liegt die letzte Entscheidung beim Arzt, es sei denn, daß nach den Vorschriften des Bürgerlichen Gesetzbuches ein Pfleger zu bestellen und dessen Einwilligung einzuholen ist. Ist der Patient unmündig oder entmündigt, so darf die Behandlung nicht gegen den Willen der Eltern oder des Vormundes eingeschränkt oder abgebrochen werden.

2.3 Bestehen bei einem dem Tode nahen Kranken oder Verletzten Aussichten auf Besserung, setzt der Arzt diejenigen Behandlungsmaßnahmen ein, die der möglichen Heilung und Linderung des Leidens dienen.

2.4 Beim Sterbenden, einem dem Tode nahe Erkrankten oder Verletzten,
- bei dem das Grundleiden mit infauster Prognose einen irreversiblen Verlauf genommen hat und

der kein bewußtes und umweltbezogenes Leben mit eigener Persönlichkeitsgestaltung wird führen können, lindert der Arzt die Beschwerden. Er ist aber nicht verpflichtet, alle der Lebensverlängerung dienenden therapeutischen Möglichkeiten einzusetzen.

3 Beistand
Der Arzt steht einem dem Tode nahen Kranken, Verletzten oder sterbenden Patienten, mit dem ein Kontakt möglich ist, auch menschlich bei.

4 Pflege
Der dem Tode nahe Kranke, Verletzte und der sterbende Patient haben einen Anspruch auf die ihren Umständen entsprechende und in der gegebenen Situation mögliche Pflege. Der Sterbende hat einen Anspruch auf eine menschenwürdige Unterbringung und Betreuung.

[Quelle: Deutsches Ärzteblatt (1979) 76:957 f.]

Deklaration von Helsinki
Empfehlung für Ärzte, die in der biomedizinischen Forschung am Menschen tätig sind

Revidierte Fassung der 29. Generalversammlung des Weltärztebundes in Tokio, Japan (1975)

Vorwort

Aufgabe des Arztes ist die Erhaltung der Gesundheit des Menschen. Der Erfüllung dieser Aufgabe dient er mit seinem Wissen und Gewissen.

Die Genfer Deklaration des Weltärztebundes verpflichtet den Arzt mit den Worten: „Die Gesundheit meines Patienten soll mein vornehmstes Anliegen sein", und der internationale Code für ärztliche Ethik legt fest: „Jegliche Handlung oder Beratung, die geeignet erscheinen, die physische oder psychische Widerstandskraft eines Menschen zu schwächen, dürfen nur in seinem Interesse zur Anwendung gelangen".

Ziel der biomedizinischen Forschung am Menschen muß es sein, diagnostische, therapeutische und prophylaktische Verfahren sowie das Verständnis für die Ätiologie und Pathogenese der Krankheit zu verbessern. In der medizinischen Praxis sind diagnostische, therapeutische oder prophylaktische Verfahren mit Risiken verbunden; dies gilt um so mehr für die biomedizinische Forschung am Menschen.

Medizinischer Fortschritt beruht auf Forschung, die sich letztlich auch auf Versuche am Menschen stützen muß.

Bei der biomedizinischen Forschung am Menschen muß grundsätzlich unterschieden werden zwischen Versuchen, die im wesentlichen im Interesse des Patienten liegen, und solchen, die mit rein wissenschaftlichem Ziel ohne unmittelbaren diagnostischen oder therapeutischen Wert für die Versuchspersonen sind.

Besondere Vorsicht muß bei der Durchführung von Versuchen walten, die die Umwelt in Mitleidenschaft ziehen könnten. Auf das Wohl der Versuchstiere muß Rücksicht genommen werden.

Da es notwendig ist, die Ergebnisse von Laborversuchen auch auf den Menschen anzuwenden, um die wissenschaftliche Kenntnis zu fördern und der leidenden Menschheit zu helfen, hat der Weltärztebund die folgende Empfehlung als eine Leitlinie für jeden Arzt erarbeitet, der in der biomedizinischen Forschung am Menschen tätig ist. Sie sollte in der Zukunft überprüft werden.

Es muß betont werden, daß diese Empfehlung nur als Leitlinie für die Ärzte auf der ganzen Welt gedacht ist; kein Arzt ist von der straf-, zivil- und berufsrechtlichen Verantwortlichkeit nach den Gesetzen seines Landes befreit.

1 Allgemeine Grundsätze

1.1 Biomedizinische Forschung am Menschen muß den allgemein anerkannten wissenschaftlichen Grundsätzen entsprechen; sie sollte auf ausreichenden Laboratoriums- und Tierversuchen sowie einer umfassenden Kenntnis der wissenschaftlichen Literatur aufbauen.

1.2 Die Planung und Durchführung eines jeden Versuchs am Menschen sollte eindeutig in einem Versuchsprotokoll niedergelegt werden; dieses sollte einem besonders berufenen unabhängigen Ausschuß zur Beratung, Stellungnahme und Orientierung zugeleitet werden.

1.3 Biomedizinische Forschung am Menschen sollte nur von wissenschaftlich qualifizierten Personen und unter Aufsicht eines klinisch erfahrenen Arztes durchgeführt werden. Die Verantwortung trägt stets ein Arzt und nie die Versuchsperson selbst, auch dann nicht, wenn sie ihr Einverständnis gegeben hat.

1.4 Biomedizinische Forschung am Menschen ist nur zulässig, wenn die Bedeutung des Versuchsziels in einem angemessenen Verhältnis zum Risiko für die Versuchsperson steht.

1.5 Jedem biomedizinischen Forschungsvorhaben am Menschen sollte eine sorgfältige Abschätzung der voraussehbaren Risiken im Vergleich zu dem voraussichtlichen Nutzen für die Versuchsperson oder andere vorausgehen. Die Sorge um die Belange der Versuchsperson muß stets ausschlaggebend sein im Vergleich zu den Interessen der Wissenschaft und der Gesellschaft.

1.6 Das Recht der Versuchsperson auf Wahrung ihrer Unversehrtheit muß stets geachtet werden. Es sollte alles getan werden, um die Privatsphäre der Versuchsperson zu wahren; die Wirkung für die körperliche und geistige Unversehrtheit sowie die Persönlichkeit der Versuchsperson sollte so gering wie möglich gehalten werden.

1.7 Der Arzt sollte es unterlassen, bei Versuchen am Menschen tätig zu werden, wenn er nicht überzeugt ist, daß das mit dem Versuch verbundene Wagnis für vorhersagbar gehalten wird. Der Arzt sollte jeden Versuch abbrechen, sobald sich herausstellt, daß das Wagnis den möglichen Nutzen übersteigt.

1.8 Der Arzt ist bei der Veröffentlichung der Versuchsergebnisse verpflichtet, die Befunde genau wiederzugeben. Berichte über Versuche, die nicht in Übereinstimmung mit den in dieser Deklaration niedergelegten Grunsätzen durchgeführt wurden, sollten nicht zur Veröffentlichung angenommen werden.

1.9 Bei jedem Versuch am Menschen muß jede Versuchsperson ausreichend über Absicht, Durchführung, erwarteten Nutzen und Risiken des Versuchs sowie über möglicherweise damit verbundene Störungen des Wohlbefindens unterrichtet werden. Die Versuchsperson sollte darauf hingewiesen werden, daß es ihr freisteht, die Teilnahme am Versuch zu verweigern, und daß sie jederzeit eine einmal gegebene Zustimmung widerrufen kann. Nach dieser Aufklärung sollte der Arzt die freiwillige Zustimmung der Versuchsperson einholen; die Erklärung sollte vorzugsweise schriftlich abgegeben werden.

1.10 Ist die Versuchsperson vom Arzt abhängig oder erfolgte die Zustimmung zu einem Versuch möglicherweise unter Druck, so soll der Arzt beim Einholen der Einwilligung nach Aufklärung besondere Vorsicht walten lassen. In einem solchen Fall sollte die Einwilligung durch einen Arzt eingeholt werden, der mit dem Versuch nicht befaßt ist und der außerhalb eines etwaigen Abhängigkeitsverhältnisses steht.

1.11 Ist die Versuchsperson nicht voll geschäftsfähig, sollte die Einwilligung nach Aufklärung vom gesetzlichen Vertreter entsprechend nationalem Recht eingeholt werden. Die Einwilligung des mit der Verantwortung betrauten Verwandten (Anm. d. Übers.: darunter ist nach deutschem Recht der „Personensorgeberechtigte" zu verstehen) ersetzt die der Versuchsperson, wenn diese infolge körperlicher oder geistiger Behinderung nicht wirksam zustimmen kann oder minderjährig ist.

1.12 Das Versuchsprotokoll sollte stets die ethischen Überlegungen im Zusammenhang mit der Durchführung des Versuchs darlegen und aufzeigen, daß die Grundsätze dieser Deklaration eingehalten sind.

2 Medizinische Forschung in Verbindung mit ärztlicher Versorgung
(Klinische Versuche)

2.1 Bei der Behandlung eines Kranken muß der Arzt die Freiheit haben, neue diagnostische und therapeutische Maßnahmen anzuwenden, wenn sie nach seinem Urteil die Hoffnung bieten, das Leben des Patienten zu retten, seine Gesundheit wiederherzustellen oder seine Leiden zu lindern.

2.2 Die mit der Anwendung eines neuen Verfahrens verbundenen möglichen Vorteile, Risiken und Störungen des Befindens sollten gegen die Vorzüge der bisher bestehenden diagnostischen und therapeutischen Methoden abgewogen werden.

2.3 Bei jedem medizinischen Versuch sollten alle Patienten – einschließlich einer evtl. vorhandenen Kontrollgruppe – die beste erprobte diagnostische und therapeutische Behandlung erhalten.

2.4 Die Weigerung eines Patienten, an einem Versuch teilzunehmen, darf niemals die Beziehung zwischen Arzt und Patient beeinträchtigen.

2.5 Wenn der Arzt es für unentbehrlich hält, auf die Einwilligung nach Aufklärung zu verzichten, sollten die besonderen Gründe für dieses Vorgehen in dem für den unabhängigen Ausschuß bestimmten Versuchprotokoll festgelegt werden.

2.6 Der Arzt kann medizinische Forschung mit dem Ziel der Gewinnung neuer wissenschaftlicher Erkenntnisse mit der ärztlichen Betreuung nur soweit verbinden, als diese medizinische Forschung durch ihren möglichen diagnostischen oder therapeutischen Wert für den Patienten gerechtfertigt ist.

3 Nichttherapeutische biomedizinische Forschung am Menschen

3.1 In der rein wissenschaftlichen Anwendung der medizinischen Forschung am Menschen ist es die Pflicht des Arztes, das Leben und die Gesundheit der Person zu beschützen, an welcher biomedizinische Forschung durchgeführt wird.

3.2 Die Versuchspersonen sollten Freiwillige sein, entweder gesunde Personen oder Patienten, für die die Versuchsabsicht nicht mit ihrer Krankheit in Zusammenhang steht.

3.3 Der ärztliche Forscher oder das Forschungsteam sollten den Versuch abbrechen, wenn dieser nach seinem oder ihrem Urteil im Falle der Fortführung dem Menschen schaden könnte.

3.4 Bei Versuchen am Menschen sollte das Interesse der Wissenschaft und der Gesellschaft niemals Vorrang vor den Erwägungen haben, die das Wohlbefinden der Versuchsperson betreffen.

[Quelle: Publiziert im Bundesanzeiger Nr. 152 vom 14. August 1976. Übersetzung erstellt vom Auslandsdienst der Bundesärztekammer im Zusammenwirken mit dem Bundesministerium für

Jugend, Familie und Gesundheit. Abdruck mit Genehmigung der Bundesärztekammer Köln-Lindenthal]

Richtlinien für Forschungsuntersuchungen am Menschen

Schweizerische Akademie der medizinischen Wissenschaften (1970) in der Fassung von 1981

Es ist Aufgabe des Arztes, die Gesundheit des Menschen zu erhalten. Er setzt dafür seine Kenntnisse ein.

Die international anerkannten Grundsätze medizinischer Ethik untersagen dem Arzt jegliche Handlung, welche eine Schwächung der körperlichen oder seelischen Widerstandskraft eines Menschen zur Folge hat und therapeutisch nicht notwendig ist.

Ein wissenschaftlicher Fortschritt im Interessse der leidenden Menschheit ist nicht denkbar ohne die Überprüfung der im Laboratoriumsversuch gewonnenen Erkenntnisse am Menschen. Aus dieser Überzeugung hat der Weltärztebund Empfehlungen für die Durchführung wissenschaftlicher Forschungsuntersuchungen am Menschen ausgearbeitet, an die sich diese Richtlinien anlehnen. Sie wollen Ärzten und ihren Mitarbeitern, die Forschungsuntersuchungen am Menschen durchführen, die sich stellenden grundsätzlichen Fragen bewußt machen. Sie entbinden sie aber nicht von ihrer persönlichen beruflichen, zivilrechtlichen oder strafrechtlichen Verantwortung.

Zu diesen Richtlinien vom 1. Dezember 1970 der Schweizerischen Akademie der medizinischen Wissenschaften hat im gleichen Sinne der Weltärztebund 1975 in der Versammlung in Tokio die als Helsinki-Deklaration II bekannte Erklärung über die Forschungen am Menschen abgegeben. 1978 hat der Europarat im „Accord partiel du Comité de santé publique" Vorschläge präzisiert, unter welchen Bedingungen die Medikamente erstmals am Menschen angewendet werden sollen. Es werden ein schriftliches Verfahren (Dossier) und eine ausreichende Abklärung gefordert. Obschon der Europarat vorschlägt, diese Weisungen durch eine gesetzgeberische Ordnung auszusprechen, dürfte es genügen, sie auf nationaler Ebene durch nichtstaatliche Organe zu geben. Die Schweizerische Akademie der medizinischen Wissenschaften hat deshalb Richtlinien für die Schweiz aufgestellt. Sie hat 1979 im Sinne der hier gegebenen Empfehlungen eine Zentrale medizinisch-ethische Kommission gegründet.

1 Zielsetzung

Bei allen wissenschaftlichen Forschungsuntersuchungen am Menschen muß grundsätzlich unterschieden werden zwischen solchen, die eine direkte Bedeutung für Diagnose, Therapie und Prophylaxe bei der zu untersuchenden Person haben, und solchen, die der allgemeinen medizinischen Forschung dienen.

2 Gemeinsame Bestimmungen

2.1 Die Grundsätze ärztlicher Ethik, die für das Handeln des Arztes bestehen, haben ebenfalls Geltung für die Forschungsuntersuchungen am Menschen. Die Suche nach neuen Therapien ist dann eine zwingende Aufgabe, wenn die

Gesundheit nicht mit vorbeugenden Maßnahmen bewahrt werden kann oder wenn die Behandlung einer Krankheit zu wenig wirkungsvoll bleibt. Jede Forschung, welche die menschliche Gesundheit zu verbessern sucht, setzt eine Ethik voraus, welche auf die Bewahrung der Gesundheit zielt.

2.2 Forschungsuntersuchungen am Menschen dürfen nur von wissenschaftlich-qualifizierten Personen in ausreichend ausgerüsteten Institutionen und unter der Verantwortung eines Arztes ausgeführt werden.

2.3 Forschungsuntersuchungen am Menschen müssen sich auf Labor- oder Tierversuche oder andere, wissenschaftlich bewährte Methoden und Erkenntnisse stützen können.

2.4 Forschungsuntersuchungen am Menschen dürfen nur dann durchgeführt werden, wenn die Wichtigkeit des Zwecks in ärztlich vertretbarem Verhältnis zu den einzugehenden Risiken steht.

2.5 Jeder Forschungsuntersuchung am Menschen muß eine sorgfältige Abschätzung der damit verbundenen Gefahren im Vergleich zu dem zu erwartenden Nutzen für die zu untersuchende Person bzw. für die Allgemeinheit vorangehen. Dabei sind auch mögliche Änderungen der Persönlichkeitsstruktur und der Urteilsfähigkeit miteinzubeziehen.

2.6 Der Leiter des Forschungsprojektes hat dafür zu sorgen, daß vor Beginn der Untersuchungen, die nicht vorwiegend im Interresse der zu untersuchenden Person veranlaßt werden, ein angemessener Versicherungsschutz für den Fall einer nachweislich auf die Untersuchungen zurückgeführten Schädigung besteht, ungeachtet einer Haftpflicht der handelnden Person.

2.7 Die medizinischen und ethischen Aspekte einer geplanten Forschungsuntersuchung sind Konsultativgremien zu unterbreiten (medizinisch-ethischen Kommissionen, siehe „Richtlinien für die Organisation und Tätigkeit der Zentralen medizinisch-ethischen Kommissionen der Schweizerischen Akademie der medizinischen Wissenschaften"). Die Ergebnisse der angemeldeten Untersuchungen sind einer solchen medizinisch-ethischen Kommission zu melden. Die Zusammensetzung dieser Konsultativgremien der Krankenhäuser und Institute wird je nach Art der Institution selbständig festgelegt. Dabei sollen stets die Pflegepersonen angehört werden.

2.8 Die Zustimmungserklärung der zu untersuchenden Person bzw. ihres gesetzlichen Vertreters ist im Sinne der nachstehenden Paragraphen eine wesentliche Voraussetzung und darf nicht unter Anwendung von Zwang eingeholt werden. Eine freiwillig gegebene, rechtsgültige Zustimmung nach vorheriger Aufklärung vermindert im übrigen die berufliche, zivilrechtliche oder strafrechtliche Verantwortung des Untersuchungsleiters nicht.

2.9 Der Leiter des Forschungsprojekts muß sich vergewissern, daß die hierbei beteiligten Mitarbeiter, insbesondere das Pflegepersonal, über Ziel und Durchführung des Projektes richtig aufgeklärt werden.

2.10 Forschungsuntersuchungen am Menschen müssen protokolliert werden. Die Protokolle sind unabhängig von der Krankengeschichte zu führen und aufzubewahren. Auch in der Krankengeschichte muß die Forschungsuntersuchung vermerkt werden.

3 Forschungsuntersuchungen im Interesse der zu untersuchenden Person

3.1 Bei der Behandlung des Kranken muß dem Arzt die Anwendung einer neuen therapeutischen Maßnahme freistehen, wenn sie geeignet sein könnte, das Leben des Patienten zu retten, seine Gesundheit wiederherzustellen oder seine Leiden zu lindern. In dem Maße, in dem dies möglich und der psychischen Verfassung des Patienten angemessen ist, muß der Arzt ihn aufklären und seine freie Zustimmung einholen. Ist der Patient urteilsunfähig, so wird seine Zustimmung durch die seines gesetzlichen Vertreters ersetzt.

3.2 Der Arzt kann mit dem Ziel, neue medizinische Erkenntnisse zu erlangen, die Forschungsuntersuchung mit der Behandlung nur in dem Umfang verbinden, als es der diagnostische, therapeutische oder prophylaktische Wert für den Patienten rechtfertigt und daraus kein erhebliches Risiko resultiert.

4 Andere Forschungsuntersuchungen

4.1 Auch bei diesen Forschungsuntersuchungen am Menschen bleibt es Aufgabe des Arztes, Leben und Gesundheit der zu untersuchenden Person zu schützen.

4.2 a) Der Arzt muß die zu untersuchende Person, wenn sie urteilsfähig ist, über Art und Sinn der Forschungsuntersuchung sowie die damit für Leben und Gesundheit verbundenen allfälligen Gefahren aufklären.

b) Forschungsuntersuchungen am Menschen dürfen nur vorgenommen werden, nachdem sich die zu untersuchende Person aufgrund der vorausgegangenen Aufklärung freiwillig einverstanden erklärt hat.

c) Die zu untersuchende Person muß sich in einem solchen geistigen, körperlichen und rechtlichen Zustand befinden, daß sie in der Lage ist, in vollem Umfang ihre freie Entscheidung zu treffen.

4.3 Forschungsuntersuchungen an handlungsunfähigen Personen sind nur mit Zustimmung des gesetzlichen Vertreters und nur dann zulässig, wenn sie aus medizinischen Gründen nicht an handlungsfähigen Personen durchgeführt werden können. Ist die handlungsunfähige Person urteilsfähig, so bedarf es auch ihrer Zustimmung. Nichttherapeutische Forschungsuntersuchungen an urteilsunfähigen Personen sind unzulässig, wenn sie die Gefahr einer Beeinträchtigung bedingen.

4.4 Die Zustimmungserklärung wird mündlich oder schriftlich abgegeben und soll in einem Protokoll festgehalten werden. Die moralische Verantwortung für eine nichttherapeutische Forschungsuntersuchung am Menschen trägt jedoch immer der leitende Wissenschaftler und niemals die zu untersuchende Person, obgleich sie aus freien Stücken zugestimmt hat.

4.5 a) Der Untersuchungsleiter muß das Recht jedes Menschen auf geistige und körperliche Unversehrtheit respektieren; besondere Bedeutung kommt dieser Forderung dann zu, wenn die in die Untersuchung einbezogene Person in einem Abhängigkeitsverhältnis zu dem Leiter der Untersuchung steht.

b) Der zu untersuchenden Person oder ihrem gesetzlichen Vertreter muß es jederzeit freistehen, die Forschungsuntersuchung abbrechen zu lassen. Der Untersuchungsleiter und seine Mitarbeiter sind ihrerseits verpflichtet, die Forschungsuntersuchung abzubrechen, wenn der zu untersuchenden Person eine erhebliche oder irreversible Schädigung droht.

4.6 Bei vorhersehbarem Risiko erheblicher oder irreversibler Schädigung oder des Todes ist eine Forschungsuntersuchung nicht erlaubt.

[Quelle: Schweizerische Ärztezeitung (1981) 63:617–618.]

Stellungnahme der Konferenz von Asilomar

(Die Konferenz wurde 1975 in Asilomar (Kalifornien) von namhaften Genforschern veranstaltet. Sie stellten für ihr Fachgebiet fest, daß es Risiken in bestimmter Abstufung gibt, die das Leben auf der Welt bedrohen. Eine allgemeine Abstufung der Risiken wird vorgenommen in „minimal risk", „low risk", „moderate risk" und „high risk". In dem Teil ihrer Stellungnahme „Principles Guiding Recommendations and Conclusions" fordern die Forscher:)

Vernünftige Prinzipien im Umgang mit diesen möglichen Risiken sind,

1. daß Forschungsbeschränkung („containment") zu einem wesentlichen Bestandteil in der Versuchsgestaltung wird und
2. daß die Wirksamkeit der Forschungsbeschränkung dem eingeschätzten Risiko so genau wie möglich entsprechen sollte.

Welcher Abstufung der Risiken man auch immer zustimmen wird, ihr sollte folglich eine entsprechende Abstufung der Forschungsbeschränkung zugemessen werden. Die Risiken einzuschätzen wird eine schwierige und anfangs intuitive Aufgabe sein, die aber in dem Maße erleichtert wird, wie wir zusätzliches Wissen erlangen. In jedem Stadium werden wir dem möglichen Risiko eine Forschungsbeschränkung von angemessener Höhe zuordnen müssen. Experimente, die Arbeitsvorgänge in großem Maßstab erfordern, würden risikoreicher erscheinen als entsprechende Experimente in kleinerem Maßstab und darum striktere Maßnahmen der Forschungsbeschränkung verlangen. Der Gebrauch von Klonträgern oder Vektoren (Plasmiden, Phagen) und Wirtbakterien mit eingeschränkter Fähigkeit, sich außerhalb des Labors zu vermehren, würde die mögliche Gefahr des jeweiligen Experiments vermindern. So können die Wege, auf denen potentielle Risiken für das Lebendige und verschiedene Ebenen der Forschungsbeschränkung einander zugeordnet werden, von Zeit zu Zeit verschieden sein, insbesondere wenn die Technologie der Forschungsbeschränkung verbessert wird. Die Mittel, Risiken abzuschätzen und mit entsprechenden Ebenen der Forschungsbeschränkung auszubalancieren, müssen von Zeit zu Zeit überprüft werden. Durch formelle und informelle Informationskanäle innerhalb und zwischen den Staaten der Welt würde hoffentlich der Weg stimmig (consistent) werden, auf dem mögliche Gefahren für das Lebendige und die Ebenen der Forschungsbeschränkung einander zugeordnet werden.

Beschränkung von Versuchen mit möglicherweise gefährlichen Stoffen kann auf verschiedenen Wegen erreicht werden. Der bedeutendste Beirag, die Ausbreitung der rekombinierten DNA zu begrenzen, ist der Einsatz biologischer Schranken. Es gibt zwei Arten von Schranken:

1. anspruchsvolle Wirtbakterien, die unfähig sind, in natürlicher Umwelt zu überleben, und
2. nichtübertragbare und ebenso anspruchsvolle Vektoren (Plasmide, Bakteriophagen oder andere Viren), die nur in bestimmten Wirten wachsen können.

Physikalische Beschränkung, z. B. durch den Gebrauch geeigneter Schutzhauben oder, wo es anwendbar ist, durch Labors mit beschränktem Zutritt oder Unterdruck, bringt einen zusätzlichen Sicherheitsfaktor. Besonders wichtig ist die strikte Einhaltung korrekter mikrobiologischer Arbeitsweise, die weitgehend das Entweichen von Organismen aus der experimentellen Situation begrenzen und dadurch die Sicherheit des Vorgehens vergrößern kann. Folglich sind Ausbildung und Einübung aller Mitarbeiter, die an den Experimenten beteiligt sind, wesentlich für die Effektivität aller Maßnahmen zur Gefahreneindämmung. In der Praxis werden diese verschiedenen Einschränkungsmaßnahmen einander ergänzen. Nachgewiesene wesentliche Verbesserungen in der Fähigkeit, das Wachstum bakterieller Wirte und Vektoren einzugrenzen, könnten Änderungen der entsprechenden physikalischen Einschränkungserfordernisse zulassen.

Strenge physikalische Abgrenzung und genaues Einhalten der Laborvorschriften können die Möglichkeit einer Ausbreitung potentiell gefährlicher Substanzen vermindern, aber nicht aufheben. Forscher, die sich für zusätzliche Sicherheit auf den Einsatz „entwaffneter (disarmed)" Wirtbakterien und Vektoren verlassen, müssen deshalb die Wirksamkeit dieser Substanzen einer exakten Prüfung unterziehen, bevor sie deren Brauchbarkeit als biologische Schranken annehmen.

[Quelle: Berg P, Baltimore D, Brenner S, Roblin RO, Singer MF (1975) Asilomar conference on rekombinant DNA molecules. Science 188:991–994 (Übersetzung: F. J. Illhardt)]

Richtlinien für die Arzneimittelprüfung am Menschen

Bericht einer Wissenschaftlichen Forschungsgruppe der Weltgesundheitsorganisation (1975) (Auszug)

Einführende Anmerkungen

Gegenwärtige Verfahren zur Prüfung der Sicherheit und Wirksamkeit von Arzneimitteln, auch wenn sie in den letzten 10 Jahren erheblich verbessert worden sind, lassen immer noch viel zu wünschen übrig. Daher ist es doch, wie gut auch immer diese Verfahren durchgeführt werden, nötig zu betonen, daß es keine Garantie für absolute Sicherheit geben kann...

Schätzungen der relativen Sicherheit, der möglichen Wirkungen und der Wirkweise eines neuen Arzneistoffs können in gewissem Maße für den Menschen gemacht werden, indem die Untersuchungsergebnisse zur Pharmakologie (Pharmakodynamik und Pharmakokinetik) und Toxikologie eines neuen Medikaments am Tier und in vitro auf den Menschen übertragen werden. Nichtsdestoweniger gibt es unvermeidliche Mängel der Voraussage in solchen Studien, und deren sollte man sich bewußt sein...

Tierstudien unterscheiden sich nicht nur in Zielsetzung, sondern auch durch Applikationsart des Arzneimittels, d. h. orale oder parenterale Gabe, lokale Anwendung (an der Haut, am Auge, an der Nase, rektal usw.), Inhalation (Anästhetika), Aerosolapplikation, je nach der Dauer der Anwendung und je nach dem, ob das Mittel mit anderen Arzneimitteln kombiniert wird. In Anbetracht des vorher Gesagten ist es nicht wünschenswert, formale Regeln für präklinische Arzneimittelstudien aufzustellen. Das gleiche trifft zu für die klinischen Arzneimittelprüfungen. Die wissenschaftliche Forschungsgruppe der WHO (WHO Scientific Group) für Prinzipien der klinischen Arzneimittelprüfung hat darauf hingewiesen, daß „... jeder Versuch, strenge Regeln für klinische Prüfungen sehr verschiedener Arzneimittel aufzustellen, das Ziel dieser Prüfungen verfehlen und den therapeutischen Fortschritt behindern würde ..."

Trotzdem kann man in allgemeiner Weise angeben, was gute präklinische und klinische Prüfverfahren sind. Es ist möglich, nützliche Richtlinien für Arzneimittel im allgemeinen und für spezifische Arten von Arzneimitteln aufzustellen, vorausgesetzt, daß sie häufig überdacht und aktualisiert werden. Gegenwärtig gibt es große Differenzen zwischen den Richtlinien, die von den verschiedenen Ländern vorgelegt werden. International gültige Richtlinien würden den übermäßigen Verbrauch personeller und sachlicher Hilfsmittel bei der Entwicklung neuer Medikamente reduzieren.

Definition

Ein „Arzneimittel" wird von der wissenschaftlichen Forschungsgruppe der WHO in dem Bericht über Prinzipien für vorklinische Prüfungen der Arzneimittelsicherheit folgendermaßen definiert: „Ein Arzneimittel ist jede Substanz oder jedes Produkt, das verwendet wird oder verwendet werden soll, um physiologische Systeme und krankhafte Zustände zum Nutzen des Empfängers zu verändern bzw. zu untersuchen."...

Zukünftige Erfordernisse der Forschung und weitere Aktivitäten

Forschung

Die WHO-Forschergruppe war der Ansicht, daß die Entwicklung wirksamer und sicherer Arzneimittel Forschung in folgenden Bereichen erfordert:

1. Untersuchung pharmakologischer und toxikologischer Unterschiede zwischen Arten und Stämmen von Versuchstieren und ihre Bedeutung für den Menschen.
2. Verwendung neuer oder selten benutzter Arten von Versuchstieren.
3. Entwicklung und Einsatz von Tiermodellen mit spontanen oder induzierten Krankheiten für pharmakologische und toxikologische Tests.
4. Entwicklung von Tiermodellen mit induzierter oder spontaner Erkrankung zwecks Studien zur Wirksamkeit von Medikamenten bei menschlichen Erkrankungen.

5. Einfluß von Faktoren aus Umwelt, Ernährung und genetischer Anlage auf die pharmakologische und toxikologische Prüfung und ihre Bedeutung für den Menschen.
6. Die Wirkweise von Arzneimitteln in verschiedenen Lebensabschnitten des Versuchstiers, z. B. neugeborener, jugendlicher und alter Tiere, und ihre Bedeutung für den Menschen.
7. Kurzdauernde Versuche zur Karzinogenität an Tieren und in vitro.
8. Die mögliche Existenz eines Schwellenwertes für Effekte chemischer Karzinogene und Mutagene.
9. Entwicklung von Techniken, die nicht in die Integrität des Körpers eingreifen (nichtinvasive Techniken), zur Messung physiologischer Abläufe.
10. Verbesserung von Methoden zur Durchführung internationaler therapeutischer Versuche, einschließlich Probleme der Abgrenzung von Krankheiten und genetischen Unterschieden in den Bevölkerungen.
11. Methoden zur Überwachung der therapeutischen Wirksamkeit eines Medikaments nach der Zulassung.
12. Entwicklung von Methoden für nationale und internationale Studienzentren, systematisierte Daten über große Populationen zu erhalten, damit bestimmt werden kann, ob Tierstudien über unerwünschte Wirkungen, Karzinogenität, Mutagenität und Teratogenität auf den Menschen übertragbar sind.
13. Studien über die Methoden der Wiederholung von Arzneimittelprüfungen, wenn sie für Bevölkerungsgruppen mit signifikant unterschiedlichen ethnischen Merkmalen, Ernährungszuständen oder signifikant unterschiedlicher Prävalenz ernster endemischer Erkrankungen eingeführt werden.

Weiter Projekte für die WHO

Die WHO-Forschergruppe hat vorgeschlagen, daß die WHO folgende Projekte durchführt:

1. Die Vorbereitung von Richtlinien für Arzneimittelprüfungen (präklinische und klinische) in besonderen pharmakologischen oder therapeutischen Bereichen. Solche Richtlinien sollten der gegenseitigen Anerkennung der Testergebnisse dienen, die in verschiedenen Ländern erzielt worden sind.
2. Beginn und Koordination von Studien zu den ethischen Problemen, die durch klinische Arzneimittelstudien entstehen.
3. Verbreitung der Ergebnisse, die bei der Überwachung von Sicherheit und Wirksamkeit der Arzneimittel nach der Zulassung erzielt werden, um die Gesundheitsberufe und Kontrollorgane bei der Arzneimittelprüfung zu unterstützen.
4. Diskussion des unterschiedlichen Gewichts von Wirkungen, die in Karzinogenitätsstudien bei höchster Dosierung beobachtet werden, im Vergleich mit allgemeinen Toxizitätsstudien; auf diese Weise soll herausgefunden werden, ob weitere Forschungen zu unternehmen sind, damit gültige Ursachen für diese Unterschiede nachgewiesen werden.
5. Studien über die Möglichkeit, die regionale Zusammenarbeit und die Entwicklung von Einrichtungen zur Arzneimittelprüfung zu fördern, die in manchen Teilen der Welt unzureichend sind.

[Quelle: Guidelines for evaluation of drugs for use in man. Report of a WHO scientific group. World Health Organization technical report series No. 563. WHO, Genf (Übersetzung: F. J. Illhardt)]

Vorschlag internationaler Richtlinien für die medizinisch-wissenschaftliche Forschung am Menschen

Ein gemeinsames Projekt der Weltgesundheitsorganisation und des Council for International Organizations of medical Sciences (1982)

Alle Fortschritte der Medizin hängen vom Verständnis der entsprechenden physiologischen und pathologischen Prozesse ab und müssen notwendigerweise in letzter Instanz zum ersten Mal am Menschen erprobt werden. In dieser Bedeutung wird der Begriff „Forschung am Menschen" verwandt.

Der Zusammenhang, in dem solche Forschung betrieben wird, ist groß und schließt ein:

- Studien eines physiologischen, biochemischen oder pathologischen Prozesses oder der Antwort auf einen spezifischen – physikalischen, chemischen oder psychologischen – Eingriff an gesunden Probanden oder am Patienten in Behandlung.
- Prospektive kontrollierte Versuche diagnostischer, prophylaktischer oder therapeutischer Maßnahmen an größeren Gruppen von Patienten mit dem Ziel, eine spezifische Antwort gegen einen Hintergrund individueller biologischer Variationen aufzuzeigen.
- Studien, in denen die Folgen bestimmter prophylaktischer oder therapeutischer Maßnahmen innerhalb von Gemeinwesen eingegrenzt werden sollen.

Forschung am Menschen wird somit für den Zweck dieser Richtlinien bestimmt als:

- Jede Studie mit menschlichen Versuchspersonen, die dem Fortschritt biomedizinischen Wissens dient und nicht als Element etablierter klinischer Praxis oder des öffentlichen Gesundheitswesens betrachtet wird. Das beinhaltet:
- einen physikalischen oder psychologischen Eingriff oder dessen Bewertung oder
- die Erhebung, Speicherung und Analyse von Aufzeichnungen, die biomedizinische Information enthalten, welche auf identifizierbare Individuen bezogen werde können.

Solche Studien schließen nicht nur geplante Eingriffe am Menschen ein, sondern auch Forschungen, in denen Umweltfaktoren in einer Weise verändert werden, die zufällig exponierte Individuen einem Risiko aussetzen könnte.

Der Bezugsrahmen ist weit gefaßt, damit er auch Feldstudien pathogener Organismen und toxischer Chemikalien umfaßt, die für medizinische Zwecke untersucht werden. Anerkanntermaßen entstehen vergleichbare Risiken auch bei Forschungsvorhaben mit anderen Zielsetzungen, jedoch nichtmedizinische Forschung kommt für dieses Dokument nicht in Betracht.

Forschung am Menschen sollte nur von angemessen qualifizierten und erfahrenen Forschern ausgeführt werden in Übereinstimmung mit einem Versuchsprotokoll, das klare Aussagen macht über:

- das Forschungsziel;
- die Gründe, warum das Forschungsvorhaben am Menschen durchgeführt werden soll;
- Art und Ausmaß jedes bekannten Risikos;
- die Quelle, aus denen die Versuchspersonen ausgewählt werden sollen;
- und das Vorgehen, mit dem sichergestellt werden soll, daß die Einwilligung der Versuchspersonen auf angemessener Information (... consent is adequately informed) beruht. Das Protokoll sollte wissenschaftlich und ethisch von einer Bewertungsinstanz mit geeigneter Zusammensetzung überprüft werden, die von den ausführenden Forschern unabhängig ist.

[Die Übersetzung des Richtlinienvorschlags überspringt die weiteren Punkte und beginnt wieder mit Punkt 20 über die Ethikkommissionen (Ethical Review Commitees):]

20. Man kann keine klare Trennungslinie zwischen wissenschaftlicher und ethischer Begutachtung ziehen; denn ein Humanexperiment, das wissenschaftlich unsolide aufgebaut ist, ist ipso facto unethisch. Ein solches Experiment würde die Versuchspersonen zwecklosen Risiken und Unannehmlichkeiten aussetzen. Daher ziehen normalerweise Ethikkommissionen sowohl die wissenschaftlichen als auch die ethischen Aspekte in Betracht. Wenn eine Ethikkommission einen Forschungsplan als wissenschaftlich solide erachtet, wird sie anschließend erwägen, ob irgendwelche bekannte oder mögliche Risiken für die Versuchsperson durch zu erwartenden Nutzen gerechtfertigt sind und, wenn das der Fall ist, ob das vorgesehene Verfahren, die aufgeklärte Einwilligung (informed consent) zu erhalten, zufriedenstellend ist.
21. Wenn das Gesundheitswesen eines Landes in hohem Maße zentral geordnet ist, kann eine nationale Ethikkommission gegründet werden, die sowohl vom wissenschaftlichen als auch vom ethischen Standpunkt aus die Versuchsprotokolle begutachtet. In Ländern, in denen medizinische Forschung nicht zentral gelenkt ist, werden Versuchsprotokolle effektiver und zweckdienlicher vom ethischen Standpunkt aus auf lokaler oder regionaler Ebene begutachtet. Die grundsätzliche Verantwortung örtlich tätiger Ethikkommissionen ist zweifach:

    - nachzuprüfen, daß die vorgeschlagenen Eingriffe und besonders die Verabreichung von Arzneimitteln im Entwicklungsstadium von einem kompetenten Expertenstab als so sicher eingeschätzt worden sind, daß sie auch am Menschen vorgenommen werden können;
    - sicherzustellen, daß grundsätzlich und in der praktischen Durchführung alle anderen ethischen Fragen, die sich aus dem Versuchsprotokoll ergeben, in befriedigender Weise gelöst worden sind.

22. Ethikkommissionen können unter der Leitung nationaler oder lokaler Gesundheitsbehörden bzw. unter der Leitung nationaler medizinischer Forschungsgremien oder anderer nationaler medizinischer Dachverbände und

Standesvertretungen gegründet werden. Die Zuständigkeit lokal tätiger Ethikkommissionen kann ausschließlich auf bestimmte Forschungsinstitutionen begrenzt werden oder sie kann sich auf alle biomedizinischen Forschungen am Menschen erstrecken, die innerhalb eines bestimmten geographischen Raumes durchgeführt werden.

23. Lokale Ethikkommissionen werden tätig als Zusammenkünfte von Forschern, die dem Versuchsleiter gleichrangig sind, und sollten so zusammengesetzt sein, daß sie eine vollständige und angemessene Begutachtung der Forschungsvorhaben leisten können, die ihnen vorgelegt werden. Die Mitgliedschaft kann auch andere Gesundheitsberufe einschließen, insbesondere Vertreter der Krankenpflege, ebenso Laien, die in der Lage sind, die Belange des Gemeinwesens sowie die kulturellen und moralischen Werte zu vertreten. Unabhängigkeit vom Forscherteam wird gewährleistet, indem all diejenigen Mitglieder von der Teilnahme an der Begutachtung ausgeschlossen werden, die ein direktes Interesse an einem Forschungsprojekt haben.

24. Die Anforderungen an Ethikkommissionen sollten besonders hoch sein im Fall von Forschungsvorhaben mit Kindern, schwangeren und stillenden Frauen, psychisch kranken und geistig behinderten Menschen und Angehörigen von Gesellschaften, die mit modernen klinischen Konzepten noch nicht vertraut sind, und im Fall invasiver, nichttherapeutischer Forschung.

[Quelle: Proposed international guidelines for biomedical research involving human subjects. A joint project of the World Health Organization and the Council for International Organization of Medical Sciences. WHO, Genf (1982). (Übersetzung: F. J. Illhardt)]

Sachverzeichnis